21世纪高等院校计算机规划教材

大学计算机基础

主　编：王　诚
副主编：赵　凌

华中师范大学出版社

内 容 提 要

本教材以计算机技术与应用为主线,以培养艺术类创新型、复合型、应用型人才为目标,从艺术类专业院校计算机基础教学的视角组织内容,突出了数字媒体技术及其应用,并创新性地引入计算机辅助设计内容,充分体现了"计算机+艺术"的学科交叉思路,为读者展示了计算机技术与艺术创意的融合之美。

本教材内容共分为六章,分别为:计算机基础知识、Windows 操作系统、办公自动化软件及其应用、数字媒体技术与应用、计算机网络基础、计算机辅助设计。每章都包含有应用案例和习题,实操性强,便于读者练习和复习。

本教材内容丰富,知识层次清晰,示例图文并茂,叙述通俗易懂,适合作为艺术类高等院校各类非计算机专业的教材。

新出图证(鄂)字 10 号

图书在版编目(CIP)数据

大学计算机基础/王诚主编. —武汉:华中师范大学出版社,2020.6(2022.7 重印)
ISBN 978-7-5622-8988-3

Ⅰ.①大… Ⅱ.①王… Ⅲ.①电子计算机—高等学校—教材 Ⅳ.①TP3

中国版本图书馆 CIP 数据核字(2020)第 054874 号

大学计算机基础

Ⓒ 王 诚 主编

责任编辑:方统伟 罗 挺	责任校对:骆 宏	封面设计:罗明波
编辑室:高教分社	电话:027-67867364	
出版发行:华中师范大学出版社	社址:湖北省武汉市珞喻路 152 号	
邮编:430079	销售电话:027-67861549	
邮购电话:027-67861321	传真:027-67863291	
网址:http://press.ccnu.edu.cn	电子信箱:press@mail.ccnu.edu.cn	
印刷:武汉市籍缘印刷厂	督印:刘 敏	
开本:787mm×1092mm 1/16	印张:23	字数:600 千字
版次:2020 年 6 月第 1 版	印次:2022 年 7 月第 2 次印刷	
印数:4001—5100	定价:59.00 元	

敬告读者:欢迎举报盗版,请打举报电话 027-67867353。

前　　言

新世纪以来,信息技术迅猛发展,人类社会逐步向信息化迈进,以数字技术为标志的信息化时代如期而至。计算机技术的发展促成了新的数字媒介的产生,以数字为代表的数字图像、数字音频、数字视频等媒介改变了艺术工作者的传统创作方式。计算机数字化技术正在促使艺术创作与欣赏发生革命性改变。这些数字媒介对于信息的存储、处理方式与传统媒介对于信息的存储、处理方式是完全不同的。因此,在信息数字化背景下,如何促使计算机技术与艺术创作相结合是艺术类专业院校计算机教学需要深入思考的问题。

对艺术类专业学生而言,将来接触更多的创作手段必然是数字媒体技术的运用。了解数字媒体的特性,理解数字媒体信息处理的原理,掌握数字媒体处理技巧,必将有助于拓宽学生艺术创作的思路,创造出更加新奇的艺术作品。由国务院印发的《"十三五"国家战略性新兴产业发展规划》于 2016 年 11 月公布,数字创意产业首次被纳入国家战略性新兴产业发展规划,成为与新一代信息技术、生物、高端制造、绿色低碳产业并列的五大新支柱产业之一,这些都是与艺术类专业院校人才培养息息相关的。大学计算机基础课程作为面向大一新生开设的一门公共必修课,是许多专业课程的前序课程。因此,艺术类院校大学计算机基础教育应充分体现"计算机＋艺术"的学科交叉思路,既要为学生提供必要的计算机文化基础知识,又要使他们掌握艺术创作过程中必不可少的数字媒体技术和计算机辅助设计软件技术,还要兼顾提升大学生计算机文化素养与培养新时代艺术类复合型、创新型、应用型人才的需求。

目前,高校计算机基础教学所使用的教材主要分为三类,一类是以计算机基础知识、操作系统、办公软件和计算机网络为内容,主要面向大学非计算机专业文科类学生的通识教学,强调的是计算机文化素养的培养;另一类是以计算机组成、计算思维和算法、数据库技术、网络及信息安全为内容,主要面向大学非计算机专业理工类学生的通识教学,强调的是学生计算思维以及利用计算思维解决实际问题的能力的培养;还有一类则是根据自身院校及专业特点,在教材中融入本专业对计算机相关知识的需求,为学生提供专业后续学习必备的计算机基础知识,促进计算机教学与专业的融合。显然,前两类教材并不适合专业特点明显的艺术类院校,而现有的第三类教材中又鲜有专门针对艺术类院校编写的教材。

鉴于以上情形,在充分考虑到大学计算机基础是大量艺术专业课程前序课程的基础上,我们编写了本教材。本教材突出了数字媒体技术及其应用,并创新性地引入了计算机辅助设计内容,使得大学计算机基础教学深度融合到艺术院校专业人才培养过程中,具有鲜明的艺术院校专业特点,从而最大限度地服务艺术院校专业人才培养的需求。此外,本教材将多个分散的知识点融会贯通,以综合案例的形式融入教材的各个章节,将理论学习与实践操作相结合,有助于提升学生的综合应用能力。

本教材中所使用的图片素材大部分来自 www.pexels.com,其他字体、软件等资源均来源于互联网,其版权归开发商或其他合法者所有。

本教材由湖北美术学院公共课部组织编写,王诚任主编,编写章节为第 1 至 5 章,并负责全书的统稿、定稿工作;赵凌任副主编,编写章节为第 6 章。本教材主编多年从事大学计算机基础课程理论和实践教学,具备丰富的教学经验和较高的理论水平,主持完成了多个美术类院校计算机基础教学改革项目。本教材副主编是资深工业设计专业教师,长期教授计算机辅助设计相关软件课程,指导学生完成相关课程和毕业设计,在计算机辅助设计教学方面有着丰富的经验。

　　计算机技术的发展日新月异,计算机技术与艺术的结合也越来越广,鉴于编者水平有限,加之时间仓促,本教材在编写过程中难免存在一些不妥之处,敬请同行专家和广大读者批评指正。

编者

2019 年 9 月

目　　录

第1章 计算机基础知识

单纯的计算并不会为我们的日常生活提供看得见摸得着的便利,但是计算机科学通过与其他学科的交叉融合,能产生许多有实际意义的应用,这些应用无论是对人们的生活还是社会经济发展都提供了诸多便利。学习计算机科学的基础知识,掌握计算机系统的工作原理,理解计算机解决实际问题的方式,对于非计算机专业的学生将计算机科学与自己所学专业交叉利用,不仅促进本专业学习,还对开拓本专业新的研究领域有十分重要的意义。

1.1 计算机发展与应用

在计算机领域的发展过程中有两位十分著名的科学家,他们分别是英国科学家阿兰·图灵和美籍匈牙利科学家冯·诺依曼,如图1-1、图1-2所示。早在1936年图灵就在《论可计算数及其在判定问题中的应用》中建立了图灵机(Turing Machine)的理论模型,发展了可计算性理论,并提出了定义机器智能的图灵测试。这些对于计算机发展具有重大意义。而冯·诺依曼的主要贡献则在于确立了现代计算机的基本机构,即冯·诺依曼式计算机体系结构,该体系结构一直沿用至今。

图 1-1　阿兰·图灵　　　　　　　　　　图 1-2　冯·诺依曼

所谓图灵机就是指一个抽象的机器,它有一条无限长的纸带,纸带分成了一个一个的小方格,每个方格有不同的颜色。有一个机器读写头在纸带上移来移去。机器读写头有一组内部状态存储器,还有一些固定的程序。在每个时刻,机器读写头都要从当前纸带上读入一个方格信息,然后结合自己的内部状态存储器查找程序表,根据程序输出信息到纸带方格上,并转换自己的程序指令,然后进行移动,如图1-3所示。

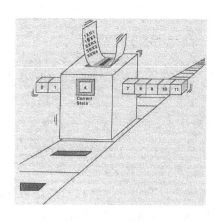

图 1-3　图灵机示意图

在图灵机中数据被制作成一串 0 和 1 表示的纸带,作为输入放入机器,例如000101101001。机器可以对出入的纸带执行一些基本操作,例如"转换 0 为 1""转换 1 为0""前移一位"" 停止"等。机器通过指令对基本操作进行控制,这里指令也可以用 0 和 1来表示。例如"01"表示"转换 0 为 1",10 表示"转换 1 为 0",11 表示"前移一位",00 表示"停止"。机器可完成程序读取,按程序中的指令顺序逐条读取并执行指令,从而实现自动计算。

图灵机的构造思想及其运行原理简洁明了,通过图灵机的工作原理,我们不难理解如何实现一个复杂系统。系统可被认为是由一些基本操作及其各种组合所构成。所以实现一个复杂系统就可转变为实现这些基本操作以及实现一个控制基本操作组合与执行次序的机构。对基本操作的控制就是指令,各种指令组合的序列就是程序。系统可按照"程序"控制"基本操作"执行的方式实现复杂的功能。图灵又将程序看作一种把输入数据转换为输出数据的变换函数,这种变换函数可以由一步步基本操作实现。这里数据、指令、程序都可以用 0 和 1 表示,因此图灵机能完成复杂的计算。

为纪念计算机科学的先驱、英国科学家艾伦·图灵,美国计算机协会(ACM)于 1966 年设立图灵奖。在一年一度的 ACM 年会上都要为计算机科学与技术领域做出杰出贡献的科学家颁发该奖项。由于图灵奖对获奖条件要求极高,评奖程序极其严格,一般每年只奖励一名计算机科学家,只有极少数年度有两名合作者或在同一方向做出贡献的科学家共享此奖。因此,它是计算机界最负盛名、最崇高的一个奖项,有"计算机界的诺贝尔奖"之称。2000 年度的图灵奖颁发给了美国普林斯顿大学的华裔科学家姚期智,他是唯一一位获得图灵奖的华人学者,目前就职于清华大学。

1945 年,美籍匈牙利科学家冯·诺依曼(Von Neumann)与莫尔科研小组合作,提出了一种存储程序的通用电子数字计算机方案 EDVAC(Electronic Discrete Variable Automatic Computer),即电子离散变量自动计算机。冯·诺依曼以"关于 EDVAC 的报告草案"为题,起草了长达 101 页的总结报告。报告广泛而具体地介绍了制造电子计算机和程序设计的新思想。这份报告是计算机发展史上一个划时代的文献,它向世界宣告:电子计算机的时代开始了。

冯·诺依曼在《关于 EDVAC 的报告草案》中指出了数字计算机应采用的体系结构,即冯·诺依曼计算机体系结构。该体系结构主要有以下三个方面的特征:

(1)计算机处理的数据和指令一律使用二进制数表示。

（2）顺序执行程序。在计算机运行过程中，把要执行的程序和处理的数据首先存入主存储器（内存），计算机执行程序时，将自动地并按顺序从主存储器中取出指令一条一条地执行。

（3）计算机硬件由运算器、控制器、存储器、输入设备和输出设备五大部分组成。

其中，计算机数据和指令采用"二进制表示"和"程序存储"的概念是冯•诺依曼式计算机的两大基本特征。半个多世纪以来，计算机制造技术发生了巨大变化，但冯• 诺依曼体系结构仍然沿用至今，人们把冯•诺依曼称为"计算机鼻祖"。

1.1.1　计算机的发展与分类

1. 计算的发展历程

自古以来，人类就在不断地发明和改进计算工具，从古老的"结绳记事"，到算盘、计算尺、差分机，直到 1946 年第一台电子计算机诞生，计算工具经历了从简单到复杂、从低级到高级、从手动到自动的发展过程，而且还在不断发展。回顾计算工具的发展历史，从中可以得到许多有益的启示。

（1）手动式计算工具

人类最初用手指进行计算。人有两只手，十个手指头，所以自然而然地习惯用手指记数并采用十进制记数法。用手指进行计算虽然很方便，但计算范围有限，计算结果也无法存储。于是人们用绳子、石子等作为工具来扩展手指的计算能力，例如中国古书中记载的"上古结绳而治"，拉丁文中"Calculus"的本意是用于计算的小石子。我国春秋时期出现了世界上最古老的计算工具——算筹。到了公元 15 世纪，算盘已经在我国广泛使用，后来流传到日本、朝鲜等国。除中国外，其他国家亦有各式各样的计算工具发明，例如罗马人的算盘、古希腊人的算板、印度人的沙盘等。这些计算工具的原理基本上是相同的，同样是透过某种具体的物体来代表数，并利用对物件的手动操作来进行运算。

（2）机械式计算工具

17 世纪，欧洲出现了利用齿轮技术的计算工具。1642 年，法国数学家帕斯卡（Blaise Pascal）发明了帕斯卡加法器，这是人类历史上第一台机械式计算工具，其原理对后来的计算工具产生了长远的影响。帕斯卡加法器是由齿轮组成、以发条为动力、通过转动齿轮来实现加减运算、用连杆实现进位的计算装置。帕斯卡从加法器的成功中得出结论：人的某些思维过程与机械过程没有差别，因此可以设想用机械来模拟人的思维活动。

1673 年，德国数学家莱布尼茨（G. W. Leibnitz）研制了一台能进行四则运算的机械式计算器，称为莱布尼兹四则运算器。这台机器在进行乘法运算时采用进位—加的方法，后来演化为二进制，被现代计算机采用。

19 世纪，英国数学家查尔斯•巴贝奇（Charles Babbage）开始研制差分机，专门用于航海和天文计算，在英国政府的支持下，差分机历时 10 年研制成功，这是最早采用寄存器来存储数据的计算工具，体现了早期程序设计思想的萌芽，使计算工具从手动机械跃入自动机械的新时代。

（3）机电式计算机

1886 年，美国统计学家赫尔曼•霍勒瑞斯（Herman Hollerith）借鉴了雅各织布机的穿孔卡原理，用穿孔卡片存储数据，采用机电技术取代了纯机械装置，制造了第一台可以自动进行加减四则运算、累计存档、制作报表的制表机，这台制表机参与了美国 1890 年的人口普查工作,使预计 10 年的统计工作仅用 1 年零 7 个月就完成了,是人类历史上第一次利用计算机进行大规模的数据处理。霍勒瑞斯于 1896 年创建了制表机公司 TMC 公司,这就是赫赫有名的IBM 公司的前身。此后德国工程师朱斯(K. Zuse)和美国哈佛大学应用数学教授霍华德·艾肯(Howard Aiken)相继研制出以继电器作为开关元件的机电式计算机。

(4)电子计算机

1939 年,美国数学物理学教授约翰·阿塔纳索夫(John Atanasoff)和他的研究生克利福德·贝利(Clifford Berry)一起研制了一台称为 ABC(Atanasoff Berry Computer)的电子计算机。在阿塔纳索夫的设计方案中,第一次提出采用电子技术来提高计算机的运算速度。

1945 年 6 月,冯·诺依曼教授发表了 EDVAC 方案,确立了现代计算机的基本体系结构。

第二次世界大战中,美国宾夕法尼亚大学物理学教授约翰·莫克利(John Mauchly)和他的研究生普雷斯帕·埃克特(Presper Eckert)受军械部的委托,为计算弹道射击表启动了研制ENIAC(Electronic Numerical Integrator and Computer)的计划,1946 年 2 月 15 日,这台标志人类计算工具历史性变革的巨型机器宣告竣工。ENIAC 的最大特点就是采用电子器件代替机械齿轮或电动机械来执行算术运算、逻辑运算和存储信息。ENIAC 是世界上第一台能真正运转的大型电子计算机,ENIAC 的出现标志着电子计算机时代的到来。

2.电子计算机的元件发展历程

由阿兰·图灵的图灵机模型和冯·诺依曼的计算机体系结构容易发现,他们在自动化计算的研究探索中都不约而同地引入了二进制数。这是因为我们熟悉的十进制数有 10 个不同的字符,需要有能够进行 10 种不同状态变化的元器件才能表示各个字符。而存储二进制数则只需要一种可以进行两种状态变化的元器件,并且二进制运算规则与逻辑运算一致且相对简单,所以电子自动化计算的发展由能表示二进制的元器件开始并沿用至今。

1883 年,爱迪生在发明灯泡的过程中,发现了一个奇特的现象:如果在真空电灯泡内部碳丝附近安装一段铜丝,碳丝和铜丝之间就会产生微弱的电流。1895 年,英国电气工程师弗莱明对上述“爱迪生效应”展开了深入研究,最终发明了人类第一只电子管,即真空二极管,它是一种使电流单向流动的元器件。1907 年,美国人德弗雷斯(无线电之父)通过在二极管的灯丝和板极之间增加一块栅板使得电子流动的方向可控,发明了真空三极管,这使得电子管进入到普及和应用阶段。由于电子管是这一元器件可进行二进制的存储和控制,在随后的电子计算研究中,人们开始使用电子管研制自动计算工具。其中最著名的成果就是 1946 年美国宾夕法尼亚大学研制的埃尼阿克(ENIAC),它被公认为世界第一台电子计算机。

ENIAC 是一个庞然大物,长 30.48 米,宽 6 米,高 2.4 米,占地面积约 170 平方米,30 个操作台,重达 30.48 吨,耗电量 150 千瓦,造价 48 万美元。它包含了 17 468 根真空管、7 200 根水晶二极管、1 500 个中转、70 000 个电阻器、10 000 个电容器、1 500 个继电器、6 000 多个开关。同以往的计算机相比,ENIAC 最突出的优点就是运行速度,它每秒执行 5 000 次加法或 400 次乘法,是继电器计算机的 1 000 倍、手工计算的 20 万倍。它的成功为“二进制”和“电子元器件”作为计算机核心技术奠定了坚实的基础。值得注意的是 ENIAC 占地面积大且耗电量大,这些是由于电子管体积庞大、功耗大、可靠性低等缺点造成的,如图 1-4 所示。因此,为了克服这些问题人类努力寻找性能更好的电子元器件以替代电子管。

图 1-4　世界上第一台电子计算机 ENIAC

1947 年,贝尔实验室的肖克莱、巴丁和布拉顿发明了点接触晶体管,此后肖克莱进一步发明了可量产的结型晶体管,他们于 1956 年因发明晶体管共同获得诺贝尔物理学奖。1954 年,德州仪器公司的迪尔发明了以硅作为材料制造晶体管的方法,此后制造晶体管的成本逐年下降 30%。到了 20 世纪 50 年代末,这种廉价的元器件被广泛使用,计算机进入了以晶体管为主要元器件的发展阶段。虽然晶体管较电子管有了许多改进,但是同样需要电路将各个元件连接起来。能够由电线连接起来的单个电子元件的数量是有限的,当数量过大时,连接很难实现。而当时一台计算机可能需要 25 000 个晶体管、10 万个二极管以及大量的电阻和电容,这为设计人员带来了极大的挑战,而且复杂的电路结构也会大大降低系统的可靠性。

1958 年,费尔柴尔德(仙童)半导体公司的诺伊斯和德州仪器公司的基尔提出了集成电路的构想:在一层保护性的氧化硅薄片下面,用同一种材料(硅)制造晶体管、二极管、电阻、电容。再采用氧化硅绝缘层的平面渗透技术,以及将细小的金属线直接蚀刻在这些薄片表面上的方法把这些元件相互连接起来,这样就可以将几千个元件紧密地排列在一块小硅片上,封装成集成电路,以实现一些复杂功能。集成电路成为功能更为强大的元件,通过连接不同的集成电路可以制造体积更小、功耗更低的计算机器。至此计算机进入了微电子时代。

随后的数十年,通过人们的不懈努力,集成电路的制造工艺有了巨大突破,从光刻技术、微刻技术发展到如今的纳米刻技术。这些技术使得集成电路的规模越来越大,形成了超大规模集成电路。此后,集成电路的规模基本按照英特尔创始人之一的戈登·摩尔提出的摩尔定律预测的那样发展,即当价格不变时,集成电路上可容纳的元器件的数目,约每隔 18～24 个月便会增加一倍,性能也将提升一倍。

纵观电子计算机半个多世纪的发展,每一次重大的进步无不与电子技术的重大发明有关。根据电子计算机所采用的电子元器件不同,经典电子计算机的发展可分为电子管、晶体管、中小规模集成电路和大规模(超大规模)集成电路四个阶段,各阶段的特点如表 1-1 所示。

表 1-1　　电子计算机四个发展阶段比较

	电子元器件	主存储器	辅存储器	运算速度（次每秒）	应用领域
第一阶段（1946—1956）	电子管	磁芯、磁鼓	磁带、磁鼓	5 000～4 万	军事研究和科学计算
第二阶段（1957—1964）	晶体管	磁芯、磁鼓	磁带、磁鼓、磁盘	几十万～一百万	科学计算、事务处理和工业控制
第三阶段（1965—1970）	中小规模集成电路	磁芯、磁鼓、半导体存储器	磁带、磁鼓、磁盘	一百万～几百万	文字处理和图形图像处理
第四阶段（1970年至今）	大规模（超大规模）集成电路	半导体存储器	磁盘、U盘、光盘、磁带	几百万～数万亿	社会生活各个领域

3.未来新型计算机发展方向

人类对于计算的追求和探索是永不停歇的，科学家和工程师正在研究新型的计算机体系结构，同时也在寻求新的替代技术。它们包括超导计算机、量子计算机、光计算机、神经网络计算机、生物计算机等。

超导计算机是利用某些材料冷却到接近−273.15℃时，会失去电阻，流入它们中的电流会畅通无阻地在其计算机及其部件中运行。超导计算机运算速度比现在的电子计算机快100倍，而能耗仅是电子计算机的千分之一。但是，现在这种组件计算机的电路必须在低温下工作。若将来发明了常温超导材料，计算机的整个世界将改变。

量子计算机是一类遵循量子力学规律进行高速数学和逻辑运算、存储及处理量子信息的物理实现方案。当某个装置处理和计算的是量子信息，运行的是量子算法时，它就是量子计算机。量子计算机的概念源于对可逆计算机的研究。研究可逆计算机的目的是为了解决计算机中的能耗问题。

光计算机利用光束表示、存储数据以及进行数据计算，它以不同波长的光代表不同的数据，以大量的透镜、棱镜和反射镜将数据从一个芯片传送到另一个芯片。与经典电子计算机采用电信号不同，光计算机采用光内连技术，用光代替电子或电流，在运算部分与存储部分之间进行光连接，运算部分可直接对存储部分进行并行存取。它突破了传统的用总线将运算器、存储器、输入和输出设备相连接的体系结构。光计算机运算速度极高、耗电极低，目前尚处于研制阶段。

神经网络计算机是以人类神经系统的工作原理为基础建立的计算机系统。它具有模仿人的大脑判断能力和适应能力，可并行处理多种数据功能的神经网络计算机，可以判断对象的性质与状态，并能采取相应的行动，而且可同时并行处理实时变化的大量数据，并得出结论。神经网络计算机除有许多处理器外，还有类似神经的节点，每个节点与许多点相连。若把每一步运算分配给每个微处理器，它们同时运算，其信息处理速度和智能会大大提高。神经电子计算机的信息不是存在存储器中，而是存储在神经元之间的联络网中。若有节点断裂，电脑仍有重建资料的能力，它还具有联想记忆、视觉和声音的识别能力。

生物计算机的主要原材料是生物工程技术产生的蛋白质分子，并以此作为生物芯片来替代半导体硅片，利用有机化合物存储数据。信息以波的形式传播，当波沿着蛋白质分子链传播时，会引起蛋白质分子链中单键、双键结构顺序的发生变化。其运算速度要比目前最新一代计算机快10万倍，且具有很强的抗电磁干扰能力，能彻底消除电路间的干扰。能量消耗仅相当于普通计算机的十亿分之一，并具有巨大的存储能力。生物计算机具有生物体的一些特点，例如能发挥生物本身的调节机能、自动修复芯片上发生的故障、能模仿人脑的机制等。

展望未来,计算机将是半导体技术、超导技术、光学技术、仿生技术相互结合的产物。从发展上看,计算机将向着巨型化和微型化发展;从应用上看,将向着系统化、网络化、智能化方向发展。

4.计算机的分类

计算机的根据不同的侧重点可以有多种分类标准。我们通常以计算机的用途和性能作为其分类标准。

按用途的区别计算机可分为专用计算机和通用计算机。专用计算机配备了解决特定问题的软件和硬件,例如医疗检测、生成过程控制、航天航空设备的控制等。专用计算机一般只适用于某一特殊领域的任务,功能较为单一。通用计算机通用性、扩张性、兼容性较强,通过安装具体应用软件以及硬件设备可以实现各种不同的功能,其应用范围更广。但是其执行效率和运行速度较专用计算机低。对于普通用户而言一般所说的计算机就是通用计算机。

按照计算机的性能优劣,依据美国电气和电子工程师协会(IEEE)在 1989 年提出的标准可分为巨型机、大型机、中型机、小型机、微型机和工作站。然而,计算机技术发展迅速,各类计算机性能指标都在不断地改进和提高,以至于如今的一台普通微型计算机的运算速度、字长、存储容量等综合性能指标很可能超越多年前的一台大型机。因此,传统的根据性能指标将计算机分类有一定的时间局限性。这里我们可以根据计算机的综合性能指标,并结合计算机应用领域的分布将其分为五大类。

(1)高性能计算机

高性能计算机即超级计算机,或巨型机。这类计算机只有少数国家能够研发生产。目前国际上对高性能计算机的最为权威的评测是世界计算机排名(即 TOP500),通过测评的计算机是目前世界上运算速度和处理能力均堪称一流的计算机。对应此类计算机的研究,我国已成为继美国、日本之后的第 3 个拥有高性能计算机并开展实际应用的国家。2016 年 6 月 20 日,在法兰克福世界超算大会上,国际 TOP500 组织发布的榜单显示,"神威·太湖之光"超级计算机系统登顶榜单之首,不仅速度比第二名"天河二号"快出近两倍,其效率也提高 3 倍;11 月 14 日,在美国盐湖城公布的新一期 TOP500 榜单中,"神威·太湖之光"以较大的运算速度优势轻松蝉联冠军;11 月 18 日,中国科研人员依托"神威·太湖之光"超级计算机的应用成果首次荣获"戈登·贝尔"奖,实现了中国高性能计算应用成果在该奖项上零的突破。"神威·太湖之光"超级计算机如图 1-5 所示。

图 1-5 "神威·太湖之光"超级计算机

（2）微型计算机

大规模集成电路及超大规模集成电路的发展是微型计算机得以产生的前提。通过集成电路技术将计算机的核心部件运算器和控制器集成在一块大规模或超大规模集成电路芯片上，统称为中央处理器（Central Processing Unit，CPU）。中央处理器是微型计算机的核心部件，是微型计算机的心脏。目前微型计算机已广泛应用于办公、学习、娱乐等社会生活的方方面面，是发展最快、应用最为普及的计算机。微型计算机也就是我们通常所说的个人电脑，我们日常使用的台式计算机、笔记本计算机、掌上型计算机等都是微型计算机。

（3）工作站

工作站是一种高档的微型计算机，通常配有高分辨率的大屏幕显示器及容量很大的内存储器和外存储器，主要面向专业应用领域，具备强大的数据运算与图形、图像处理能力。工作站主要是为满足工程设计、动画制作、科学研究、软件开发、金融管理、信息服务、模拟仿真等专业领域而设计开发的高性能微型计算机。需要指出的是，这里所说的工作站不同于计算机网络系统中的工作站概念，计算机网络系统中的工作站仅是网络中的任何一台普通微型机或终端，只是网络中的任一用户节点。

（4）服务器

服务器是指在网络环境下为多个用户提供共享信息资源和各种服务的一种高性能计算机，在服务器上需要安装网络操作系统、网络协议和各种网络服务软件。服务器主要为网络用户提供文件、数据库、应用及通信方面的服务。

（5）嵌入式计算机

嵌入式计算机是指嵌入到对象体系中，实现对象体系智能化控制的专用计算机系统。嵌入式计算机系统是以应用为中心，以计算机技术为基础，并且软硬件可裁剪，适用于对功能、可靠性、成本、体积、功耗有严格要求的专用计算机系统。它一般以嵌入式微处理器、外围硬件设备、嵌入式操作系统以及用户的应用程序等四个部分组成，用于实现对其他设备的控制、监视或管理等功能。例如，我们日常生活中使用的电冰箱、全自动洗衣机、空调、电饭煲、数码产品等都采用嵌入式计算机系统。

1.1.2　计算机的主要用途

如今，我们已经进入了以微电子技术、通信技术、计算机技术、网络技术和多媒体技术为主要特征的信息社会。这些技术的发展正在改变人们分析问题的思维方式和解决问题的方法。在当今社会中，各学科交叉融合日益密切，基于计算机科学的学科交叉应用尤为突出，计算机的用途早已不再仅仅是为人们提供单纯的数值计算。计算机的应用早已渗透到社会的各行各业，正在使我们的学习、工作及生活发生巨大改变，促进社会的发展。

1. 科学计算（数值计算）

科学计算即是数值计算，科学计算是指应用计算机处理科学研究和工程技术中所遇到的数学计算。在现代科学和工程技术中，经常会遇到大量复杂的数学计算问题，这些计算问题在尖端科学领域尤为突出。由于计算量大、数据量多、计算时间长等特点，这些问题用一般的计算工具来解决非常困难，而用计算机来处理却非常容易，例如高能物理、工程设计、地震预测、气象预报、航天技术等。由于计算机具有高运算速度和精度以及逻辑判断能力,因此出现了计算力学、计算物理、计算化学、生物控制论等新的学科。

2. 信息处理

据统计有超过 80％的计算机应用都与信息处理有关,这方面的工作量大且涉及的面广,尤其在科研、工程和商业等领域。信息处理主要是指对任何形式的数据资料加工、管理与操作,其中主要包括信息的采集、分类、排序、整理、合并、存储、计算等操作,例如图书馆的图书及借阅信息管理、购物网站的商品及交易信息管理、教学中学生及成绩信息管理都是信息处理的典型应用。

信息处理从简单到复杂经历了三个阶段。

(1)以文件系统为基础的电子数据处理,主要实现某一单项管理,例如超市的商品信息管理。

(2)以数据库为基础的管理信息系统,主要实现某一部门的全面管理,例如超市的销售、进货、库存等多个环节的信息管理。

(3)以数据库、模型库为基础的决策支持系统,可以为决策者的决策提供数据支持,提高运营策略的正确性,例如分析超市某种商品不同时期的销售数据,可以对其进货量动态调节,确保该商品的供销平衡。

随着数字音频、数码图像以及视频等非结构化数据的出现,计算机处理的信息已不仅仅是原有的结构化数据,现在计算机的信息处理应用更为广泛,计算机图形图像处理、视频非线性编辑、视频后期特效制作都属于信息处理的范畴。

3. 过程控制

计算机对于生产过程的控制被广泛应用于各行各业,在工业生产领域尤为突出。例如,在工业生产中通常将温度、压力、流量、液位和成分等工艺参数作为被控变量。现代工业设备中多数都嵌入了计算机控制模块,利用设备的感应装置实时采集自动控制所需的参数数据,按最优值及时对设备的被控变量进行精确、有效地自动调节,相比传统的人工控制能有效缩短反应时间,并提高控制精度,例如陶艺电窑炉的炉温控制。从广义上讲,无人机的飞行、跟踪导弹轨迹控制和人造卫星的发射都与计算机的过程控制息息相关。另外,计算机的过程控制还可以为所控制的过程提供故障监控、报警和诊断等功能。

4. 计算机辅助

计算机虽然有强大的计算功能和过程控制能力,但是与人类相比,在进行某些工作时,尤其是需要创造能力的工作时,目前的计算机还是无法独立完成的。当然,这并不影响我们将计算机作为一种学习、生活和工作的辅助工具,以帮助我们完成人工很难或者需要花大量时间才能做到的事情。因此,计算机辅助技术被众多领域广泛应用。

在艺术设计领域,进行建筑设计、机械设计、汽车设计、船舶设计、服装设计、产品设计的时候,通常依托于计算机辅助设计(Computer Aided Design,CAD)。它是利用计算机的计算、逻辑判断、数据处理能力和绘图功能,与人类的经验和判断能力结合,共同完成产品设计工作。

在工业生产领域,有计算机辅助制造(Computer Aided Manufacturing,CAM),它是指利用计算机辅助人类完成工业产品的整个制造任务。这里包括利用计算机将产品的设计信息自动转换为制造信息、生产工艺流程控制、生产设备管理和操作等方面。利用 CAM 技术可以有效提高产品质量，降低生产成本，缩短制造周期，提高生产效率。

计算机辅助工程（Computer Aided Enginnering，CAE），通常是指用计算机及其相关的软件工具对工程、设备及产品进行功能、性能与安全可靠性进行分析计算、校核和量化评价；对其在给定工况下的工作状态进行模拟仿真和运行行为预测；发现设计缺陷，改进和优化设计方案，并证实未来工程、设备及产品的功能和性能的可用性和可靠性。

在医疗领域，有计算机辅助诊断（Computer Aided Diagnosis，CAD）系统，它是指通过影像学、医学图像处理技术以及其他可能的生理、生化手段，结合计算机的分析计算，辅助影像科医师发现病因，提高诊断的准确率。

在教育领域，有计算机辅助教学（Computer Aided Instruction，CAI），它是指将计算机技术、多媒体技术、数据库技术和计算机网络技术相结合的辅助教学手段。它具有良好的交互性，能激发学生学习兴趣，并为不同学生提供不同的教学内容实现因材施教，可以提高教学效果。

5. 人工智能

人工智能（Artificial Intelligence，AI）是指计算机对人类的自然智能进行模拟、扩展及应用的智能活动，包括模拟人脑学习、推理、判断、理解、问题求解等过程。此外，让机器具有人类的思维能力，辅助人类进行决策也属于人工智能的范畴。

人工智能最初是由著名的计算机科学先驱阿兰·图灵在 1947 年提出的"智能机器"发展而来，他开创性地提出了"与人脑的活动方式极为相识的机器是可以制造出来的"。1950 年图灵发表了一篇名为《计算机器与智能》的论文，论文中提出了一种测试以尝试制定一个判断机器是否能模拟人类智能的标准，这种测试被称为图灵试验。该测试的具体内容是，如果电脑能在 5 分钟内回答由人类测试者提出的一系列问题，且其超过 30％的回答让测试者误认为是人类所答，则电脑通过测试，即表示计算机具有智能。

人工智能应用是计算机应用的最高境界，它追求机器与人类深层次的一致。然而，关于人工智能的研究和应用与客观直接的数值计算、数据处理、过程控制、计算机辅助不尽相同，这主要是由于人类思维本身就具有相当的复杂性，涉及多学科多领域。但是，人工智能历经多年的发展也取得了许多实际应用成果，例如机器学习、专家系统、智能搜索引擎、计算机视觉和图像处理、机器翻译和自然语言理解、数据挖掘和知识发现等。有关人工智能应用的图片如图 1-6 至图 1-8 所示。

图 1-6　玉兔号月球车

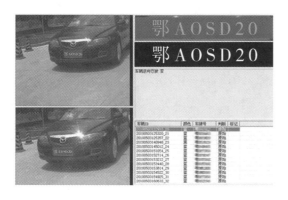

图 1-7　车牌自动识别　　　　　　　　　　　　图 1-8　机器人舞蹈

6.虚拟现实

虚拟现实(Virtual Reality,VR),也称为灵境技术,是一种可以创建和体验虚拟世界的计算机仿真系统。虚拟现实是近年来随着社会和科技发展出现的计算机应用技术,它利用计算机生成一种模拟环境,使用户沉浸到该环境中。

虚拟现实技术主要包括模拟环境、感知、自然技能和传感设备等方面。模拟环境是由计算机生成的、实时动态的三维立体逼真图像。感知是指理想的 VR 应该具有一切人所具有的感知。除计算机图形技术所生成的视觉感知外,还有听觉、触觉、运动等感知,甚至还包括嗅觉和味觉等,也称为多感知。自然技能是指人的头部转动,眼睛、手势或其他人体行为动作,由计算机来处理与参与者的动作相适应的数据,并对用户的输入做出实时响应,并分别反馈到用户的五官。传感设备是指三维交互设备,如图 1-9 所示。

图 1-9　三维交互设备

随着计算机性能的提高和图形学研究的深入,虚拟现实技术正在飞速发展。在多个领域,包括美国的虚拟行星探索计划、医学实验及训练、娱乐行业的视频游戏工具、军事与航天领域的模拟训练以及工业仿真等。

此外,虚拟现实技术还可以融入艺术表现之中,形成一种 VR 艺术。VR 艺术是伴随着"虚拟现实时代"的来临应运而生的一种新兴而独立的艺术门类,在《虚拟现实艺术:形而上的终极再创造》一文中,关于 VR 艺术有如下的定义:以虚拟现实(VR)、增强现实(AR)等人工智能技术作为媒介手段加以运用的艺术形式,我们称之为虚拟现实艺术,简称 VR 艺术。该艺术形式的主要特点是超文本性和交互性。

2018年5月《清明上河图3.0》在故宫展演,观众穿越在现实与梦幻之中,展演由3个展厅与1个宋代文人空间组成,融合8K高清屏拼接显示技术,4D球幕影院等多种高科技互动艺术,构建出真人与虚拟的交织,观众获得沉浸式体验。2018年9月,清华大学美术学院举办了"万物有灵——清华大学文化遗产保护与创新研究成果展",展览共分六大展区,分别是紫禁威仪展区、先贤圣迹展区、宝相霓裳展区、邑巷人家展区、皇苑林泉展区、传艺承明展区,大量的新媒体技术手段被应用于各个主题展区。图1-10为利用虚拟现实技术三维数字重建的"圆明园"。图1-11为基于墙上投影互动技术开发的"骷髅幻戏图",观众轻松地滑动一下投影中的"金丝线",就可以让小骷髅悬丝律动。这些全新的展示方式给观众带来了前所未有的观展体验。

图1-10　三维数字重建的"圆明园"

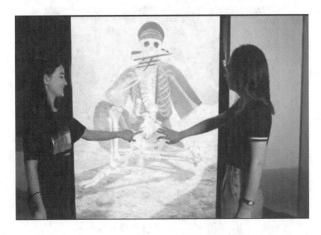

图1-11　互动投影"骷髅幻戏图"

7.大数据

2009年,美国谷歌公司通过分析5 000万条美国人最频繁检索的词汇,将之和美国疾病中心在2003年到2008年间季节性流感传播时期的数据进行比较,并建立一个特定的数学模型。最终谷歌成功预测了2009冬季流感的传播途径和地区。2014年,微软公司纽约研究院的经济学家大卫·罗斯柴尔德(David Rothschild)利用大数据成功预测第86届奥斯卡金像奖颁奖典礼24个奖项中的21个,成为人们津津乐道的话题。这些应用案例神奇地展现了大数据的魔力。

对于"大数据"(Big Data)研究机构 Gartner 给出了这样的定义:"大数据"是需要新处理模式才能具有更强的决策力、洞察发现力和流程优化能力的海量、高增长率和多样化的信息资源。随着手机设备和社交软件的日益普及,文字、图像、语音、视频等各类数据正在以惊人的速度增长。从人类文明开始到 2003 年共产生了 5EB 的数据,而在 2013 年,全球数据产生量到达 3.5ZB,这相当于 2003 年以前人类所产生数据总和的 700 倍。对于爆炸性增长的海量数据必然无法用单台的计算机进行处理,必须采用分布式架构。它的特色在于对海量数据进行分布式数据挖掘,但它必须依托云计算的分布式处理、分布式数据库和云存储、虚拟化技术。因此,大数据通常与云计算密不可分,它们的关系就像一枚硬币的正反面一样。

维克托·迈尔-舍恩伯格及肯尼斯·库克耶在《大数据时代》一书中指出大数据的核心就是预测。它通常被视为人工智能的一部分,或者更确切地说,被视为一种机器学习。大数据大大解放了人们的分析能力,一是可以分析更多的数据,甚至是相关的所有数据,而不再依赖于随机抽样(抽样调查)这样的捷径;二是研究数据如此之多,以至于我们不再热衷于追求精确度;三是不必拘泥于对因果关系的探究,而可以在相关关系中发现大数据的潜在价值。因此,当人们可以放弃寻找因果关系的偏好,开始挖掘相关关系的好处时,一个用数据预测的时代才会到来。大数据技术的战略意义不在于掌握庞大的数据信息,而在于对这些含有意义的数据进行专业化处理。换言之,如果把大数据比作一种产业,那么这种产业实现盈利的关键,在于提高对数据的"加工能力",通过"加工"实现数据的"增值"。

大数据的特点可以归纳为 4 个 V,即数据规模大(Volume)、数据种类多(Variety)、数据要求处理速度快(Velocity)、数据价值密度低(Value),即所谓的 4V 特性。这些特性使得大数据区别于传统的数据概念。

1.2　计算机系统

人们常常有个误解,认为计算机就是主机、显示器、键盘、鼠标或者笔记本这些实实在在的设备。其实计算机一个整体的概念,不论大型机、小型机还是个人电脑,都是由硬件系统和软件系统两大部分组成的。

1.2.1　计算机系统组成

计算机硬件是计算机中由电子、机械和光电元件组成的各种计算机部件和设备的总称,是计算机完成各项工作的物质基础。而计算机软件则是在计算机硬件设备上运行的各种程序及其相关文档和数据的总称。硬件就如同人的躯体,而软件更像人的灵魂。所以,没有软件的计算机就像没有灵魂的人类躯体,做不了任何实际意义的事情。同理,没有软件的计算机是无法正常工作的,因而硬件和软件两者缺一不可。硬件和软件是相互依存、相互作用才能构成一个计算机系统,一方面,硬件的高速发展为软件的发展提供了技术支持空间,如果没有硬件的高速运算能力和大容量的存储空间,则需要进行海量计算的软件无法实现其功能;另一方面,软件的发展也对硬件提出了更高的要求,从而促使硬件的不断更新发展。计算机系统组成结构如图 1-12 所示。

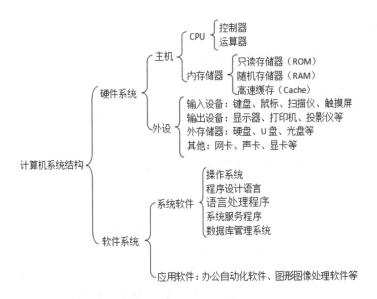

图 1-12 计算机系统组成结构图

1.2.2 计算机硬件系统

虽然计算机的制造技术从计算机出现到今天已经发生了极大的变化,但是计算机硬件组成结构及其工作基本原理绝大多数还是仍然建立在冯·诺依曼提出的存储程序和程序控制的概念基础上,由此构成的计算机都称为冯·诺依曼型计算机。冯·诺依曼型计算机主要由运算器、控制器、存储器、输入和输出设备五大基本部件构成,其工作原理如图 1-13 所示。其中,输入设备负责把数据和程序输入计算机,存储器存储数据和程序(指令序列)以及程序运行过程中的中间结果,运算器辅助算数逻辑运算,控制器控制各部分的协调工作,输出设备负责将运算结果输出。

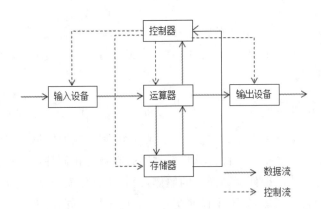

图 1-13 冯·诺依曼型计算机工作原理

1. 运算器

运算器(Arithmetic Logic Unit,ALU)的基本功能为加、减、乘、除四则运算,与、或、非、异或等逻辑操作,以及移位、求补等操作。计算机运行时,运算器的操作和操作种类由控制器决定。运算器处理的数据来自存储器;处理后的结果数据通常送回存储器,或暂时寄存在运算器中。

运算器每一步只能做最简单的基本运算(算术运算或者逻辑运算),复杂的运算需要通过多步基本运算组合实现。由于运算器的运算速度非常快,所以计算机拥有高速处理信息的功能。运算器中的数据来自内存,运算结果返回给内存。

2.控制器

控制器(Control Unit)是指挥计算机的各个部件按照指令的功能要求协调工作的部件,是计算机的神经中枢和指挥中心,由指令寄存器、程序计数器和操作控制器三个部件组成,它根据指令的要求向计算机各个部件发出操作控制信号,使计算机的各个部件能高速、持续、稳定的工作,它对协调整个计算机有序工作极为重要。

控制器的基本功能是负责从内存取出指令和执行指令。控制器先从内存中取出指令,并对指令加以分析,然后根据指令的功能要求向有关部件发出操作控制命令,控制其执行该指令的功能。通常当部件执行完控制器发来的指令后会向控制器返回执行情况。所谓程序就是一系列的指令序列,控制器逐条读取并控制执行指令,使计算机能按照程序设计的要求自动完成相应的任务。

3.存储器

存储器(Memory)是现代信息技术中用于保存信息的记忆设备。其概念很广,有很多层次。计算机中全部信息,包括输入的原始数据、计算机程序、中间运行结果和最终运行结果都保存在存储器中。对于计算机而言,存储器容量越大、存取速度越快越好。计算机的执行程序会涉及运算器、控制器与存储器之间大量的信息交换,而存储器的工作速度与 CPU 相比要低很多,因此存储器的工作速度是制约计算机运行速度的一个主要因素。计算机的存储系统通由两级存储器结构构成:一类是内存储器,它们直接与 CPU 相连,容量较小,但存取速度较快,用于存放正在运行的程序和处理的数据;另一类是外存储器,它们通过总线与 CPU 间接相连,存取速度较慢,但存取容量大,价格低,用于存放暂时不用的大量数据。

(1)内存储器

内存储器简称内存,包括寄存器、高速缓冲存储器(Cache)和主存储器。寄存器在 CPU 芯片的内部,高速缓冲存储器也制作在 CPU 芯片内,而主存储器由插在主板内存插槽中的若干内存条组成。内存条的质量好坏与容量大小会影响计算机的运行速度。存储器有磁芯存储器和半导体存储器,绝大多数计算机的内存都是以半导体存储器为主。半导体存储器根据其使用功能可分为随机存储器 (Random Access Memory,RAM)和只读存储器(Read Only Memory,ROM)。

随机存储器是一种可以随机读取和写入数据的存储器,故也称为读写存储器。其特点为只能用于暂时存放信息,一旦断电,存储内容立即消失,即具有易失性。RAM 通常由 MOS 型半导体存储器组成,根据其保存数据的机理又可分为动态(Dynamic RAM)和静态(Static RAM)两大类。DRAM 的特点是集成度高,主要用于大容量内存储器;SRAM 的特点是存取速度快,主要用于高速缓冲存储器。高速缓冲存储器是存在于主存储器与 CPU 之间的一级存储器,其容量通常较小,但速度更接近于 CPU,远高于主存储器的速度。

只读存储器,顾名思义,只能读出原有的内容,不能由用户写入新内容。原来存储的内容是采用掩膜技术由厂家一次性写入的,并永久保存下来。它一般用来存放专用的固定的程序和数据。一旦写入信息后,无须外加电源来保存信息,不会因断电而丢失。只读储存器按照是否可以进行在线改写来划分,又分为不可在线改写内容的 ROM,以及可在线改写内容的 ROM。不可在线改写内容的 ROM 包括掩膜 ROM(Mask ROM)、可编程 ROM(PROM)和可擦除可编程 ROM(EPROM);可在线改写内容的 ROM 包括电可擦除可编程 ROM(EEPROM)和快擦除 ROM(Flash ROM)。

此外,还有 CMOS 存储器(Complementary Metal Oxide Semiconductor Memory),它是一种只需要极少电量就能存放数据的芯片。由于耗能极低,CMOS 内存可以由集成到主板上的一个小电池供电,所以即使在关机后,它也能保存有关计算机系统配置的重要数据。

(2)外储存器

内存由于价格较贵,存储容量较小,并且由于断电后信息丢失,绝大部分内存不能长期保存信息,所以我们需要引入能长时间保存大量信息的外存储器。外存储器是 CPU 不能直接访问的存储器,简称外存,也称辅助存储器或辅存。外存的容量一般较大,用于存放当前不需要立即使用的信息,例如系统程序、数据文件和数据库等。外存通常只与内存进行数据交换,交换方式是批量进行的。如今主流的外存有磁盘存储器、光盘存储器和闪速存储器(U 盘和闪存卡)等。

(3)计算机存储系统的层次结构

计算机存储系统的层次结构包括主-辅存存储层次和 Cache-主存存储层次。

计算机在调用数据的时候,先查看该数据地址所对应的单元内容是否已经装入主存,如果在主存就进行访问,如果不在主存内就经辅助软件、硬件把它所在的那块程序和数据由辅存调入主存,而后进行访问。主-辅存层次解决了存储器大容量要求和低成本之间的矛盾。

在速度方面,计算机的主存和 CPU 保持了大约一个数量级的差距。显然这个差距限制了 CPU 速度潜力的发挥。为了解决它们之间的速度冲突问题,在 CPU 和内存之间引入了高速缓冲存储器(Cache)。Cache 中的内容是当前主存中使用最多的数据块。CPU 访问内存数据时,先在 Cache 中查找,若 Cache 中有 CPU 所需的数据,CPU 直接从 Cache 中读取。如果没有,CPU 则从主存中读取数据,并把与该数据以及与其相关的内容复制到 Cache 中,为下一次访问做好准备,从而提高工作效率。Cache-主存存储层解决了主存速度跟不上 CPU 速度的问题。

4.计算机中数据存储的单位

日常生活中,人们为了衡量物体的长度、面积、体积和质量会使用诸如米(m)、平方米(m^2)、立方米(m^3)、克(g)和千克(kg)等计量单位。那么,数据在计算机中存储时,通过磁介质(磁盘、内存、U 盘)或者光介质(光盘)作为存储介质,其数据储存量是如何衡量的呢?

在计算机中,根据存储介质的物理特性,数据都是采用二进制进行存储。数据存储的最小单位是比特(bit,b),1 比特表示一个二进制位。由于 1 个比特能表示的信息量太小,所以计算机中的基本存储单位是由 8 个二进制位组成的字节(Byte,B)。此外常用的信息量单位还有千字节(KB)、兆字节(MB)、吉字节(GB)、太字节(TB)等。这些单位的换算关系如下:

$1KB=2^{10}B=1024B$　　　　　　$1MB=2^{10}KB=2^{20}B$

$1GB=2^{10}MB=2^{20}KB=2^{30}B$　　　　$1TB=2^{10}GB=2^{20}MB=2^{30}KB=2^{40}B$

随着信息技术的日益普及,数字化存储已经成为信息存储的一种普遍形式,字节(B)也成为人们熟知的衡量数据量的基本单位。但是,需要注意,我们通常所说的网速是以比特每秒(b/s)为单位的,所以 10M 带宽的网络其下载数据的理论速度不是 10MB/s,而是 10Mb/s,即 1.25MB/s。

1.2.3　计算机软件系统

通常提到"计算机"一词,人们想到的便是计算机的硬件设备。实际上计算机软件也是计算机正常工作必不可少的一部分。在 20 世纪 60 年代,程序设计技术有了长足进步,当时程序和数据都存放在柔软的纸带上,所以相对于硬生生的机器设备,人们把程序称为软件。软件源于程序,随着软件的发展,特别是在大型复杂程序的编写、使用和维护中,人们逐步认识到软件说明文档的重要性,进而将文档和程序一起称为软件。程序是让机器执行的,软件说明文档是给程序员看的,完善的软件说明文档才能确保软件开发者对软件进行调试、修改和维护。按照功能划分,计算机的软件一般分为系统软件和应用软件两类。

1. 系统软件

系统软件是计算机系统中最接近硬件的一层软件,与具体应用无关,它负责控制计算机的运行,管理计算机的各种资源,并为应用软件提供支持和服务。只有在系统软件的支持下,用户才能运行各种应用软件操作底层硬件。系统软件还为用户提供开发应用系统的平台。系统软件主要包括操作系统、程序设计语言、语言处理程序、各种服务性程序和数据库管理系统等。

(1)操作系统

操作系统(Operating System,OS),是保证计算机硬件正常工作的最基本、最重要的系统软件。它主要负责管理和控制计算机的所有软硬件资源,组织计算机各部件协同工作,为用户提供友好的操作界面。

在计算机硬件诞生之初并没有操作系统,它是随着计算机软硬件的不断发展、为提高计算机使用效率及性能才应运而生的。根据需要适应的硬件环境和应用需求的不同,操作系统通常可分为人工操作(无操作系统)、单用户操作系统、批处理操作系统、实时操作系统、分时操作系统、个人计算机操作系统、网络操作系统、分布式操作系统等。

操作系统作为计算机系统的管理者,其主要功能是对计算机系统的所有软硬件资源进行有效而合理的管理和调度,提高计算机系统的整体性能。虽然实际的操作系统多种多样,其系统结构和内容存在很大差别,但是作为一个功能完善的操作系统应具有以下五大功能,即处理器管理、存储器管理、设备管理、文件管理、作业管理。

下面主要介绍一下处理器管理。处理器管理的核心内容就是进程管理。进程是程序的一次执行过程,是系统进行调度和资源分配的独立单位。操作系统对每一个执行的程序都会创建一个进程,一个进程代表一个正在执行的程序。程序是一种静态的概念,是指存储在文件中的程序,包括源程序、可执行程序等。对于程序文件,可以进行创建、编辑、复制、删除等操作。而进程是一种动态的概念。当用户运行一个程序时,系统就为其建立一个进程,并为该进程分配内存、CPU 和其他资源。当程序结束时,为该程序本次执行的进程就消亡了,故进程有它自己的生命周期。对于进程(或者说一个正在执行的程序),有另一套不同于程序文件的操作,包括观察进程信息(查看当前有哪些程序正在执行、各程序占用系统资源的情况等),撤销一个进程(终止一个进程的执行),挂起一个进程(暂时停止一个程序的执行),进程之间的切换(各个程序之间的来回操作)。

　　操作系统的出现可谓是计算机软件和计算机系统发展史上的一个重大转折。它使得用户无须了解有关软、硬件的很多细节就能使用计算机。因此,在现代计算机系统中操作系统是必不可少的,并且操作系统的性能很大程度上直接决定了计算机系统的整体性能。

　　(2)程序设计语言

　　编写计算机程序所用的语言是人与计算机进行交流的工具,程序设计语言经历了由低级向高级发展的三个阶段,分别是机器语言、汇编语言和高级语言。

　　①机器语言

　　机器语言(Machine Language)是计算机系统所能识别的、不需要翻译直接供机器使用的程序设计语言。机器语言中的每一条语句(机器指令)实际上是二进制形式(0 和 1)的指令代码,它由操作码的二进制编码和操作数的二进制编码组成。机器语言是一种低级语言,其编写的程序不便于程序员记忆、阅读和理解。因此,通常不会直接使用机器语言编写程序。

　　②汇编语言

　　汇编语言(Assemble Language)是一种面向机器的程序设计语言,它是为特定的计算机设计的。汇编语言采用一定的助记符号表示机器语言中的指令和数据,即用助记符号代替了二进制形式的机器指令。这种替代使得机器语言"符号化",所以也称汇编语言为符号语言。一条汇编语言的指令对应一条机器语言的代码,不同型号的计算机系统一般有不同的汇编语言。它适用于编写直接控制机器操作的底层程序,由于它与具体机器密切相关,不容易掌握和使用。

　　③高级语言

　　从 20 世纪 50 年代中期开始到 20 世纪 70 年代陆续产生了许多高级算法语言,这些高级算法语言中的数据用十进制来表示,语句用较为接近自然语言的英文来表示。它们比较接近于人们习惯用的自然语言和数学表达式,因此称为高级语言。高级语言具有较大的通用性,尤其是一些标准版本的高级算法语言,在国际上都是通用的。常见的高级语言包括FORTRAN、C、C++、VB、JAVA 等。

　　(3)语言处理程序

　　由前文可知,除了机器语言编写的程序能被计算机直接理解并执行以外,其他的程序设计语言编写的程序都必须经过一个个翻译才能转换为计算机能识别的机器语言程序,语言处理程序就是实现这一翻译过程的工具。不同的程序设计语言编写的程序需要不同的语言处理程序翻译。语言处理程序包括汇编程序、编译程序和解释程序。

　　计算机硬件只能识别机器指令,执行机器指令,汇编语言和高级语言是不能直接被执行的。用汇编语言或高级语言编写的程序要执行的话,必须用一个程序将汇编语言程序翻译成机器语言程序,用汇编语言或高级语言编写的程序称为源程序,变换后得到的机械语言程序称为目标程序,用于翻译的程序就是汇编程序。

　　计算机将源程序翻译成机器指令时,通常分两种翻译方式,一种为编译方式,另一种为解释方式。所谓编译方式是首先把源程序翻译成等价的目标程序,然后再执行此目标程序。一般将高级语言程序翻译成汇编语言或机器语言的程序称为编译程序。而解释方式是把源程序逐句翻译,翻译一句执行一句,边翻译边执行。解释程序不产生目标程序,而是借助于解释程序直接执行源程序本身。

（4）系统服务程序

系统服务程序完成一项与管理计算机系统资源及文件有关的任务，例如诊断程序。诊断程序主要用于对计算机系统硬件的检测。它能对 CPU、内存、软硬驱动器、显示器、键盘及I/O接口的性能和故障进行检测。

（5）数据库管理系统

数据库管理系统是 20 世纪 60 年代后期为适应数据处理的需要而发展起来的一种较为理想的数据处理系统，也是一个为实际可运行的存储、维护和应用系统提供数据的软件系统，是存储介质、处理对象和管理系统的集合体。数据库管理系统主要用来解决数据处理的非数值计算问题，目前主要用于数据量较大的档案管理、财务管理、图书资料管理及仓库管理等领域的数据存储、查询、修改、排序、分类处理。

数据库是按一定的方式组织起来的数据的集合，它具有数据冗余度小、可共享等特点。而数据库管理系统的作用是管理数据库，具有建立数据库，编辑、修改、增删数据库内容等对数据的维护功能。常见的数据库管理系统可按大小划分：大型数据库系统有 SQL Server、Oracle、DB2 等，中小型数据库系统有 FoxPro、Access、MySQL 等。

2. 应用软件

应用软件是为了解决计算机各类应用问题而编制的软件，具有很强的针对性和实用性。它是在系统软件支持下开发的，任何应用软件都是由程序开发人员编写的一系列程序和数据的集合（包括一系列技术文档和用户使用手册），通常以软件安装包的形式供用户购买安装使用。应用软件涉及的范围广泛，并随着计算机硬件技术（例如互联网、大数据、云计算）的发展和新的商业模式的产生不断有新的应用软件被开发并投入使用。下面简单介绍几类应用软件：

（1）办公自动化软件

办公自动化软件主要指可以进行文字处理、表格制作、幻灯片制作、简单数据库的处理等方面工作的软件。包括微软 Office 系列、金山 WPS 系列、永中 Office 系列等。目前，办公软件朝着操作简单化、功能精细化、存储网络化等方向发展。另外，政府用的电子政务、税务用的税务系统、企业用的协同办公软件也属于办公自动化软件，它们不再局限于传统文字编辑和表格计算。

（2）图形图像处理软件

图形图像这些形象化的信息能够表达更大的信息量，且传递过程更加直观，处理这类信息的软件就是图形图像处理软件。平面的图形图像处理软件主要有 Photoshop、Illustrator、CorelDraw、AutoCAD。三维的图形图像处理软件包括 3ds MAX、Maya、Rhino、LightWave 3D、ZBrush、ProE 等。

（3）音视频媒体播放及编辑软件

媒体播放软件，又称媒体播放器，通常是指电脑中用来播放多媒体的播放软件，例如 Windows Media Player 等。音视频的媒体播放器种类繁多，支持的文件格式各异，这里不一一介绍。

此外，视频编辑软件是对视频源进行非线性编辑的软件，软件通过对加入的图片、背景音乐、特效、场景等素材与视频进行混合,对视频源进行切割、合并,通过二次编码,生成具有不同表现力的新视频。常见的视频编辑软件有 Premiere、EDIUS、Windows Movie Maker、会声会影等。音频编辑软件的功能与视频编辑软件类似,只是编辑的素材仅为音频文件。音频编辑软件有 Audition、GoldWave 等。

1.3　进制与编码

由前文可知电子计算机中采用二进制存储数据和程序,在计算机的学习中我们还会接触其他进制,有我们最熟悉的十进制,也有不太熟悉的八进制和十六进制。那么我们为什么要引入这些不同的进制呢? 此外,如今的计算机的用途早已不仅仅局限于数值计算,它要处理的数据还包括文本、图像、音频、视频等多种不同类型的数据,仅仅依靠二进制的 0 和 1 是如何把这些数据记录下来的?

1.3.1　进位计数制

进位计数制即进制,它是利用一组固定的数字符号和统一的规则来计数的方法。在日常生活中我们常见的进制有广泛使用的十进制,表示时间换算的 24 进制,表示时间和角度换算的 60 进制等。而在计算机领域最常用的进制是二进制,此外,还有八进制和十六进制。

先来看看我们最为熟悉的十进制。当我的祖先需要记录物件时,他们发现五和七还是有区别的,于是产生了计数系统。当然,早期数字并没有书写的形式,而只有掰手指头,人一共有十个手指,这就是为什么我们今天使用十进制的原因。渐渐地,我们的祖先发现十个指头不够用了。虽然最简单的办法就是把十个脚趾头也算上,但是这不能解决根本问题。我们的祖先很聪明,他们发明了进位制,也就是我们今天说的逢十进一。这是人类在科学上的一大飞跃,从此人类知道对数量进行编码,不同位的数字代表不同的数量。

既然我们对十进制这么熟悉,为什么在计算机领域却要采用二进制记录和处理数据呢? 这是由二进制以下几个特点决定的。

(1)采用二进制只需要表示 0 和 1 两个数字符号,即制造计算机时只需要找到能在两种状态之间变化的二值元件。而这种电子器件容易找到,例如开关的接通和断开、晶体管的导通和截止、磁介质的正负磁极、电位电平的高与低等等。这两种状态抗干扰能力强,可靠性高。

(2)二进制数的运算规则少,运算简单,极大地简化了计算机运算器的硬件结构。例如十进制的九九乘法口诀表有 55 条公式,而二进制乘法只有 4 条。

(3)由于二进制的 0 和 1 正好可以与逻辑代数中的真和假相对应,因此,二进制运算可以实现与逻辑运算的统一。

下面我们来看看李开复博士在《对话》节目中现场面试清华博士生时提到的一个问题。问题是这样的,现在有 1 000 个苹果,需要将它们放入 10 个箱子(假设箱子足够大)。客户如果要获得 1 到 1 000 个苹果中的任意个数,箱子只能整箱搬,而不用拆开箱子。问是否有这样的装箱方法? 这里箱子只能整箱搬,即要么拿这一箱苹果,要么不拿。这很容易让我们联想到二值元件,有 10 个箱子就相当于有 10 个二进制位,它们最多可以表示的数据是 $2^{10}=1\ 024$,由于 1 024 大于 1 000,所以有这种装箱的方法。具体的装箱方法就是在前 9 个箱子里分别放入 $2^0,2^1,\cdots,2^8$,即 $1,2,\cdots,256$ 个苹果,最后 1 个箱子放入剩下的 489 个苹果就可以了(1 000—

$256-128-64-32-16-8-4-2-1=489$）。由这个问题的求解，我们应该能更深刻地感受到二进制的思维与我们生活是密切联系的。

二进制虽然有诸多优点，但是由于只有 0 和 1 两个数字符号，表示信息时通常需要使用一长串 0 和 1 实现，这样带来了书写长，不便于阅读和记忆的问题。为此，人们引入了八进制和十六进制，这两个进制不但容易书写和阅读，便于记忆，而且与二进制转换十分简单。

进制的特点是表示数值大小的数码与它在数中所处的位置有关。一种进制包括一组数码符号以及三个基本元素：数位、基数和位权。

数码符号：用于表示数值的一组不同的数字符号，例如十进制中有 0～9 共十个数码符号，而二进制中只有 0 和 1 两个数码符号。那么十六进制呢？它包含 0～9 以及 A、B、C、D、E、F 共十六个数码符号。

数位：即数码符号在 1 个数中所处的位置。

基数：是指某种进制中，每个数位上所能使用的数码符号的个数。例如十进制中可以使用 0～9 共十个数码符号，因此十进制的基数为 10。当基数为 r 时，包含 $0,1,\cdots,r-1$ 共 r 个数字符号，进位规律遵循"逢 r 进 1"，即 r 进制。

位权：是指在某一种进制表示的数中，用于表示不同数位上数值大小的一个固定常数。不同数位有不同的位权，某一数位的数值等于在这个的数码乘以该数位的位权。r 进制数的位权是 r 的整数次幂。例如，十进制的位权是 10 的整数次幂，个位位权是 10^0，十位的位权是 10^1。一般情况下，对于 r 进制而言，整数部分第 i 位的位权是 r^{i-1}，小数部分第 j 位的位权是 r^{-j}。常用进制数值对照关系如表 1-2 所示。

表 1-2　常用进制数值对照关系

十进制数	二进制数	八进制	十六进制	十进制数	二进制数	八进制	十六进制
0	0	0	0	9	1001	11	9
1	1	1	1	10	1010	12	A
2	10	2	2	11	1011	13	B
3	11	3	3	12	1100	14	C
4	100	4	4	13	1101	15	D
5	101	5	5	14	1110	16	E
6	110	6	6	15	1111	17	F
7	111	7	7	16	10000	20	10
8	1000	10	8				

对于非十进制的数通常可以用数字后面跟一个英文字符或者以"( )角标"的形式表示该数是多少进制的数。例如，十进制可以在数字 32.5 可表示为 32.5D 或者 $(32.5)_{10}$，二进制 101.11 可表示 101.11B 或者 $(101.11)_2$，八进制 36 可表示为 36O 或者 $(36)_8$，十六进制可表示为 4AH 或者 $(4A)_{16}$。因此，对于任意数字 N，有如下公式：

$$N=(d_{n-1}d_{n-2}\cdots d_2 d_1 d_0 . d_{-1} d_{-2}\cdots d_{-m})_x$$
$$=(d_{n-1}r^{n-1}+d_{n-2}r^{n-2}+\cdots+d_2 r^2+d_1 r^1+d_0 r^0+d_{-1}r^{-1}+d_{-2}r^{-2}+\cdots+d_{-m}r^{-m}$$
$$=\sum_{i=-m}^{n-1} d_i r^i$$

1.3.2　不同进制之间的换算

人们习惯使用十进制,所以我们在计算机网络中对于 IP 地址采用了点分十进制的方式书写,例如:192.168.0.1,但是计算机网络中计算网络号和主机号以及子网划分时必须使用二进制数据计算,这使得我们必须将十进制数转换为二进制。同样的,在网页设计和图像处理的许多软件里我们采用十六进制表示颜色编码,例如 Color=♯ffffff,表示红、绿、蓝三个颜色分量值都是 255,也就是白色。因此,在学习和使用计算机的过程中我们需要对各种进制进行相互转换。

1.二、八、十六进制与十进制之间的转换

(1)二、八、十六进制转换为十进制

将二进制(八进制或者十六进制)的各个数位上的系数与其所在数位的位权的乘积求和就是该数对应的十进制数值,简单地说就是按照位权展开求和。例如:

$$(1010111.1011)_2 = 1\times2^6+0\times2^5+1\times2^4+0\times2^3+1\times2^2+1\times2^1+1\times2^0+1\times2^{-1}+0\times$$
$$2^{-2}+1\times2^{-3}+1\times2^{-4}=(87.6875)_{10}$$

$$(376)_8 = 3\times8^2+7\times8^1+6\times8^0=(254)_{10}$$

$$(2FC)_{16} = 2\times16^2+15\times16^1+12\times16^0=(764)_{10}$$

(2)十进制转换为二、八、十六进制

十进制转换为二、八、十六进制,需要分为整数部分和小数部分分别计算。

整数部分的计算方法是将十进制数不断地除以 2(8 或者 16),取余数,直到商为 0 停止计算。先得到的余数在低位,后得到的余数在高位(即先得到的靠近小数点)。

例 1　将十进制整数转化为二进制整数:

2 | 215

$\qquad$ 2 | 107 $\qquad$ 余数为 1,即 $a_0=1$ （低位）

$\qquad$ 2 | 53 $\qquad$ 余数为 1,即 $a_1=1$

$\qquad$ 2 | 26 $\qquad$ 余数为 1,即 $a_2=1$

$\qquad$ 2 | 13 $\qquad$ 余数为 0,即 $a_3=0$

$\qquad$ 2 | 6 $\qquad$ 余数为 1,即 $a_4=1$

$\qquad$ 2 | 3 $\qquad$ 余数为 0,即 $a_5=0$

$\qquad$ 2 | 1 $\qquad$ 余数为 1,即 $a_6=1$

$\qquad$ 0 $\qquad$ 余数为 1,即 $a_7=1$ （高位）

最后结果为 $(215)_{10}=(a_7a_6a_5a_4a_3a_2a_1a_0)_2=(11010111)_2$

小数部分的计算方法是将十进制小数不断地乘以 2(8 或者 16),取整数,直到小数部分为0 或者达到精度要求为止(小数部分可能永远不会得到 0,只要位数到达精度要求就可以停止计算),先得到的整数在高位,后得到的整数在低位(即先得到的靠近小数点)。

例 2　将十进制小数转化为二进制小数(精确到小数点后 3 位):

$\qquad$ $0.627\times2=1.254$ $\qquad$ 取整数 1 （高位）

$\qquad$ $0.254\times2=0.508$ $\qquad$ 取整数 0

$\qquad$ $0.508\times2=1.016$ $\qquad$ 取整数 1

$$0.016 \times 2 = 0.032 \qquad 取整数 0 \quad （低位）$$

最后结果为$(0.627)_{10} \approx (0.101)_2$

十进制小数 0.627 连续四次乘 2 后,其小数部分仍不为 0。由于要求精确到小数点后 3 位,因此计算到小数点后第 4 位即可。

对于十进制转换为八进制和十六进制的方法与转换为二进制完全一致,只需要分别将"除 2 取余"改为"除 8 取余"和"除 16 取余",将"乘 2 取整"改为"乘 8 取整"和"乘 16 取整"即可。

2. 二、八、十六进制之间的相互转换

由表 1-2 可发现二进制与八进制和十六进制之间存在着特殊的关系,即一个八进制的数可以采用 3 位二进制数表示,一个十六进制数可以采用 4 位二进制表示,这是由于 $2^3 = 8$,$2^4 = 16$。

(1)二进制数转化为八进制数、十六进制数

从二进制数转化为八进制数(十六进制数)只需要从小数点开始分别向左、右每 3 位(4 位)划分一组,不足 3 位(4 位)的组用 0 补足,然后将每一组 3 位(4 位)二进制数对应一个八进制数(十六进制数)即可。

例 3　将二进制数$(11010111100.11011)_2$转化成八进制数和十六进制数:

$$(\underline{011} \ \underline{010} \ \underline{111} \ \underline{100} \quad . \quad \underline{110} \ \underline{110})_2$$
$$\downarrow \quad \downarrow \quad \downarrow \quad \downarrow \qquad \downarrow \quad \downarrow$$
$$3 \quad 2 \quad 7 \quad 4 \quad . \quad 6 \quad 6$$

转换为八进制时,结果为$(11010111100.11011)_2 = (3274.66)_8$

$$(\underline{0110} \quad \underline{1011} \quad \underline{1100} \ . \quad \underline{1101} \quad \underline{1000})_2$$
$$\downarrow \qquad \downarrow \qquad \downarrow \qquad \downarrow \qquad \downarrow$$
$$6 \qquad B \qquad C \ . \quad D \qquad 8$$

转换为十六进制时,结果为$(11010111100.11011)_2 = (6BC.D8)_{16}$

(2)八进制数、十六进制数转化为二进制

从八进制数(十六进制数)转化为二进制的过程与二进制数转化为八进制数(十六进制数)相反。只需要将每一位八进制数(十六进制数)展开成对应的 3 位(4 位)二进制数即可。注意,整数最高位的和小数最低位的 0 可以略去。

例 4　将八进制数$(315)_8$转化为二进制数:

$$3 \qquad 1 \qquad 5$$
$$\downarrow \qquad \downarrow \qquad \downarrow$$
$$\underline{011} \quad \underline{001} \quad \underline{101}$$

结果为$(315)_8 = (11001101)_2$

例 5　将十六进制数$(2BD)_{16}$转化为二进制数:

$$2 \qquad B \qquad D$$
$$\downarrow \qquad \downarrow \qquad \downarrow$$
$$\underline{0010} \quad \underline{1011} \quad \underline{1101}$$

结果为$(2BD)_{16} = (1010111101)_2$

1.3.3 计算机常用信息编码

不同进制的数值之间可以采用进制换算的方法相互转换,而非数值的信息如何用二进制数表示呢?计算机中采用了各种信息编码来实现用二进制表示信息。所谓编码就是以若干位数码或符号的不同组合来表示非数值信息的方法,它是人为地给若干位数码或符号的每一种组合制定一种唯一的含义。

编码具有三个主要特征:唯一性、公共性和规律性。唯一性是指每一种组合都有确定的唯一性的含义;公共性是指所有相关者都认同、遵循和使用这种编码;规律性是指编码应有一定的规律,便于计算机和人能识别和使用它。以 18 位身份证的编码为例,第 1、2 位表示所在的省份,第 3、4 位表示所在的市,第 5、6 位表示所在的区,从第 7 到 14 位表示出生年月日,第 15、16 位表示出生所在派出所,第 17 位表示性别(奇数是男,偶数是女),第 18 位是校验码。根据这一编码规则,可以给每个人一个身份证号。从身份证号就可了解此人的出生地、生日、性别等信息。此外,编码还涉及信息容量的概念,例如某市区的电话号码由 7 位升级到 8 位,某市区的车牌号的后 5 位出现了大写英文字母等。5 位的车牌最多可以表示 00000~99999,共计10 万个不同的车牌信息,当该市小车超过 10 万则必须引入新的字符,这里在车牌编码中引入了大写的英文字母,这样理论上就可表示 $36^5 = 600\ 466\ 176$ 个车牌,能确保一个城市的车辆足够使用。

电影《火星救援》中宇航员沃特尼为了能与地球通讯找到废弃的火星车,这使得他可以将图片信息传输到地球。然而在地球上的 NASA 人员只能操控火星车转动摄像头和拍照,不能将文字或者图片信息传送到火星。于是,沃特尼想到了利用摄像头的转动来表示信息,但是直接使用 26 个英文字母表示会让每个字母分到的角度太小,不利于相机取景拍照,且无法表示数字和空格等符号。最终,他想到了采用二位十六进制表示 1 个 ASCII 码的方法(在 ASCII码中,1 个字符可以由 1 个字节,也就是八个二进制位表示。四位二进制数可以由 1 个十六进制数表示,所以 1 个字节可以由二位十六进制表示)。由于信息传送只需要通过 16 个字符完成,使得每个字符分得的角度足够大。利用这种方法火星车每转动两次角度就可以表示 1 个字符,成功地解决了无法从地球上传送信息到火星的问题。我们通过电影中沃特尼获取地球信息的方法不难发现,字符的编码可以使用少量的基本符号(这里是十六进制的 16 个符号),通过一定的组合原则,能够表示大量复杂的信息(数字、英文字母、西文标点等)。

字符是计算机中使用最多的信息形式之一,是人与计算机进行通信、交互的重要媒介。在计算机中要为每个字符制定一个确定的编码,作为识别与使用这些字符的依据。我们接触的字符一般包括西文字符、阿拉伯数字、中文字符和基本的标点符号。下面简单介绍几种信息的编码方式。

1. ASCII 码

ASCII(American Standard Code for Information Interchange),即美国标准信息交换代码,由美国国家标准学会(American National Standard Institute,ANSI)制定。它是基于拉丁字母的一套电脑编码系统,主要用于显示现代英语和其他西欧语言,是现今最通用的单字节编码系统。

用 0,1 组成表示字母与符号的编码体系,英文有 26 个大写字母、26 个小写字母,再加上

10 个数字及一些标点符号,因此只要 0,1 编码的信息容量能超过这些需要表示的字符数量即可。率先出现的 ASCII 码满足了这一需求,并已被国际标准化组织(ISO)认定为国际标准,它为计算机在世界范围的普及做出了重要贡献。ASCII 码分为 7 位版本和 8 位版本。通常所说的 ASCII 码是指其 7 位版本,由 7 位二进制数表示一个常用符号,总共可以表示 $2^7=128$ 个不同的符号,包括 26 个大写字母、26 个小写字母、10 个数字、32 个通用控制字符和 34 个专业字符(例如标点符号)。由于英文单词是基本字母组合而成,所以计算机中使用 ASCII 码足够英文的书写表达。标准 ASCII 码表如表 1-3 所示,其中字母"A"表示为 $b_6 b_5 b_4 b_3 b_2 b_1 b_0=$ 1000001,数字 8 表示为 $b_6 b_5 b_4 b_3 b_2 b_1 b_0=0011000$。

表 1-3　标准 ASCII 编码表

$b_6 b_5 b_4$ / $b_3 b_2 b_1 b_0$	000	001	010	011	100	101	110	111
0000	NUL	DLE	SP	0	@	P	`	p
0001	SOH	DC1	!	1	A	Q	a	q
0010	STX	DC2	"	2	B	R	b	r
0011	ETX	DC3	#	3	C	S	c	s
0100	EOT	DC4	$	4	D	T	d	t
0101	ENQ	NAK	%	5	E	U	e	u
0110	ACK	SYN	&.	6	F	V	f	v
0111	BEL	ETB	'	7	G	W	g	w
1000	BS	CAN	(	8	H	X	h	x
1001	HT	EM	)	9	I	Y	i	y
1010	LF	SUB	*	:	J	Z	j	z
1011	VT	ESC	+	;	K	[	k	{
1100	FF	FS	,	<	L	\	l	|
1101	CR	GS	—	=	M	]	m	}
1110	SO	RS	.	>	N	ˆ	n	~
1111	SI	US	/	?	O	_	o	DEL

　　由前文可知,二进制的书写阅读并不方便,因此 ASCII 码可以转换为十六进制表示(这就是前文《火星救援》剧情中提到的十六进制 ASCII 码的由来)。例如,字母"A"表示为 $b_6 b_5 b_4 b_3 b_2 b_1 b_0=1000001$,转换为十六进制就是 41H,大写字母 A～Z 就可以表示为 41H～5AH,这里后缀 H 表示十六进制。一个 ASCII 码由 8 个二进制位组成,即 1 个字节,这与二位十六进制正好一致,它最多可以表示 $2^8=256$ 种不同的情况。当最高为 $b_7=0$ 时,表示的就是基本的 ASCII 码。当最高位 $b_7=1$ 时,表示的扩展的 ASCII 码,包括一些符号字符、图形符号以及希伯来语、希腊语和斯拉夫语字母等。

　　2.汉字编码

　　由前文可知,计算机在处理字母符号时必须先将其编码。在计算机中如何对汉字进制编码? 与英文不同,汉字是象形文字,无法通过少量的基础字母的组合表示汉字。众所周知,仅常用汉字就有约 3 500 个,这远远超过一个字节所能表示的容量。由于汉字数量繁多,字形各异,且有同义字。因此,汉字的编码更加复杂,这使得汉字的输入、内部存储、显示输出都需要特定的编码。其中有用于汉字输入的输入码,用于计算机内部存储处理的机内码,用于显示输出或打印的字形码。汉字编码关系如图 1-14 所示,通过这一系列的汉字编码实现汉字的输入、存储和显示。

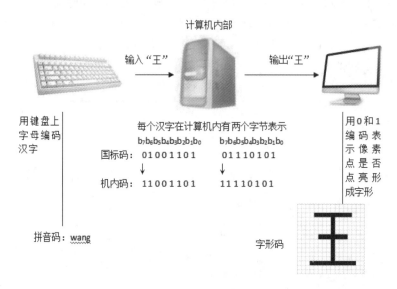

计算机内部

输入"王"　　输出"王"

用键盘上　　每个汉字在计算机内有两个字节表示　　用0和
字母编码　　$b_7b_6b_5b_4b_3b_2b_1b_0$　　$b_7b_6b_5b_4b_3b_2b_1b_0$　　1编码表
汉字　　国标码: 01001101　　01110101　　示像素
　　　　　　　　↓　　　　　　↓　　　　　　点是否
　　　　机内码: 11001101　　11110101　　点亮形
　　　　　　　　　　　　　　　　　　　　成字形

拼音码: wang　　　　　　　　　　字形码

图 1-14　汉字编码关系

(1)国标码

为了实现汉字的编码,中国国家标准总局 1980 年发布了《信息交换用汉字编码字符集——基本集》,即 GB 2312-80。基本集收入了 6 763 个汉字以及 682 个非汉字图形字符。整个字符集分为 94 个区,每个区又有 94 个位。每个区位上有唯一一个字符,并以区和位的编号对应汉字编码,所以又称之为区位码。

(2)机内码

国标码用两个字节表示一个汉字,其中每个字节的最高位为"0",例如"王"的国标码为4D75H:01001101　01110101,避免汉字国标码与 ASCII 码无法区分,汉字编码在机器内的表示是在国标码的基础上稍作变化,这就是我们常说的机内码(也称内码)。目前主流的汉字机内码是将国标码的每个字节的最高位设置为 1,例如"王"的机内码 CDF5:11001101　11110101,如图 1-14。这样汉字机内码的两个字节的最高位都是"1",与 ASCII 码很容易区分。

(3)输入码

有了机内码,人们实现了汉字的编码以及如何将汉字存储在计算机中的问题,那么如何将汉字输入计算机中呢? 由于汉字可以根据偏旁部首或者发音的不同分类。人们发明了多种汉字输入码,包括以汉字拼音为基础的拼音码,以汉字笔画与结构为基础的字形码,以汉字在国标码中的位置信息为基础的区位码等。因此,汉字的输入码实际上就是按照汉字的发音、字形,或者区位编号制定一套编码规则,该规则是以键盘上符号的不同组合来编码汉字,输入编码后按照相应的规则查找到对应汉字的内码。由于是从外部输入到计算机的编码方式,它也被称为外码。

同一个汉字使用不同的输入法的编码是完全不同的,例如"王"字在拼音输入法中的输入码为"wang",而在五笔字型输入码为"gggg"。此外,手写识别技术和语音识别技术已相当发达,也可以通过手写笔和录音设备实现汉字输入。

(4)字形码

输入码解决了汉字的输入,机内码解决了汉字的存储,最终汉字还要显示给用户看。汉字字形码就是一个汉字供显示器和打印机等输出设备输出字形点阵的代码,通常也称为字库文件。要在屏幕上或打印机输出汉字,操作系统中必须包含相应的字库文件。汉字显示的效果与其字库文件密切相关,Windows 系统中通常字库文件被存放在操作系统所在磁盘分区的 Windows 文件夹的 fonts 子文件夹下。汉字的字库文件一般分为点阵字库和矢量字库。点阵字库的规格较多:16×16 点阵、24×24 点阵、32×32 点阵、48×48 点阵,点阵规模越大,字形也越清晰,字库占用的空间也越大。矢量字库与点阵字库有所不同,它通过抽取汉字特征的方法形成轮廓描述,可以实现无失真的缩放。

计算机中输入汉字的整个流程如图 1-14 所示。用户在键盘上输入"王"的拼音输入码"wang",然后计算机将其转化为"王"的汉字机内码"11001101　11110101"保存在计算机中,最后根据字形码将"王"字显示在显示器或者打印到纸张上。

3. Unicode 编码

在计算机发展之初,计算机软件都是英文的,这给许多非英语的国家使用计算机带来了诸多不便。因此,我们需要对计算机操作系统和应用软件进行本地化,即使软件支持多国语言的输入、存储和输出。例如,我国使用国外开发的软件需要汉化才能支持汉字的输入输出。

在计算机系统中,编码与操作系统和应用软件是密切相关的。通过在汉字机内码编码方案中包含 ASCII 字符集,可以实现同时支持英文和汉字字符,但是无法同时支持多语言环境(即同时处理多种语言混合的情况)。由于不同国家和地区采用的字符集不一致,很可能出现编码系统冲突的问题,即两种编码可能使用相同的数字表示不同的字符,或者使用不同的数字表示相同的字符。这给计算机的数据处理带来很多麻烦。为了解决多语言统一编码这一难题,人们研制了 Unicode 编码。Unicode 编码能适用于绝大多数国家和地区的语音符号、标点符号及常用图形符号,它为每种语言中的每个字符设定了统一并且唯一的二进制编码,能满足跨语言、跨平台进行文本转换、处理的要求。

4. 多媒体信息的编码

多媒体信息主要指音频、图像、视频、文本等多种媒介信息及其相互关联的一种统一。通过前文我们了解了计算机采用各种不同的编码表示文字符号。实际上,计算机也是通过各种编码来存储、处理和显示丰富多彩的多媒体信息的。

声音的表示方法。图 1-15 显示的是一声音信号在时间轴上的表示,由物理知识可知,声音是以声波的形式在传播介质中传播的,声波是连续的,这种连续的信号是模拟信号。计算机不能直接处理模拟信号,对于模拟信号,需要数字化。数字音频处理就对声波是采样、量化和编码的过程。所谓采样就是按某一采样频率对连续音频信号做时间上的离散化,即对连续信号每隔一定的周期获取一个信号值的过程。而量化是将所采集的信号点的数值区分成不同位数的离散数值的过程,区分的位数越多,数值的精度越高。编码则是将采集到的离散时间点的信号的离散数值按一定规则以 0 和 1 数据形式存储的过程。采用时间间隔越小,或者采样频率越高,采样数值编码位数越高,则采样的质量就越高,相应的数据量也越大。我们最常用的采样频率是 44.1KHz,它的意思是每秒取样 44 100 次。低于这个值就会有较明显的损失,而高于这个值人的耳朵已经很难分辨,而且增大了数字音频所占用的空间。

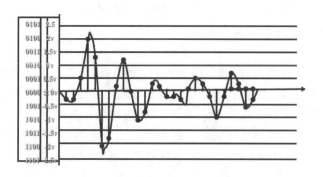

图 1-15　声音采样量化示意图

　　图像的表示方法。图 1-16 显示的是一幅图像,图像中的颜色信息是连续的光波信号,要进行数字图像处理就必须对信息离散化。将该图像水平和垂直均匀划分成若干个小格,每个小格称为一个像素,每个像素用的一个颜色值表示就实现了图像的离散化。对于黑白图像,每个点只有黑白两种颜色,所以只需要 1 个二进制位的 0 或 1 即可以表示颜色值;而对于灰度图像,我们通常采用 1 个字节的 8 位表示 256 级灰阶($2^8 = 256$);对于彩色图像,每个像素点可采取 3 个字节分别表示光的三原色:红、绿、蓝,能表示的颜色为 $2^{24} = 16\ 777\ 216$ 种,这远大于人眼所能分辨的颜色种类,所以称为 24 位真彩色图像。数字图像的尺寸可以用“水平像素点×垂直像素点”来表示。我们通常将单位尺寸中的像素点数目称为分辨率,分辨率越高则图像越清晰。由此可见,一幅图像占用的存储空间为“图像包含的像素点×像素点的位数”,对于一台 800 万像素的数码相机拍摄的一张照片,其占用的空间为 800 万×24 位,约为 24MB。然而我们知道实际上一张 800 万像素的照片在数码相机中通常只占用 3～4MB 的空间,这是由于数码图像存储时进行了数据压缩。

图 1-16　图像的表示

　　所谓数据压缩也是一种对数据的编码。它是指在不丢失有用信息的前提下,缩减数据量以减少存储空间,提高其传输、存储和处理效率,或按照一定的算法对数据进行重新组织,减少数据冗余和存储空间的一种技术方法。数据压缩包括有损压缩和无损压缩。无损压缩利用数据的统计冗余进行压缩。数据统计冗余度的理论限制为 2∶1 到 5∶1,所以无损压缩的压缩比一般比较低。这类方法广泛应用于文本数据、程序和特殊应用场合的图像数据等需要精确存储数据的压缩。有损压缩方法利用了人类视觉对图像中的某些颜色不敏感的特性,允许压缩的过程中损失一定的信息。虽然不能完全恢复原始数据,但是所损失的部分对理解原始图像的影响较小,却换来了比较大的压缩比。有损压缩广泛应用于音频、图像和视频数据的压缩。

视频的本质就是静态图像的时间序列,也就是连续的模拟信号,所以也需要离散化才能转换成数字视频。由于视频中还可能包含声音和文字的同步,因此视频处理相当于按时间序列处理图像、声音和文字的同步问题,并将这些信息统一编码。

因此,各种编码实际上就是电脑中 0 和 1 数据与文字、音频、图像、视频等信息的对应关系。

1.3.4　二维码

按照维基百科的解释二维码(又叫二维条码)是指在一维条码的基础上扩展出另一维具有可读性的条码,使用黑白矩形图案表示二进制数据,被设备扫描后可获取其中所包含的信息。一维条码的宽度记载着数据,而其长度没有记载数据。二维条码的长度、宽度均记载着数据。二维条码具有信息容量大,纠错能力强,靠性高,可表示字母、数字、汉字及图像多种信息,保密防伪性强等优点。

目前常见的几十种二维码有:PDF417 二维码、Datamatrix 二维码、Maxicode 二维码、QR Code、Code 49、Code 16K、Code one 等,除了这些常见的二维码之外,还有 Vericode 条码、CP 条码、CodablockF 条码、田字码、Ultra code 条码、Aztec 条码等。其中 QR Code 具有识别速度快、全方位识别的优点,是目前使用最为广泛的一种二维码,如图 1-17 所示。

图 1-17　QR Code 二维码

借助在线的二维码生成器或者专门的二维码制作工具我们可以打造具有个性化的二维码。由于 QR 二维码具有纠错能力,表示相同的信息时,纠错等级越高二维码包含的点就越多。因此,当纠错级别较高时,允许其中有部分点损失,企业可以将其 Logo 图片放置在二维码中央,以起到彰显个性,引人注意的作用。在制作包含图片的二维码时,可根据实际情况设置纠错等级,生成二维码后,利用图片处理工具将 Logo 放置在二维码中央,适当调整 Logo 图片大小,并扫描二维码进行测试,确保信息能完整解析出来。创意二维码图片如图 1-18 所示。

图 1-18　创意二维码

1.4　微型计算机硬件系统

微型计算机简称微机,它主要面向个人用户,是我们日常接触和使用最多的一类计算机,包括台式电脑、笔记本电脑、工作站等都属于微型计算机,其普及程度和应用领域非常广泛。下面简单介绍一下它的硬件系统由哪些部分组成。

1.4.1　主机

1. 中央处理器(CPU)

中央处理器(Central Processing Unit,CPU)是一块超大规模的集成电路,主要包括运算器、控制器和高速缓冲存储器。它是一台计算机的运算核心和控制核心。它的功能主要是解释计算机指令以及处理计算机软件中的数据。目前的中央处理器供应商主要有英特尔和AMD。随着我国自主研发的"龙芯"系列中央处理器的出现,这种局面有可能被打破,尽管现阶段的"龙芯"处理器的性能指标还未达到世界先进水平,但其发展迅速,有着广阔的市场前景。以下是各类CPU的图片,如图1-19、图1-20所示。

图1-19　微机CPU　　　　　　　　　　　图1-20　手机CPU

计算机的性能在很大程度上由CPU的性能决定,下面介绍一下CPU的主要性能指标。

(1)主频,即中央处理器的时钟频率。它是CPU单位时间(s)内发出的脉冲数,CPU通过若干个基本动作完成每条指令的执行。一般来说,主频越高其工作速度越快。目前,主流的中央处理器主频在3～4GHz左右。

(2)高速缓存,内置高速缓存可以提高中央处理器的运行效率,高速缓冲存储器均由静态随机存储器组成,结构较复杂,由于CPU芯片面积和成本的因素,缓存通常都很小。

(3)字长,它是计算机信息处理中,一个单位存取、传送和加工数据的长度。通常字长越长,计算机的计算精度越高,信息处理能力越强。目前主流的计算机都采用的是64位CPU。

(4)工作电压,是指中央处理器正常工作所需的电压。随着中央处理器主频的提高,中央处理器工作电压有上升的趋势。

(5)制造工艺,制造工艺的趋势是向密集度愈高的方向发展。密度愈高的电路设计,意味着晶体管门电路更大限度缩小,能耗降低,中央处理器更省电,极大提高中央处理器的集成度和工作频率。目前,CPU的制造工艺一般是14nm、7nm。

2. 内存

在微机中,内存通常是指内存条,一般被插在微机的主板上,它的存取速度较快,但存储容量相对较小(智能手机中内存通常指手机的 RAM)。内存条的性能指标主要是其容量大小和内存频率,内存频率越高在一定程度上代表着内存所能达到的速度越快。由于程序运行时会加载到内存中,因此内存容量越大频率越高,通常微机的性能越好。目前主流内存的单条容量在 4G、8G 和 16G 左右,内存频率为 DDR4-2400MHz,DDR4-3200MHz 等,如图 1-21、图 1-22 所示。

图 1-21　台式机内存条　　　　　　图 1-22　笔记本内存条

3. 主板

主板(Mainboard)是微机中的一个非常重要的部件,微机中的 CPU、内存条、声卡、显示卡、BIOS 芯片、输入输出接口都安装在主板上。其中,芯片组固化在主板上,这些芯片组为主板提供一个通用平台供不同设备连接,控制不同设备的沟通,它亦包含对不同扩充插槽的支持。因此,主板芯片组的型号以及主板包含的插槽决定了该主板可以支持的 CPU 品牌和型号、内存条数量和单条最大容量、PCI/AGP/PCI-E 扩展设备的个数、外存设备的接口方式、USB 设备的版本和个数等(如图 1-23 所示)。

图 1-23　主板

1.4.2　外部设备

1. 外存

外存储器是指除计算机内存及中央处理器缓存以外的存储器。目前,常见的外存有硬盘、光盘、USB 移动硬盘、U 盘以及各类闪存卡等。它们和内存一样,存储单位也是以字节为基本单位。与内存相比,外存的特点是存储容量大、成本低、存取速度慢、断电后信息不丢失。

(1)硬盘

硬盘是最重要的外存储器,从工作原理上有机械硬盘和固态硬盘两种。

传统的机械硬盘由涂有磁性材料的铝合金圆盘片环绕一个共同的轴心组成,数据读取和写入由磁头完成,由于磁头物理结构的限制,其速度已达到一个瓶颈。常见的硬盘容量为1TB 到 4TB,转速有 5400 转/秒和 7200 转/秒,如图 1-24 所示。

固态硬盘(Solid State Disk,SSD)的存储介质分为闪存(Flash 芯片)和动态随机存储器(DRAM)两种,没有机械结构,以区块写入和抹除的方式作为读写功能。与机械硬盘相比有读取速度快、防震抗摔、低功耗、无噪声、小巧轻便等优点。常见的固态硬盘容量在 120GB 到480GB 之间,如图 1-25 所示。

受到价格和容量的限制,目前微机采用的主流硬盘仍旧是传统的机械硬盘,未来几年内固态硬盘由从军工、航空及医疗等行业全面进军民用的趋势。

图 1-24　机械硬盘　　　　　　　　　　　图 1-25　固态硬盘

(2)U 盘

U 盘是一种使用 USB 接口的无须物理驱动器的微型高容量移动存储产品,通过 USB 接口与电脑连接,实现即插即用。由于 U 盘具有便于携带、存储容量大、价格便宜、性能可靠、无须驱动器和额外电源等诸多优点,越来越受到用户的青睐。除 U 盘外,常见的闪存卡还包括CF 卡、SD 卡、TF 卡等。

(3)光盘

光盘存储器是用聚焦的氢离子激光束处理记录介质的方法,以存储和再生信息,又称激光光盘。早期的光盘一般用于存放 CD 音频或者 VCD 视频,容量较小,一般在 700MB 左右。随着多媒体技术的发展,对于高清视频存储的需求促使人们发明了 DVD 光盘和 BD 光盘。其中,普通 DVD 光盘可存储 4.7GB 的内容,而 BD 光盘的存储容量是 DVD 光盘的 2~3 倍。此外,光盘按照其读写性能的分别可以分为三类:只读光盘、一次性写入光盘和可擦写光盘。光盘驱动器简称光驱,是专门用于读取光盘中的数据的设备。光驱根据其读写速度快慢可以分为不同倍速的光驱,根据其读写能力又可分为 CD 光驱、DVD 光驱、CD 刻录机、DVD 刻录机等。

由于光盘携带不便,普通光盘不能反复擦写,读写都需要专门的驱动器等缺点,光盘的使用逐渐被 U 盘取代。

2.输入设备

计算机能够接收各种各样的数据,既可以是数值型的数据,也可以是各种非数值型数据,对于这些信息形式,计算机往往不能直接处理。输入设备的功能是将需要计算机处理的字符、文字、图形、图像、音视频及程序等形式的数据信息,转换为计算机可以接收和识别的二进制信息形式,存在计算机中。常用的输入设备有键盘、鼠标、扫描仪、操纵杆、条形输入器、数位板、麦克风、数码相机、触摸屏等。其中最常见的输出设备是键盘,如图 1-26 所示。

图 1-26　键盘

键盘(Keyboard)是用户与计算机进行交流的主要工具,是计算机中最主要的输入设备。微机使用的标准键盘一般包含 104 个按键。下面介绍一下键盘中一些常用特殊按键的功能。

ESC:一般起退出或取消的作用。

Print Screen:在 Windows 系统中可以截取整个桌面作为图像保存到内存,以供使用。

Insert:编辑文本时插入状态和改写状态的切换。

Caps Lock:大写状态锁定的切换。对应的指示灯亮表示状态为锁定大写。

Num Lock:数字键盘区锁定的切换。对应的指示灯亮表示状态为锁定数字键盘区域。

Shift:换挡键,要临时输入大写字母或"双符号"键上部的符号时按住此键。

Tab:制表位键,用于制表时的光标移动。

Enter:回车键,用于光标切换到下一行。

Delete:删除键,用于向后方删除字符或删除文件。

Backspace:退格键,用于向前方删除字符。

PgUp/PgDn:翻页键,用于向上/向下翻页。

Crtl 和 Atl:一般与其他按键组合成特殊功能的快捷键。

Win(Windows 图标键):用于弹出开始菜单或与其他按键组合成特殊功能的快捷键。

对于笔记本计算机,其键盘由于受到空间限制通常没有数字键盘区。此外,有些特殊功能,例如调整音量、调整亮度、WiFi 开关、屏幕输出控制等都是由笔记本键盘独有的"Fn"按键与其他按键组合实现,如图 1-27 所示。

图 1-27　笔记本键盘

3.输出设备

输出设备用于接收计算机数据,其功能是将存放在内存中的由计算机处理的结果转化为人或者其他机器设备所能接收和识别的信息形式。这些输出结果可以是用户视觉、听觉上能体验的,也可以是其他设备的输出。常见的输出设备有显示器、投影仪、打印机、耳机、音响等。其中最常用的是显示器和打印机。

(1)显示器

按照显示器显示原理主要分为阴极射线管(CRT)显示器和液晶(LCD)显示器两类。液晶显示器由于其轻薄节省空间,且价格不高,已成为现在主流的微机显示器。显示器显示的内容是以像素为单位,每个像素的亮度和颜色都由程序控制。屏幕上每行的像素数与行数的乘积称为屏幕的分辨率。对于液晶显示器而言,当系统设置的分辨率与液晶显示器包含的发光点的一一对应时,其显示效果最好。目前,主流的液晶显示器一般都可以达到 1920×1080 的分辨率,该分辨率可以达到高清视频输出的要求。

与显示相关的另一个重要设备就是显示卡,简称显卡,如图 1-28 所示。它是显示器与主机的接口部件,通常以硬件插卡的形式插在主板上或集成在主板上。它的性能也决定了显示画面播放高清视频的流畅程度和清晰程度。

图 1-28　显示卡

(2)打印机

通常打印机可以将计算机处理的结果输出到纸张上。其种类和型号很多,按照工作原理可以分为击打式和非击打式打印机。击打式打印机典型的为针式打印机,多用于票据打印。非击打式打印机有喷墨打印机和激光打印机,其中激光打印机打印分辨率高,打印速度快,是目前使用较多的一种打印机。为节约纸张,提倡环保,我们希望在打印时实现双面打印,然而一般的打印机通常只能通过手动方式实现双面打印,这种方式既烦琐又很容易出错。所以,若希望自动实现双面打印可以选择带有此功能的打印机,例如惠普 M401d,双面打印的打印机型号尾部通常包含字母"d"。

此外,随着技术的发展,人们还发明了 3D 打印机,如图 1-29 所示。3D 打印机是一种快速成形技术的机器,它是一种以数字模型文件为基础,运用特殊蜡材、粉末状金属或塑料等可粘合材料,通过打印一层层的粘合材料来制造三维物体的设备。3D 打印出的产品如图 1-30 所示。

图 1-29　3D 打印机

图 1-30　3D 打印的产品

习题 1

一、单选题

1. 系统软件的核心是（　　），它用于管理和控制计算机的软硬件资源。

A. 操作系统　　　　　B. 程序设计语言　　C. 语言处理程序　　D. 系统服务程序

2. 计算机中采用了各种（　　）来实现用二进制表示信息。

A. 字符　　　　　　　B. 文字　　　　　　C. 信息编码　　　　D. 图片

3. （　　）具有识别速度快、全方位识别的优点，是目前使用最广泛的一种二维码。

A. Code one　　　　B. Datamatrix　　　C. QR Code　　　　D. PDF417

4. $(11011.01)_2$ 对应的八进制数是（　　）。

A. 63.2　　　　　　　B. 33.2　　　　　　C. 63.1　　　　　　D. 33.1

5.$(73.375)_{10}$对应的二进制数是(　　　)。

A.1001001.011　　B.1001001.101　　C.1001011.011　　D.1001011.101

6.$(FF)_{16}$对应的十进制数是(　　　)。

A.254　　　　　　B.255　　　　　　C.256　　　　　　D.257

7.下列单元不包含于计算机中央处理器的是(　　　)。

A.运算器　　　　　B.传感器　　　　　C.控制器　　　　D.高速缓冲存储器

8.通常来说下列存储器读写速度最快的是(　　　)。

A.内存　　　　　　B.外存　　　　　　C.高速缓存　　　D.U盘

9.下列设备只能作为输出设备的是(　　　)。

A.U盘　　　　　　B.打印机　　　　　C.硬盘　　　　　D.触控屏

10.用英文输入文件时,大小写切换键是(　　　)。

A.Tab　　　　　　B.Cap Lock　　　　C.Ctrl　　　　　D.Alt

11.计算机系统包括(　　　)系统。

A.硬件和软件　　　B.硬件和程序　　　C.显示器和主机　　D.软件和CPU

12.下列操作系统不属于移动操作系统的是(　　　)。

A.iOS　　　　　　B.Android　　　　　C.Windows　　　D.Windows Phone

二、填空题

1.1966年美国计算机协会设立了＿＿＿＿＿＿奖,以表彰计算机科学与技术领域做出杰出贡献的科学家,该奖项有"计算机界的诺贝尔奖"之称。

2.计算机数据和指令采用＿＿＿＿＿＿和＿＿＿＿＿＿的概念是冯·诺依曼型计算机的两大基本特征。

3.当价格不变时,集成电路上可容纳的元器件的数目,约每隔18~24个月便会增加一倍,性能也将提升一倍。这一规律被称为＿＿＿＿＿＿＿。

4.未来的计算机将是半导体技术、＿＿＿＿＿、＿＿＿＿＿、＿＿＿＿＿相互结合的产物。

5.100M带宽的网络,其下载数据的理论速度是＿＿＿MB/s。

6.计算机中,一个字节由＿＿＿个二进制位组成。一个字节最大能表示的十进制数是＿＿＿＿。

7.计算机中最常用的西文字符编码是美国标准信息交换代码,缩写是＿＿＿＿＿＿码,该编码中一个字符占用＿＿＿＿个字节。此外,一个汉字由＿＿＿＿＿个字节组成。

8.数据压缩包括有损压缩和无损压缩。无损压缩利用数据的＿＿＿＿＿进行压缩。

9.编辑文本时若需要切换插入状态和改写状态,可以按下键盘上的＿＿＿＿＿＿键。

三、简答题

1.大数据的特点可以归纳为4个V,这4个V具体是指什么?

2.冯·诺依曼提出的计算机体系包括哪几个部分及各部分的作用是什么?

3.计算机的存储系统通常由两级存储器结构构成,它们分别是什么?各自有何特点?

4.电子计算机为什么要采用二值元件?其元件发展经历了哪几个阶段?

5.在计算机系统中,进程和程序有何区别?

6.为实现汉字的输入、存储、输出,计算机中采用了哪些编码?它们分别起到什么作用?

第 2 章　Windows 操作系统

通过上一章的学习可知,计算机的软件和硬件是密不可分、缺一不可的。而计算机操作系统作为计算机软件和硬件沟通的桥梁与纽带,是计算机系统中最重要的系统软件。因此,计算机必须安装一种操作系统才能保证其正常的工作,计算机也可以安装多个不同的操作系统以满足实际使用的需要。

Windows 操作系统界面友好、使用方便,是目前个人电脑中应用较为广泛的操作系统。目前个人电脑中安装的 Windows 操作系统多为 Windows7、Windows 8 和 Windows 10 等版本。由于 Windows 8 系统的 Metro 风格去掉了传统的开始菜单并且不支持多窗口操作,使许多非触摸屏的 Windows 用户使用起来感到非常不适应,转而回到使用 Windows 7 系统。2015 年 7 月 29 日,微软公司发布 Windows 10 正式版。Windows 10 系统能支持 PC、平板和手机多种终端,并提供了诸如开始菜单和 Metro 界面轻松切换、Cortana 语音助手、Edge 浏览器、多桌面等许多全新功能。

Windows 10 共有家庭版、专业版、企业版、教育版和专业工作站五个版本,分别面向不同用户和设备。2018 年 5 月的 Build 2018 大会上,微软宣布 Windows 10 用户数接近 7 亿。

2.1　Windows 系统安装与备份

2.1.1　Windows 10 系统的安装

所谓安装操作系统,一般是指将光盘中的系统程序安装到计算机硬盘中。如果计算机是全新的,即第一次安装系统程序,首先要设置 BIOS 参数(大部分计算机只要在开机时长按 Del 或 F2 键,即可进入 BIOS 进行参数设置)。将第一个登录设备(1st Boot Device)设置为光驱,再将安装盘插入光驱,重新启动计算机,计算机将启动自动安装程序。如果硬盘是第一次使用,系统会自动提示给硬盘分区。分区是将一个大硬盘划分为几个小的逻辑盘。第一逻辑硬盘计算机自动命名为"C:",其他逻辑盘命名为"D:""E:"等,依英文字母顺序排列。计算机默认"C:"分区为激活分区,该分区是当前操作系统的安装分区(用户也可以自选激活分区),后续操作系统软件将自动安装在该分区。分区完成后,计算机将自动提示硬盘格式化。硬盘格式化后,操作系统开始安装。虽然 Windows 10 的安装过程基本不需要人工干预,但是有时计算机会自动提示用户在安装中进行设置或输入相关信息,例如输入序列号、设置时间、连接网络、创建管理员帐号、设置管理员密码、用户设置等。

随着大容量的 U 盘的普及,光盘的使用量明显减少,许多计算机都没有配备光驱。本节将介绍使用 U 盘方式安装 Windows 10 操作系统的方法,具体步骤如下:

(1)访问 Windows 官网

Windows 10 系统的安装文件可直接访问微软官方网站下载。下载网址为:https://www.microsoft.com/zh-cn/software-download,Windows 官方下载页面如图 2-1 所示。

图 2-1　Windows 官方下载页面

（2）制作 Windows 10 安装 U 盘

在 Windows 官方下载页面单击 Windows 10 图片按钮，可进入"下载 Windows 10"页面，如图 2-2 所示。该页面提供了对本机 Windows 10 系统的"立即更新"功能以及官方安装 Windows 10 工具的下载。

图 2-2　"下载 Windows 10"页面

单击"立即下载工具"按钮可以下载"MediaCreationTool1909.exe"文件。在下载完成后，右击该文件，在弹出菜单中选择"以管理员身份运行"命令，接受声明和许可条款，即可进入升级或为另一台电脑创建安装介质操作选择界面，如图 2-3 所示。本案例选择"为另一台电脑创建安装介质"选项，然后点击"下一步"按钮。

图 2-3　Windows 10 安装程序操作选择界面

图 2-4　"选择语言、体系结构和版本"界面

进入"选择语言、体系结构和版本"界面，如图 2-4 所示。去掉"对这台电脑使用推荐的选项"复选框的对钩，可对语言、体系结构和版本列表框进行自定义设置。我们在安装时候可以选择安装 Windows 10、Windows 10 家庭中文版两个版本。体系结构根据电脑自身硬件是否支持 64 位系统进行选择。然后单击"下一步"按钮。

进入"选择要使用的介质"界面，如图 2-5 所示。本案例采用 U 盘安装系统，所以选择"U盘"选项。注意，该 U 盘大小至少为 8GB。然后单击"下一步"按钮。

图 2-5　"选择要使用的介质"界面

图 2-6　"选择 U 盘"界面

进入"选择 U 盘"界面，如果电脑上已经插入了 U 盘，如图 2-6 所示，选择用于制作 Windows 10 安装 U 盘的盘符，然后单击"下一步"按钮。注意，该操作将删除 U 盘上的文件，若要保留 U 盘上的文件，则应在操作前将它们备份到其他位置。

此后，该安装工具会在官网下载 Windows 10，这个过程的时间取决于该电脑的网速，下载完成后会自动创建 Windows 10 安装介质，即把 Windows 10 安装的相关文件复制到 U 盘，并将该 U 盘制作为可启动 U 盘。最终显示"你的 U 盘以及准备就绪"界面表示 Windows 10 安装 U 盘制作完毕。

（3）安装系统

将制作好的 Windows 10 安装 U 盘插入需要安装 Windows 10 系统的电脑。参照此前提到的方法，开机启动后设置 U 盘启动，就可以进入 Windows 10 的安装向导，具体安装过程与此前介绍的光盘安装系统一致，不再赘述。

2.1.2　Windows 10 系统备份和还原

计算机系统用的时间久了，会出现各种问题，例如中病毒、卡顿、速度越来越慢、硬盘损坏等情况。如果每次系统出现问题都重新安装，我们不仅需要重装 Windows 系统，还需要安装硬件驱动程序和大量的应用软件，这样相当费时费力。因此，用户完成计算机操作系统和应用软件安装后，应对系统进行备份。

在进行系统备份之前应注意修改两个重要文件夹的位置，这两个文件夹是"我的文档"和"桌面"文件夹。这是因为大多数软件默认保存文件的位置通常是"我的文档"。另外，用户在使用计算机时一般习惯将文件放在"桌面"上。而这两个文件夹默认的文件夹位置都在系统盘下，如果不修改它们的位置直接备份，则还原系统时会将这两个文件夹还原成系统刚刚安装时的状态，也就是说它们文件夹下的文件都会丢失。这里"我的文档"的文件夹位置可以通过在"我的文档"文件夹上单击鼠标右键，选择"属性"，在"我的文档属性"对话框中选择"位置"选项卡，使用"移动"按钮功能可以将"我的文档"文件夹位置调整到非系统盘（对于只安装了一个操作系统的计算机，就是非 C 盘即可），如图 2-7 所示。"桌面"文件夹位置的修改方法与"我的文档"的文件夹位置修改方法是一致的。

图 2-7　"文档属性"对话框

Windows 10 系统备份和还原的操作步骤如下：

1.备份系统

（1）单击"开始"菜单，选择"设置"按钮，打开的"Windows 设置"窗口，单击"更新和安全"按钮，如图 2-8 所示。

（2）在跳转的窗口中单击"备份"，然后点击右侧的"转到'备份和还原'（Windows 7）"，则弹出"备份和还原（Windows 7）"窗口，如图 2-9 所示。

图 2-8　"Windows 设置"窗口

图 2-9　"备份和还原（Windows 7）"窗口

（3）单击"创建系统映像"按钮，打开"创建系统映像"对话框，如图 2-10 所示。选择"在硬盘上"并在下拉列表框中选择一个用于存储系统映像的分区，确保所选分区可用空间足够存储备份，然后单击"下一步"按钮。注意，如果条件允许，最好备份到其他外部存储器，以避免本地硬盘物理损坏的情况。

（4）进入"确认备份设置"界面，如图 2-11 所示。仔细核对无误后单击"开始备份"即可。

图 2-10　"创建系统镜像"对话框　　　　　　图 2-11　确认备份设置

2. 系统恢复

（1）在此前选择"备份"的"Windows 设置"界面选择"恢复"按钮，此时右侧的有两个恢复选项。其中，"重置此电脑"项是品牌厂商电脑系统才可使用的恢复方式。品牌厂商电脑系统在硬盘上有专门的隐藏分区来恢复系统。而"高级启动"项是使用手动备份系统，需要恢复时用到的。此处单击"高级启动"下方的"立即重新启动"按钮。

（2）重新启动后可以进入"高级启动"界面，如图 2-12 所示。此处选择"疑难解答"选项。

图 2-12　高级启动界面

（3）进入"疑难解答"界面，选择"高级选项"，在高级选项里选择"系统还原"即可。

2.2　Windows 10 的基本操作

2.2.1　Windows 10 的窗口基本操作

Windows 操作系统的窗口就是图形用户界面（GUI）的基本元素之一。Windows 允许同时在屏幕上显示多个窗口，每一个窗口都有一些共同的组成元素。窗口通常主要包括标题栏、菜单栏、工具面板、地址栏、滚动条、工作区、状态栏等部分。

Windows 10 的窗口操作主要包括移动窗口、改变窗口大小、窗口最大化和最小化、还原和关闭窗口、排列窗口、切换窗口等。其中排列窗口的方式有多种，使用鼠标右击任务栏空白处，从弹出的菜单中选择"层叠窗口""堆叠显示窗口""并排显示窗口"，可以将窗口按不同方式排列。

此外，Windows 10 更新至 1803 版本后，新增了任务视图这个功能，可以单击任务栏上"任务视图"按钮，切换到"任务视图"效果。在该视图下可以找到最近运行的活动，单击并查看从而返回到该活动。该视图还提供了"新建桌面"功能，单击"＋新建桌面"，可以创建一个虚拟桌面，如图 2-13 所示中的"桌面 2"。此时，用户可以将原先"桌面 1"中打开的应用拖动到新建的"桌面 2"中，如图 2-14 所示。通过选择任务视图顶部不同的虚拟桌面，实现在多个桌面分别进行不同的任务。

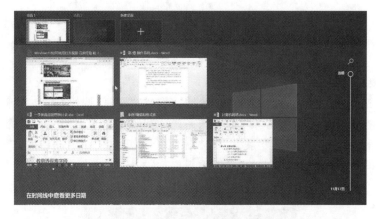

图 2-13　Windows 10 任务视图

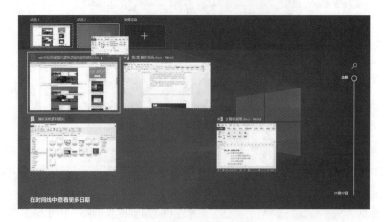

图 2-14　拖动应用到"桌面 2"

2.2.2　Windows 10 的快捷键

为方便快速地操作 Windows 10 系统,了解一下系统常用快捷键是很有必要的,表 2-1 中列出了一些常用的快捷键及其功能。

表 2-1　Windows 10 常用快捷键及其功能

快捷键	功能	快捷键	功能
Win+↑	最大化窗口	Win+R	打开运行对话框
Win+↓	还原/最小化窗口	Win+Tab	切换到任务视图
Win+←	窗口对齐到左侧	Ctrl+C	复制文件
Win+→	窗口对齐到右侧	Ctrl+X	剪切文件
Win+I	快速打开 Windows 10 设置窗口	Ctrl+V	粘贴文件
Win+D	显示桌面	Ctrl+Z	文件误操作的恢复
Win+E	打开资源管理器	PrintScreen	对整个屏幕截图
Win+L	锁定计算机	Alt+ PrintScreen	对当前窗口截图
Win+P	打开外接显示设置	Alt+F4	关闭当前窗口

2.2.3　Windows 10 任务栏

相对 Windows 7 及以前的 Windows 系统而言,Windows 10 任务栏的布局和默认配置有明显的变化。

1. 任务栏中新增的元素

Windows 10 任务栏延续了 Windows 7 中任务栏程序图标显示方式,如图 2-15 所示。默认情况下,用于启动程序和切换到程序的图标是统一的,并且任务栏上不会显示文字说明。此外,Windows 10 任务栏新增了"搜索框""Cortana"按钮和"操作中心"按钮。

图 2-15　Windows 10 任务栏

"搜索框"功能可同时在本机和互联网中搜索用户输入的关键词,并且支持分类查询,如图 2-16 所示。

图 2-16　搜索框

"Cortana"又称小娜助手,是微软推出的虚拟语音助理软件,可以实现人机对话。

"操作中心"上部是通知区域,用户可以方便地查看来自不同应用的通知。操作中心下部提供了一些系统功能的快捷开关,例如平板模式、便签和定位等。

2.快速启动工具栏的功能已集成到主任务栏中

任务栏上放置了一组默认的图标,可用来启动各个应用程序。可通过以下方法添加其他图标以及删除现有图标:将相应图标拖至任务栏上(除程序外,还可以将文档、媒体和其他数据拖至 Windows 10 任务栏上),如图 2-17 所示,或者使用鼠标右击相应的应用程序图标,在弹出菜单中选择"固定到任务栏"命令。右击已经固定到任务栏的程序图标,在弹出菜单中选择"从任务栏取消固定"可将该程序图标取消固定,如图 2-18 所示。

图 2-17　将程序锁定到任务栏

图 2-18　将应用程序从任务栏解锁

3.通过任务栏启动和使用应用程序

使用任务栏上的相应图标启动应用程序后,该图标会保持在原位置不动,但它下方会出现一条蓝色横线,表示应用程序现在正在运行。如果为同一个应用程序打开了多个窗口,或者打开了同一个应用程序的多个实例,则图标上面会变为覆盖两个突出显示的透明正方形。同一个应用程序的所有窗口会折叠为一个图标,如图 2-19 所示。

图 2-19　打开同一个应用程序的多个实例效果

Windows 10 中的任务栏还可以显示任务栏上打开的应用程序的缩略图预览,并且会为相应窗口提供文字说明,如图 2-20 所示。这样可以根据窗口的内容直观地识别相应窗口,从而查看并选择所需窗口。

图 2-20　应用程序的缩略图预览

对于打开了多个窗口的应用程序而言,此功能显得尤为重要。若要选择某个特定的窗口,应首先在任务栏中单击相应的图标,然后再单击所需窗口的缩略图。

4.缩略图工具栏

Windows 10 任务栏的许多方面都是开放式的,可通过应用程序进行自定义。缩略图工具栏便是一个很好的例子。应用程序可在其缩略图中提供工具栏,其中最多可包含应用程序的7 个最常用按钮。下面的 Windows Media Player 缩略图就是这方面的一个例子,其中提供了"播放/暂停""上一曲目"和"下一曲目"3 个按钮,如图 2-21 所示。

图 2-21　Windows Media Player 缩略图

5.通过任务栏将常用文件或文件夹固定

Windows 10 任务栏除了可以将常用的软件锁定到任务栏,还可以将常用文件或者文件夹固定到对应的任务栏图标中,使再次打开这些常用文件和文件夹变得异常便捷。例如,可以在任务栏的"文件夹"图标上右击,在弹出菜单中找到希望固定的文件夹,将鼠标移动到该文件夹列表右侧,单击"固定到此列表"即可,如图 2-22 所示。下次访问该文件夹只需要直接在任务栏的"文件夹"图标上右击,便可在固定的列表中找到该文件夹。取消固定的方式类似如图 2-23 所示,这里不再赘述。

图 2-22　将文件夹固定到此列表　　图 2-23　将文件夹从此列表取消固定

2.3　Windows 文件和文件夹管理

在计算机系统中程序和数据是以文件的形式存储在存储器上的,如何有效、快速地对这些信息进行管理是操作系统的重要功能之一。在 Windows 10 中,常使用"资源管理器"来完成对文件资源的管理。

2.3.1　文件及文件夹的基本概念

文件是一组相关信息的集合,集合的名称就是文件名。任何程序和数据都以文件的形式存放在计算机的外存储器中。文件使得系统能够区分不同的信息集合,每个文件都有文件名。Windows 10 正是通过文件名来识别和访问文件的。文件夹是计算机磁盘空间里面为了分类储存电子文件而建立的目录,可以用来组织和管理磁盘文件。

1. 文件和文件夹的命名规则

Windows 10 中,文件和文件夹的命名有一定的规则。

(1)文件和文件夹的命名最长可达 255 个西文字符,其中还可以包含空格。

(2)文件名由主文件名和扩展名两部分组成。主文件名简称文件名,可以使用大写字母 A~Z、小写字母 a~z、数字 0~9、汉字和一些特殊符号,但不能包括下列字符:

$$\backslash\ /\ :\ ?\ *\ "\ <\ >\ |\ 。$$

(3)文件的扩展名通常表示文件的类型。通常不同类型的文件,在 Windows 窗口中用不同的图标显示,相同类型文件图标相同。但应当注意的是,文件的图标可以通过文件关联来修改,所以仅仅通过文件图标来辨别文件类型并不可靠。文件的扩展名通常由创建该文件的工具软件自动生成。下面是常用的文件扩展名:

EXE:可执行文件	COM:命令文件	ICO:图标文件
BAT:批处理文件	BAK:备份文件	DRV:驱动程序文件
TXT:纯文本文件	DOCX:Word 文档	XLSX:Excel 文件
PPTX:PowerPoint 文件	SYS:系统文件	DAT:数据文件
AVI:视频文件	WAV:声音文件	BMP:位图文件

在 Windows 10 系统默认的情况下,系统对于已知文件类型的文件不显示其扩展名,用户只需通过文件图标便可以分辨文件类型。这样一来可以避免用户在修改文件名时误将文件扩展名修改,造成文件无法识别。但是有时候仅仅凭借文件图标来分辨文件类型并不可靠,例如病毒程序伪装成 JPG 图片文件,实际则是可执行程序。因此,学习如何显示文件的扩展名对于分辨文件的类型是非常有必要的。在 Windows 10 资源管理器的"查看"选项卡下勾选"显示/隐藏"工具组中"文件扩展名"复选框,可快速显示文件扩展名,如图 2-24 所示。

此外,对于未知文件类型的文件,如图 2-25 所示。由于无法直接通过文件图标方式分辨该文件类型。因此,只能从扩展名分析其文件类型,如果不清楚可以在互联网上查询支持该文件类型的应用程序并下载安装。如果确定该扩展名文件在本机上有对应的应用程序可以打开,可以选择此程序并建立文件关联即可。

图 2-24　显示/隐藏文件扩展名　　　图 2-25　未知文件类型对话框

（4）文件和文件夹命名时不区分英文字母大小写。例如 FILE1.DAT 和 file1.dat 表示同一个文件。

（5）文件夹和文件的命名规则相同,同一个文件夹中的文件或子文件夹不能同名。

2.文件的路径

在 Windows 中的文件目录是一种树形目录结构,其中文件夹相当于树枝,下面可以包含文件夹和文件。而文件相当于树叶,下面不能再有分支。在此结构中,从根目录到任何文件或文件夹,都有且只有一条路径。因此,文件路径可指明文件在树形目录中的位置。完整路径表示方法如下:

<盘符:>\文件夹 1\文件夹 2\文件名

一台计算机中可以有几个磁盘,例如"C:""D:""E:"等。一个磁盘中又可以有若干个不同的文件夹,在每个文件夹可以有多个文件。例如"计算机基础讲义.docx"文件位于 D 盘的"教学"文件夹的"计算机基础"子文件夹中,完整路径表示为:

D:\教学\计算机基础\计算机基础讲义.docx

2.3.2　Windows 10 系统文件夹

系统文件夹通常是用来存放操作系统中主要文件的文件夹。安装操作系统过程中会自动创建并将相关文件存放在对应的文件夹中。系统文件夹所包含的文件直接影响系统的正常运行,多数都不允许修改,如果此类文件夹被损坏或丢失,系统将不能正常运行,甚至崩溃。

（1）"C:\Program Files"是安装应用程序的默认位置。将应用程序安装在此文件夹方便查找和管理。

（2）"C:\Windows\System32"用于存放 Windows 的系统文件和硬件驱动程序。例如注册表编辑器程序、命令提示符程序、系统配置程序都存放在该文件夹内。

（3）"C:\Windows\Fonts"用于存放字体文件。如需安装某种字体,只要将字体文件复制到该目录下即可。

（4）"C:\Users(用户)"是 Windows 10 系统中用来存放用户帐户的文件夹。包括用户自己建立的管理员帐户、公用帐户和默认帐户的一些相关属性都保存在该文件夹下面。

2.3.3　Windows 10 文件与文件夹操作

1. Windows 剪贴板

剪贴板是 Windows 10 的程序之间互相传递信息的临时存储区(内存中的一块区域)。剪贴板的使用原理是先将信息复制到临时存储区,然后再把临时存储区的信息插入到指定位置。文件和文件夹的"剪切""复制"和"粘贴"操作的快捷键分别是"Ctrl＋X""Ctrl＋C"和"Ctrl＋V"。

"剪切"和"复制"操作的差别是:"剪切"命令将选定的信息复制到剪贴板上,待"粘贴"命令执行后,该信息在内存中将被删除;"复制"命令可以将选定的信息复制到剪贴板上,待"粘贴"命令执行后,该信息还保存在内存中不变。

2. 重新命名文件或文件夹

重新命名文件或文件夹的方法有以下几种:

(1)选定要重命名的文件或文件夹,选择"文件"菜单中的"重命名"命令,或右击鼠标在弹出的快捷菜单中选择"重命名"命令,然后在文件名框中输入新的文件名。

(2)选定要重命名的文件,在要修改的文件名上再次单击,这两次单击不能用双击代替,在文件名框中输入新的文件名。不要随意修改文件的扩展名,因为这可能造成文件关联错误致使文件无法正确打开。

需要注意的是文件处于编辑状态时,通常是不能重新命名的,文件夹内的若有文件处于编辑状态,也不能重新命名。另外,Windows 系统文件夹是不能重新命名的。

3. 文件的删除

(1)选定要删除的文件,在"文件"菜单中选择"删除"命令,或右击鼠标在弹出的快捷菜单中选择"删除"命令。

(2)先选定要删除的文件,然后直接按下 Del 键。

使用上述方法删除的文件将被放在回收站中。回收站是硬盘中的一块区域,它占用一定的磁盘空间。通过在右击回收站图标,在弹出菜单中选择"属性",可打开"回收站属性"对话框,如图 2-26 所示,用户可以自己设置回收站空间大小。对于误删除的文件可以在回收站中恢复。打开回收站,然后在回收站中选定要恢复的文件,右击选择"还原"命令,就可以将文件恢复到原来所在位置。如果选择"清空回收站"命令,则可以从磁盘中彻底删除文件。

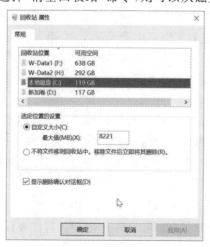

图 2-26　"回收站属性"对话框

（3）先选定要删除的文件，然后直接按下"Shift＋Del"键。文件将不会被放入回收站，而是直接从磁盘中彻底删除。

4.显示或修改文件属性

选定要显示或修改的文件或文件夹，在"文件"菜单中选择"属性"命令，打开"属性"对话框。文件的常规属性包括文件的大小、位置、占用空间等。

Windows 文件和文件夹的属性设置有两种，如图 2-27 所示。只读，即文件或文件夹只能读取而不能删除或修改；隐藏，即文件或文件夹在默认状态下不显示。此外，单击"高级"按钮打开"高级属性"对话框，还可以对文件进行存档、压缩和加密等设置。

在 Windows 10 系统中十分重要的文件或系统文件夹为了避免被误删除，可以将其设置为隐藏。因此，若要查看这些隐藏文件必须修改系统的相关设置。具体步骤为，在 Windows 10 资源管理器的"查看"选项卡下勾选"显示/隐藏"工具组中"隐藏的项目"复选框（如图 2-28 所示），可快速显示隐藏的文件或文件夹。对比"system32"文件夹在显示与不显示隐藏项目的设置下，其属性栏显示的项目数量，可发现该文件夹内包含多个隐藏项目。

图 2-27　属性对话框

图 2-28　显示或隐藏文件

5.搜索文件或文件夹

搜索可以使用户在计算机中快速搜索所需文件。Windows 10 中对搜索框进行了简化，在不清楚搜索文件的完整文件名信息或需要搜索一类文件名具有共同特征的文件时，可以使用通配符表示文件名。文件搜索时使用的通配符包括"？"和"＊"。

？表示在该位置可以是一个任意合法字符（占一个字节）。

＊表示在该位置可以是若干个任意合法字符。

例如，在"桌面"文件夹搜索可执行程序，可以在"资源浏览器"的搜索框输入"＊.exe"，此时表示查找扩展名为 exe 的所有文件。按 Enter 键或者单击搜索对话框右侧的"搜索"按钮，便可以得到搜索结果，如图 2-29 所示。

图 2-29　搜索结果

6. Windows 10 的库

库是 Windows 7 系统引入的一个全新的文件管理模式,它可以集中管理文档、音乐、图片和其他文件。在某些方面,库类似传统的文件夹,例如在库中查看文件的方式与文件夹完全一致。但与文件夹不同的是,库可以收集存储任意位置的文件,这是一个细微但重要的差异。库实际上并没有真实存储数据,它只是采用索引文件的管理方式,监视其包含项目的文件夹,并允许你以不同的方式访问和排列这些项目。并且库中的文件都会随着原始文件的变化而自动更新,还可以以同名的形式存于文件库中。

Windows 10 沿用了库的文件管理模式,在 Windows 10 中用户完全不需要按照 Windows XP 的模式将不同类型的文件放在不同的分区来进行管理,而是仅仅需要将不同类型的文件放入不同的库中就行了。因此,在 Windows 10 系统中硬盘只需要分为两个分区,一个用于安装系统,另外一个用作资料存储即可。

(1)库的创建

系统默认建立了“视频”“图片”“文档”“音乐”四个库。若要为系统创建一个新的库“教学文件”。可选择“资源管理器”的“库”,右击鼠标,在弹出如图 2-30 所示菜单中选择“新建”→“库”命令。修改新建的库名称为“教学文件”即可,如图 2-31 所示。

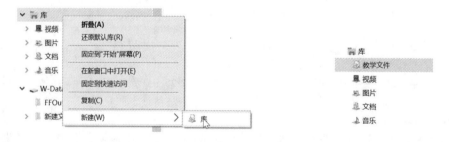

图 2-30　新建库　　　　　　　　　　图 2-31　库新建完成效果

(2)将文件夹包含到库中

在磁盘分区中找到一个需要存放在“教学文件”库的文件夹,在该文件夹上右击鼠标,弹出如图 2-32 所示的菜单。选择“包含到库中”→“教学文件”,则该文件夹下的文件被包含到“教学文件”库中。下次访问该文件夹下的文件,只需要在“资源管理器”中单击“库”→“教学文件”即可。

图 2-32　"包含到库中"菜单

2.4　Windows 应用程序管理

应用程序是设计者为计算机完成某一项或多项任务而开发的一系列语句和指令。它是运行于操作系统之上的计算机程序。应用程序是计算机中的一种特殊文件,下面讲解计算机中应用程序的管理方式。

2.4.1　应用程序的概念

在 Windows 系统中,应用程序的扩展名为".exe"或".com",每一个应用程序运行有独立的进程和地址空间。不同应用程序的分界线称为进程边界。大部分应用程序在管理时不是独立的,它必须和它的附属文件共同管理。例如,一个游戏软件包括应用程序文件、图片文件、音效文件等多个附属文件。除了特殊软件以外,大多数应用程序不能通过简单的文件复制粘贴进行使用,而必须通过安装或"添加/删除程序"的方式安装后才能使用。其删除操作也不能用简单的文件删除方法,必须通过"添加/删除程序"方式删除。

2.4.2　应用程序的"快捷方式"

应用程序的"快捷方式"是应用程序的快速链接,其扩展名为".lnk",它通常比应用程序本身要小很多,几乎不占存储空间。通常将应用程序的"快捷方式"放在桌面上,既可以方便用户使用,又不占用桌面存储空间。在桌面下方的"开始"菜单实际上就是电脑上安装的各种应用软件的快捷方式的集合。

应用程序的"快捷方式"通常在安装应用程序时由安装程序自动产生。如果用户要创建某一个程序的快捷方式,也可以选定该程序后右击鼠标,在弹出的快捷菜单中选择"创建快捷方式"命令完成。

2.4.3　应用程序的安装

应用程序的安装除了将应用程序和其附属文件复制到磁盘的指定位置外,还包含设置动态链接库(DLL)参数等操作。应用程序的安装有下列几种方式:

(1)如果购买的是应用程序的安装光盘,将安装光盘插入计算机后,会自动提示安装,按提示信息可自动完成安装。

（2）如果是网络下载的应用程序，这类程序通常被制作成一个压缩包文件，解压该压缩包后找到"Setup.exe"或"Install.exe"等安装文件并运行就可以安装应用程序了。

（3）对于一些特殊软件，直接拷贝到计算机上运行其应用程序即可。

2.4.4　应用程序的运行

在 Windows 10 中，启动应用程序有多种方法，下面介绍几种最常用的方法：

（1）使用快捷方式启动。对于用户经常使用的程序，可以在桌面上创建该应用程序的快捷方式，以后只要双击该快捷方式，就可以启动该应用程序。

（2）使用"开始"菜单启动。单击"开始"按钮，在弹出的"开始"菜单中，将鼠标指针移至要启动的应用程序上，然后再单击鼠标即可。

（3）在文件夹窗口中启动。可以通过"我的电脑"或"资源管理器"打开应用程序所在的文件夹，找到该应用程序的图标后，双击该图标即可。

（4）使用"搜索"命令启动。如果不清楚应用程序所在的文件夹，可以通过"开始"菜单中的"搜索"命令，直接查找该应用程序，找到后双击该图标即可。

（5）使用"运行"命令启动。通过快捷键"Win+R"，打开"运行"命令窗口，输入应用程序的文件名，然后按 Enter 键或单击"确定"按钮。对于一些系统工具如注册表编辑器、系统配置、本地组策略编辑器等，它们通常没有快捷方式，在"开始"菜单中也找不到，一般采用此方法启动应用程序。

2.4.5　应用程序的删除

大多数应用程序不能用直接删除文件的方式删除（直接解压运行的特殊软件除外）。

1. 使用"程序和功能"窗口删除

可通过在控制面板中打开"程序和功能"窗口的方式删除。在"程序和功能"窗口中选择想要删除的应用程序，右击鼠标，单击弹出的"卸载"按钮即可，如图 2-33 所示。

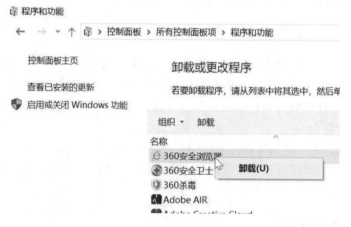

图 2-33　"程序和功能"窗口

2. 使用"应用"设置删除

单击"开始"菜单中的"设置"按钮，在打开的"Windows 设置"中选择"应用"，在如图 2-34 所示"应用和功能"界面单击想要删除的应用程序，然后单击"卸载"即可。

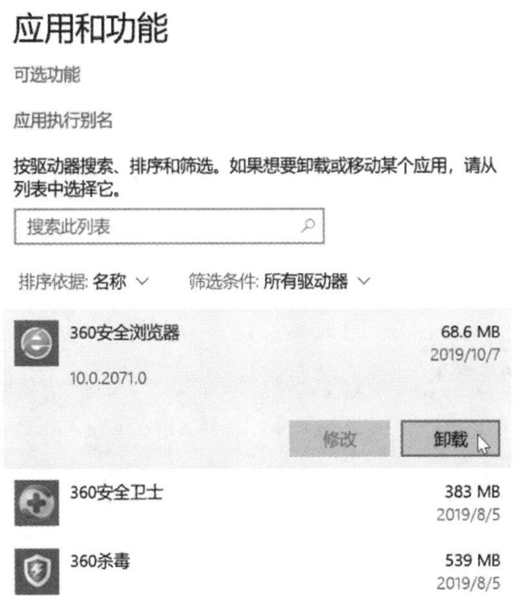

图 2-34　"应用和功能"界面

2.4.6　Windows 10 自带功能的添加和删除

如果要对 Windows 10 添加和删除其自带的某些功能,必须通过控制面板打开"程序和功能"窗口,单击"启用或关闭 Windows 功能",打开"Windows 功能"对话框,通过勾选或者去掉勾选的方式添加或删除相应的系统功能,如图 2-35 所示。

图 2-35　"Windows 功能"对话框

2.4.7　任务管理器

Windows 的任务管理器提供了计算机中正在运行的程序和进程的相关信息。利用任务管理器可以查看正在运行的程序的状态、进程,并动态显示 CPU 和内存的使用情况。也可以利用任务管理器切换、结束和启动程序。

启动任务管理器的一种方法是鼠标在任务栏上单击右键,从弹出的快捷菜单中选择"任务管理器"项。另一种方法是按"Ctrl+Alt+Del"组合键,单击启动"任务管理器"。打开后的"任务管理器"窗口如图 2-36 所示。

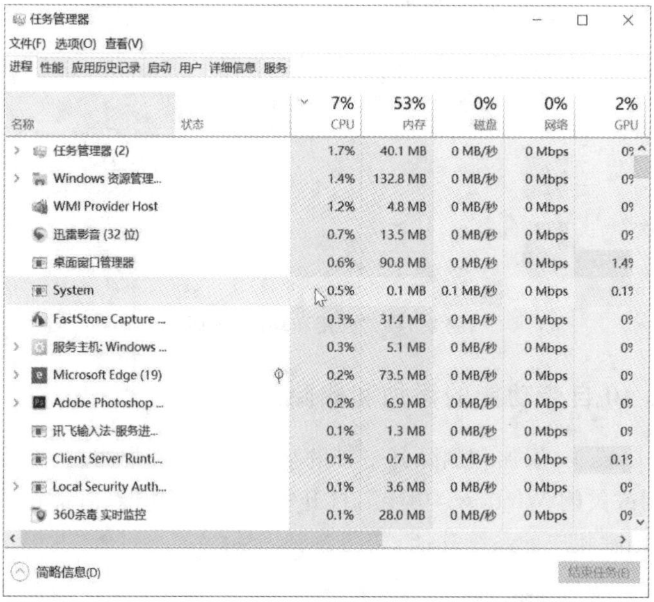

图 2-36　"任务管理器"窗口

另外,也可以使用第三方工具对计算机的程序和进程进行管理。例如 360 任务管理器就提供了更加直观的进程与程序的对应关系,方便普通用户进行操作。

2.5　Windows 磁盘管理

2.5.1　文件系统

FAT16 是 Windows 98 系统中采用的文件系统,FAT16 仅支持 2GB 的最大分区。随着硬盘容量的增加,FAT16 文件系统不能适应系统大分区的要求。因此,微软公司推出了新的文件系统 FAT32,其最大的优点就是可以支持的磁盘分区达到 32GB。然而 FAT32 文件系统无法支持单个文件大于 4GB 的文件,这使得该文件系统无法适应如今大数据文件的要求,基于 Windows NT 系统的 NTFS 文件系统较好地解决了这一问题。NTFS 可以支持的分区大小可以达到 2TB,并且它支持文件级的文件压缩和文件权限控制。它在安全性和减少磁盘占用量方面都有良好的表现。但是该文件系统的兼容性不是特别好,使用该文件系统的移动硬盘在 OS X 操作系统中可能出现文件只能读取而无法写入的问题。另外,由于该文件系统会经常对磁盘进行读写操作,所以不适合应用于 U 盘上。为了适应大容量 U 盘的发展,微软中引入的一种适合于闪存的文件系统 exFAT,它解决了 NTFS 不适用于闪存、FAT32 不支持 4G 以上大文件的问题。

对于在实际使用过程中,某些时候会遇到 U 盘的文件系统变成 RAW。RAW 文件系统是一种磁盘未经处理或者未经格式化产生的文件系统。通常情况下可能是由于 U 盘没有格式化或感染病毒所致。解决 RAW 文件系统的方法是格式化 U 盘,并且使用杀毒软件对 U 盘杀毒。

2.5.2　磁盘管理

计算机的磁盘在使用前必须进行磁盘分区和格式化才能进行数据的读取和写入操作。在安装好 Windows 10 操作系统的情况下,可以使用"磁盘管理"功能来完成这些任务。

右击桌面计算机图标,在弹出菜单中单击"管理"命令,弹出"计算机管理"窗口,在该窗口的左侧单击"磁盘管理"功能,进入磁盘管理界面,如图 2-37 所示。

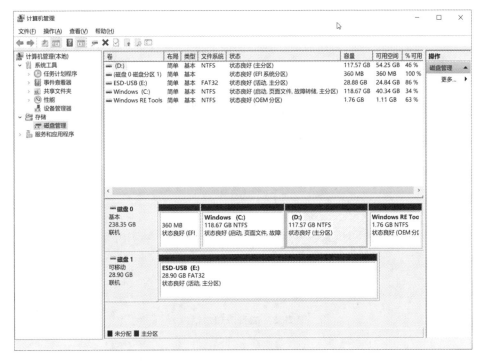

图 2-37　磁盘管理界面

由图 2-37 可知,共有一个 U 盘(磁盘 1)和 1 个物理硬盘(磁盘 0)。磁盘 0 分成 C、D 两个分区(对应于资源管理器中的相应的磁盘驱动器)。在图中可以清楚地看到每个磁盘的大小、状态以及每个分区的大小和文件系统。为系统添加新硬盘可以直接通过移动硬盘的外接 USB 口的方式或者将硬盘安装到主机内部的方式实现。无论采用哪种方式,对于新硬盘而言都需要在"磁盘管理"界面对该硬盘进行分区创建、指派驱动器号、选择文件系统、执行格式化等一系列操作。

2.5.3　磁盘整理

随着计算机硬件的快速发展,CPU 和内存的速度有大幅度的提升。硬盘由于其物理结构的制约,速度提升相对较慢。因此,硬盘的读取速度成为计算机运行的一大瓶颈。硬盘使用一段时间后,可储存的空间已经变得不连续。硬盘中的碎片越多,文件分布得越散乱。它会影响计算机的运行速度,因此有必要对机器进行定期的磁盘碎片清理。具体方法是:单击桌面下方的"开始"命令,执行"所有程序"→"附件"→"系统工具"命令,运行其中的"磁碎片整理"程序。当磁盘碎片整理完成后,磁盘里基本没有不连续的文件,系统读取文件的速度变快,可以有效地提高系统运行的速度。

对一些不需要的文件,可以删除以免浪费磁盘空间。对重要的文件要做好备份,以免丢失。磁盘清理就是扫描出磁盘上一些临时文件和长期不使用的压缩文件并将它们从磁盘上清理的过程。具体方法与磁盘碎片整理相似,在"系统工具"命令中运行"磁盘清理"程序,如图2-38 所示。运行磁盘清理程序后,该程序会标识出可以安全删除的文件,用户选择要删除的部分或全部标识文件进行清理,以达到清理磁盘空间的目的。

图 2-38　磁盘清理对话框

2.6　Windows 10 系统安全管理

2.6.1　关闭默认共享

在 Windows 10 系统中,默认情况下网络共享是开启的,如图 2-39 所示。这样的默认设置是出于方便局域网共享考虑的,然而这样也为病毒传播提供了条件。所以关闭默认共享,可以有效降低系统被病毒感染的可能性。具体方法是右击桌面计算机图标,在弹出菜单中单击"管理"命令,弹出"计算机管理"窗口,在该窗口的左侧单击"系统工具"→"共享文件"→"共享"功能,进入默认共享设置界面,如图 2-39 所示。选择共享名,设置为停止共享。

图 2-39　默认共享设置界面

2.6.2　注册表的维护

Windows 的注册表是一个庞大的数据库,存储了软、硬件的有关配置和状态信息:应用程序和资源管理器外壳的初始条件、首选项和卸载数据;计算机整个系统的设置和各种许可,文件扩展名与应用程序的关联;硬件的描述、状态和属性;计算机性能记录和底层的系统状态信息以及各类其他数据。如果它的信息发生错误,可能会导致计算机性能下降,严重时甚至可能造成计算机不能正常工作。用户可以通过注册表编辑器对注册表信息进行维护和管理。打开注册表编辑器的方法是通过"WIN＋R"快捷键打开"运行"对话框,在"运行"对话框中输入"regedit"并单击"确定"按钮,打开"注册表编辑器"窗口,如图 2-40 所示。

图 2-40　"注册表编辑器"窗口

注册表编辑器可以用来查看和维护注册表。注册表中的信息是按照多级的层次结构组织的。通过编辑器可以对键值进行编辑和修改。用户如要了解每个主键和其下面的键值,必须具备很丰富的计算机知识。当计算机系统安装完后,打开"注册表编辑器"窗口,单击窗口下的"文件"菜单,选择"导出"命令,可以将没有修改的注册表信息导出到外存储器中保存。一旦计算机注册表信息发生错误,可以打开"注册表编辑器"窗口,执行"文件"下的"导入"命令,将存储器中的注册表信息重新导回到注册表中。

2.6.3 检测并更新系统

系统漏洞是应用软件或操作系统软件在逻辑设计上的缺陷或错误。计算机软件是由人编写的程序,所以不可能十全十美,它或多或少会存在一些系统漏洞。利用这些漏洞,不法者通过网络植入木马、病毒等方式来攻击或控制整个电脑,窃取电脑中的重要资料和信息,甚至破坏系统。计算机用户单击"开始"菜单中的"设置"按钮,在打开的"Windows 设置"中选择"更新和安全",在如图 2-41 所示"更新和安全"界面设置 Windows 检测更新的方式,及时通过更新打补丁的方式修复系统中存在的漏洞,以保障系统的安全运行。通常如果安装了 360 安全卫士等安全工具,也会提示用户安装某些重要的系统更新。这里所谓的补丁实际上是开发公司为弥补软件系统在使用过程中暴露的问题而发布的小程序,它可以修复这些软件系统原先存在设计缺陷或错误。

图 2-41 "更新和安全"界面

2.6.4 安装并更新杀毒软件

大多数用户可以通过安装专业的防病毒软件或杀毒软件维护和管理计算机系统。目前比较流行的杀毒软件有奇虎 360 安全卫士、Kaspersky、NOD32 Antivirus System 等。由于杀毒软件通常是通过病毒库匹配的方式查杀病毒文件,因此,安装杀毒软件后的计算机并不能保证永远不感染病毒,用户还应及时更新杀毒软件的病毒库。

2.7 Windows 10 常用工具

2.7.1 画图软件

在 Windows 10 中,画图软件程序的各项功能都非常直观地以选项卡图标的方式呈现,使用户在操作过程中更容易找到自己所需的功能按钮。

在"搜索框"中输入"画图"可以找到"画图"程序,单击该程序图标可以打开"画图"程序的窗口,如图 2-42 所示。通过鼠标拖动窗口中间白色画布四周的控制点可以调整画布大小,选择"主页"选项卡下的绘图工具可以实现如直线、椭圆、矩形、圆角矩形、多边形、喷枪、文字等来绘制图形。

绘制直线、矩形、椭圆时按住 Shift 键可以产生正交或 45 度的直线、正方形以及圆形。

图 2-42　"画图"程序窗口

2.7.2　截屏软件

Windows 系统中可以使用键盘的"PrintScreen"按键实现屏幕的截取。如果要截取整个屏幕的画面,可以直接按下 PrintScreen 按键,此时屏幕的内容被保存在剪切板里。打开"画图"程序,单击"粘贴"按钮即可创建一幅包含屏幕画面的图片文件。如果仅仅需要截取一个程序窗口的画面,可以选择该窗口使其变为当前窗口,同时按下"Alt＋ PrintScreen"快捷键,此时该窗口的画面被保存在剪切板里。打开"画图"程序,单击"粘贴"按钮即可创建一幅包含该窗口画面的图片文件。

此外,在 Windows 10 系统中单独提供了专门的"截图工具",使得在 Windows 10 中截图更加便捷。对于任意大小的画面,我们更习惯于使用鼠标框选的方式去截取图片。Windows 10 提供了专门的截图工具,在"搜索框"输入"截图工具"可以找到"截图工具"程序,单击该程序图标可以打开"截图工具"程序的窗口,如图 2-43 所示。单击"新建"按钮,按住鼠标左键不放便可以在屏幕上任意位置以矩形框的方式选需要截图的部分,释放鼠标左键截图画面会直接显示在"截图工具"窗口中,默认保存文件为 PNG 格式。通过"模式"菜单还可设置截图的方式。

图 2-43　"截图工具"窗口

2.7.3　计算器软件

"计算器"程序可以为用户完成日常生活中的许多计算任务。在"开始"→"所用程序"→"附件"中找到"计算器",单击该程序可打开计算器软件,如图 2-44 所示。

图 2-44　计算器软件

1. 进制转换

在计算器软件中,单击"返回完整视图"按钮,选择左侧菜单中的"程序员"选项,则"计算器"软件变为如图 2-45 所示效果。输入 255,选择二进制,可得到十进制 255 对应的二进制结果为 11111111。

2. 货币换算

在计算器完整视图中,选择左侧菜单中的"货币"功能,则计算器软件变为如图 2-46 所示效果。选择需要换算的货币种类,输入金额就可以得到换算后的结果。对话框左下角显示汇率更新时间,单击"更新汇率"还可以实时更新汇率。

图 2-45　程序员型计算器　　　　　　　　　图 2-46　货币换算型计算器

习题 2

一、单选题

1.在 Windows 10 系统中,可以显示桌面的快捷键是(　　)。

A. Win+L　　　　　　B. Win+D　　　　　　C. Win+E　　　　　　D. Win+A

2.如果需要搜索出以"计算机"开头文件名的电子表格文件,应在"资源管理器"的"搜索框"中输入(　　)。

A.计算机*.docx　　B.计算机?.docx　　C. 计算机*.xlsx　　D.计算机?.xlsx

3.人们常说的手机下载 APP 是指下载(　　)。

A.系统软件　　　　　B.音频软件　　　　　C.应用软件　　　　　D.电影视频

4.在 Windows 系统中,不能将选定的对象放入剪贴板的操作是(　　)。

A. Ctrl+C　　　　　B. Ctrl+X　　　　　C. Ctrl+V　　　　　D. Alt+PrintScreen

5.使用(　　)功能可以帮助用户释放硬盘空间,删除临时文件和不需要的文件,腾出它们占用的系统资源以提高系统性能。

A.格式化　　　　　B.磁盘清理　　　　　C.磁盘碎片整理　　　D.磁盘查错

6.以下不属于 Windows 系统采用的文件系统是(　　)。

A. FAT16　　　　　B. FAT32　　　　　C. HFS+　　　　　D. NTFS

7.在 Windows 10 系统中,若需要通过"画图"程序绘制正方形应选择"矩形"工具,并按住键盘上的(　　)键。

A. Crtl　　　　　B. Tab　　　　　C. Alt　　　　　D. Shift

二、填空题

1.在 Windows 10 系统中,＿＿＿＿工具可以管理和控制进程,打开该工具的快捷键是＿＿＿＿。

2.在 Windows 10 系统中,锁定计算机的快捷键是＿＿＿＿。

3.在 Windows 系统中,文件和文件夹组织机构是＿＿＿＿结构。文件夹相当于＿＿＿＿,文件相当于＿＿＿＿。

4.在 Windows 系统中,按住＿＿＿＿键,可选择多个不连续的文件或文件夹。

5.在 Windows 10 系统中,用于存放字体文件的文件夹是＿＿＿＿＿。

6.＿＿＿＿＿是 Windows 7 系统引入的一个全新的文件管理模式,它可以集中管理文档、音乐、图片和其他文件。

7.应用程序的＿＿＿＿＿是应用程序的快速链接,它通常比应用程序本身要小很多,几乎不占存储空间。

8.为了解决 NTFS 不适用于闪存以及 FAT32 不支持 4G 以上大文件的问题,微软在 Windows 系统中引入的一种适合于闪存的文件系统＿＿＿＿＿。

9.＿＿＿＿是应用软件或操作系统软件在逻辑设计上的缺陷或错误。

三、简答题

1.简述使用安装 U 盘安装 Windows 10 系统的步骤。

2.简述 Windows 10 系统备份和恢复的步骤。

3.在 Windows 系统中,对文件进行剪切和删除(非彻底删除)操作,文件将会被放在系统的什么位置？这些位置对应于哪些具体的计算机硬件？从文件恢复的角度看,这两种操作的区别是什么？

4. 在 Windows 系统中,文件及文件夹的命名规则有哪些？

5. 在 Windows 系统中,关闭程序的方法有哪些？

6. 计算机中软件可以通过直接复制文件的方式安装吗？如果可以请说明哪类软件。计算机中的应用软件可以通过直接删除的方式卸载吗？如果不能应如何卸载？

7. 如果 U 盘被格式化了,U 盘内的文件应如何恢复？如果希望数据彻底删除不被恢复,应该如何操作？

第3章 办公自动化软件及其应用

办公自动化(Office Automation,OA)是将现代化办公和计算机技术、网络技术结合起来的一种新型的办公方式。从广义上讲,凡是在传统的办公室中采用各种新技术、新机器、新设备从事办公业务,都属于办公自动化的领域。目前,国内使用较多的通用办公自动化软件主要有微软公司的 Office 以及国产的金山 WPS,当然还有很多根据用户办公特点和管理体制自行开发的办公软件。

本章将介绍 Office 2013 三个重要日常办公组件 Word、Excel、PowerPoint 中的一些主要功能,并结合多个实际案例运用 Office 2013 快速、有效地解决这些实际工作中常见的应用问题。希望读者在完成案例的操作过程中,能加深对 Office 2103 及其各种功能的理解,为今后的学习、工作打下良好的基础。

3.1 文字处理软件 Word

文字处理是最基本的日常工作之一,文字处理软件是计算机上最常见的办公软件,用于文字的格式化和排版。Word 2013 是微软公司推出的一款功能强大的文字处理软件,属于 Microsoft Office 的组件之一。其具有强大的文字处理功能,是目前最常用的文档处理软件,大大提高了办公自动化效率。

通过本节的学习,可以掌握 Word 2013 的一些常用的基本操作,使用 World 2013 进行文本处理,例如设置字体及段落、绘制图形、插入图片和艺术字等操作,并掌握图文混合排版的技巧。

3.1.1 认识 Word 2013

1. Word 2013 工作界面

启动 Word 2013 后,屏幕上会打开一个 Word 的窗口,它是与用户进行交互的界面,是用户进行文字编辑的工作环境。窗口的主要组成如图 3-1 所示。Word 2013 的窗口不同于菜单类型的界面,而采用"面向结果"的用户界面,可以在面向任务的选项卡上找到操作按钮。Word2013 的窗口主要由快速访问工具栏、标题栏、选项卡、功能区、状态栏、编辑区、视图按钮、缩放标尺及任务窗格组成。

Word 2013 窗口的主要功能的描述如下:

(1)选项卡

在 Word 2013 窗口上方是选项卡栏,选项卡类似 Windows 的菜单,但是单击某个选项卡时,并不会打开这个选项卡菜单,而是切换到与之相对应的功能区面板。选项卡分为主选项卡、工具选项卡。默认情况下,Word 2013 界面提供的是主选项卡,从左到右依次为文件、开始、插入、设计、页面布局、引用、邮件、审阅及视图。当文稿中图表、SmartArt、形状(绘图)、文本框、图片、表格和艺术字等元素被选中操作时,在选项卡栏的右侧都会出现相应的工具选项卡。例如插入"表格"后,就能在选项卡栏右侧出现"表格工具"工具选项卡,表格工具下面有两个工具选项卡:格式和布局。

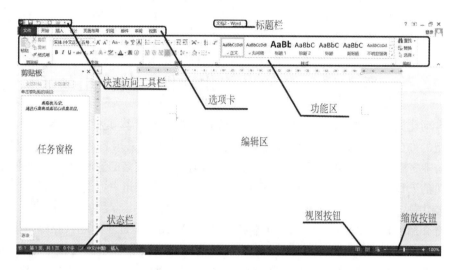

图 3-1　Word 2013 工作界面

（2）功能区

每选择一个选项卡，会打开对应的功能区面板，每个功能区根据功能的不同又分为若干个功能组。鼠标指向功能区的图标按钮时，系统会自动在光标下方显示相应按钮的名字和操作，单击各个命令按钮组右下角小箭头可打开下设的对话框或任务窗格。

下面简单介绍一下 Word 2013 的默认选项卡功能区。

"开始"功能区中从左到右依次包括剪贴板、字体、段落、样式和编辑五个组，该功能区主要用于帮助用户对 Word 文档进行文字编辑和格式设置，是用户最常用的功能区。

"插入"功能区包括页、表格、插图（插入各种元素）、链接、页眉和页脚、文本、符号和特殊符号等，主要用于在 Word 文档中插入各种元素。

"设计"功能区包括主题、文档格式、页面背景等，用于设计 Word 文档的统一主题格式。

"页面布局"功能区包括页面设置、稿纸、段落、排列等，用于帮助用户设置 Word 文档页面样式。

"引用"功能区包括目录、脚注、引文与书目、题注、索引和引文目录等，用于实现在 Word 文档中插入目录等高级的功能。

"邮件"功能区包括创建、开始邮件合并、编写和插入域、预览结果和完成等组，该功能区的作用比较专一，专门用于在 Word 文档中进行邮件合并方面的操作。

"审阅"功能区包括校对、语言、中文简繁转换、批注、修订、更改、比较和保护等组，主要用于对 Word 文档进行校对和修订等操作，适用于多人协作处理 Word 长文档。

"视图"功能区包括文档视图、显示、显示比例、窗口和宏等组，主要用于帮助用户设置 Word 操作窗口的视图类型。

（3）快速访问工具栏

快速访问工具栏可实现常用操作工具的快速选择和操作。例如保存、撤销、恢复、打印预览等。单击该工具栏右端的小箭头，在弹出的下拉列表中选择一个左边复选框未选中的命令，可以在快速访问工具栏右端增加该命令按钮；要删除快速访问工具栏的某个按钮，只需要右击该按钮，在弹出的快捷菜单中选择"从快速访问工具栏删除"命令即可。

（4）状态栏

状态栏提供有文档的页码、字数统计、语言、修订、改写和插入、录制（添加了"开发工具"选项卡后才显示)、视图方式、显示比例和缩放滑块等辅助功能。以上功能可以通过在状态栏上单击相应文字来激活或取消。

(5)任务窗格

Word 2013 窗口文档编辑区的左侧或右侧会在"适当"的时间打开相应的任务窗格,在任务窗格中为用户提供所需要的常用工具或信息,帮助用户快速顺利地完成操作。编辑区左侧的任务窗格有审阅窗格、导航窗格和剪贴板窗格,编辑区右侧的任务窗格有剪贴画、样式、邮件合并和信息检索(信息检索、同义词库、翻译和英语助手)。文档编辑区的左端是导航窗格,导航窗格的上方是搜索框,用于搜索当前打开文档中的内容。

(6)视图方式

Word 2013 提供了页面、阅读版式、Web 版式、大纲和草稿五种视图方式。各个视图方式之间的切换可简单地通过单击状态栏右方的视图按钮来实现。

页面视图:用于显示整个页面的分布状况和整个文档在每一页上的位置,包括文件图形、表格图文框、页眉、页脚、页码等,并对它们进行编辑,具有"所见即所得"的显示效果,与打印效果完全相同,可以预先看见整个文档以什么样的形式输出在打印纸上,可以处理图文框、分栏的位置并且可以对文本、格式及版面进行最后的修改,适合用于排版。

阅读版式:分为左/右两个窗口显示,适合阅读文章。

Web 版式视图:在该视图中,Word 能优化 Web 页面,使其外观与在 Web 或 Internet 上发布时的外观一致,可以看到背景、自选图形和其他在 Web 文档及屏幕上查看文档时常用的效果,适合网上发布。

大纲视图:用于显示文档的框架,可以用它来组织文档,并观察文档的结构,也为在文档中进行大规模移动生成目录和其他列表提供了一个方便的途径,同时显示大纲工具栏,可给用户调整文档的结构提供方便,例如移动标题与文本的位置,提升或降低标题的级别等。

草稿视图:用于快速输入文件、图形及表格并进行简单的排放,这种视图方式可以看到版式的大部分(包括图形),但不能显示页眉、页脚、页码,也不能编辑这些内容,也不能显示图文的内容以及分栏的效果,当输入的内容多于一页时系统自动加虚线表示分页线,适合录入及排版使用。

(7)缩放标尺

缩放标尺又称缩放滑块,单击缩放滑块左端的缩放比例按钮,会弹出"显示比例"对话框,可以对文档进行显示比例的设置。也可以直接拖动缩放滑块来进行显示比例的调整。

2.Word 文档基本操作

(1)新建文档

选择"文件"菜单中的"新建"项,或使用快捷键"Ctrl+N"以"空白文档"或"联机模板"的方式新建文档。"联机模板"提供了多种类型的文档模板,包括简历、求职信、商务计划、名片和APA 样式的论文等。不过若要下载"联机模板"模板,必须连接到互联网。

(2)打开文档

单击"快速访问工具栏"中的"打开"按钮,或选择"文件"菜单中的"打开"项,或使用快捷键"Ctrl+O"可打开 Word 文档的"打开"对话框,在其中选择需要打开的文件,单击"打开"按钮即可。此外,直接双击 Word 文件图标也可以直接打开该文档。

(3)保存文档

Word 2013 默认的文件扩展名是".docx"。单击"快速访问工具栏"的"保存"按钮,或选择"文件"菜单中的"保存"项,或使用快捷键"Ctrl+S"可保存文档。首次单击"保存"项,需要用户指定一个存储的位置,Word 2013 版支持本地磁盘和云端存储。云端存储需要在微软 OneDriver 上注册一个帐号。选择本地磁盘的情况下,单击"浏览"按钮会弹出"另存为"对话框,指定希望文档保存的位置、文件名和文件类型,单击"保存"按钮即可将文档保存在本地磁盘。

另存为已经保存过的文档可选择"文件"菜单中的"另存为"项,在打开的"另存为"对话框设置文档保存的位置、文件名和文件类型即可。

自动保存文档。选择"文件"菜单中的"选项"项,打开"Word 选项"对话框的"保存"选项卡可设置自动保存的间隔时间。

(4)关闭文档

Word 2013 允许同时打开多个 Word 文档进行编辑,因此关闭文档不等于退出 Word 2013 程序,而仅仅是关闭当前文档。单击"文件"菜单中的"关闭"项,或单击 Word 窗口右上角的叉号即可关闭文档。

在关闭文档时,如果没有对文档进行编辑、修改,文档将直接关闭;如果文档进行了修改,并且没有进行保存,关闭时会弹出一个"提示"对话框,询问是否保存对文档所做的修改,单击"保存"按钮表示保存修改并关闭,单击"不保存"按钮表示不保存修改直接关闭,而单击"取消"按钮则表示取消关闭操作。

3.1.2 文档的基本编辑与排版

1.编辑文本

(1)输入文本

在打开的 Word 文档中,输入文本之前,必须先将光标定位到要输入文本的位置,待文本插入点指定好后,切换到相应的输入法状态,即可在光标处输入文本。

英文字符可以直接输入,中文字符要选择某种汉字输入法进行输入。输入法之间的切换可使用鼠标直接选择,或使用快捷键"Ctrl+Shift"在多种输入法之间切换,快捷键"Ctrl+Space"在中英文输入法之间切换。

在文档输入时常常会遇到一些键盘无法直接输入的特殊符号,此时可以使用输入法的软键盘选择所需的符号输入。也可以使用 Word 2013 提供的插入公式、符号和编号的功能输入。单击"插入"选项卡下"符号"组中的符号或编号按钮即可打开"符号"或"编号"对话框,如图 3-2、图 3-3 所示。

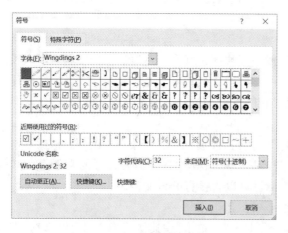
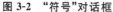

图 3-2 "符号"对话框　　　　图 3-3 "编号"对话框

在状态栏中,可以看到文字输入的方式默认为"插入"状态。单击状态栏上"插入"按钮可以切换到"改写"状态,反之亦然;或按下键盘的 Insert 键也可以切换"插入"和"改写"状态。"插入"状态下,插入点后的文字会随着输入的内容自动后移。"改写"状态下插入点后的文本会被新输入的文本替换。

(2)选择文本

Word 编辑过程中通常是遵循"先选择,后操作"的工作方式。选择文本既可以是鼠标也可以是键盘,还可使用键盘配合鼠标选择,被选中的文本将以蓝底高亮显示。

下面我们就对文字选取的方法进行说明:

方法 1:在要选择的文字块的开始位置,按下鼠标左键不放,移动鼠标到文字块尾部释放鼠标左键。或将插入点放置到文字块头部,按住 Shift 键在文字块尾部单击鼠标左键可选取连续的文本。

方法 2:在光标上双击选择光标所在的一个词组,三击选择光标所在的整个段落。

方法 3:将鼠标指针移动到在页面左边距处,页面左边距称为选择区,此时指针变成 ⚡ 形状后,单击选中一行;双击选中一段落;三击选中全文档。

方法 4:按下快捷键"Ctrl+A",或按住 Ctrl 键在左边选择区单击鼠标左键选中全文档。

方法 5:在选择区双击选中一段后按住 Shift 键,在最后一个段落单击鼠标左键,选中多个段落。在选择长篇文档中的大段内容的时候,这个方法非常有效。

方法 6:按住 Alt 键后使用鼠标左键拖动,可以选中矩形块区域。

方法 7:按住 Ctrl 键,可以选择不连续的文本,这样就可以同时对多个不连续选区进行操作。

方法 8:对于选择文中多处具有类似格式的文本,可以选中其中的一部分文本,然后单击右键,选择"开始"选项卡下"编辑"组中的"选择"按钮,在弹出列表中选择"选择所有格式类似的文本"项,Word 2013 能够自动将格式相似的文本选中,方便同时进行调整。

(3)复制和移动文本

通过复制与移动文本操作,可以提高对文本的编辑速度。若要在文档中输入与已存在的内容相同的文本,可以使用复制文本操作;若要将某些文本从一个位置移动到另一个位置,可以使用移动文本操作。

复制文本方法包括如下:

方法 1:使用鼠标拖动复制文本。选择需要复制的文本,按住 Ctrl 键的同时,按住鼠标左键拖动到目标位置即可。

方法 2:使用剪贴板复制文本。选择需要复制的文本,在"开始"选项卡下"剪贴板"组中,单击"复制"按钮,然后再将光标移到目标位置处单击"粘贴"按钮即可。或者选择需要复制的文本,先按下快捷键"Ctrl+C"复制文本,再在目标位置按快捷键"Ctrl+V"粘贴文本即可。此外,还可选择需要复制的文本,单击鼠标右键从弹出的快捷菜单中选择"复制"命令,然后在目标位置处再单击鼠标右键,可从弹出的快捷菜单中选择"粘贴选项"命令中的某种粘贴格式即可。

移动文本方法包括如下:

方法 1:使用鼠标拖动来移动文本。选择需要移动的文本,按住鼠标左键拖动到目标位置即可。

方法 2:使用剪贴板移动文本。选择需要移动的文本,在"开始"选项卡下"剪贴板"组中,单击"剪切"按钮,然后在将光标移到目标位置处单击"粘贴"按钮即可。或者选择需要移动的文本,先按下快捷键"Ctrl+X"剪切文本,再在目标位置按快捷键"Ctrl+V"粘贴文本即可。此外,还可选择需要移动的文本,单击鼠标右键从弹出的快捷菜单中选择"剪切"命令,然后在目标位置处再单击鼠标右键,可从弹出的快捷菜单中选择"粘贴选项"命令中的某种粘贴格式即可。

（4）删除文本

删除文本方法包括以下几种：

方法 1：选择要删除的文本,按下 BackSpace 或 Delete 键。

方法 2：按 BackSpace 键删除光标前的字符。

方法 3：按 Delete 键删除光标后的字符。

（5）撤销和重复

单击"快速访问工具栏"上的"撤销"按钮,或按下快捷键"Ctrl+Z"可以撤销最近的操作；单击"快速访问工具栏"上的"重复"按钮,或按快捷键 F4（或"Ctrl+Y"）可以重复上一步做过的操作。

（6）查找与替换

查找文本的方法如下：

方法 1：单击"开始"选项卡下"编辑"组中的"查找"按钮,或按下快捷键"Ctrl+F",在打开的"导航"窗格编辑框中输入需要查找的内容,若找到相关内容将会在文档中用黄色高亮度显示。并单击该编辑框右端🔍 "搜索更多内容"按钮,可进行图形、表格、格式等对象的查找,或设置查找选项以及进行"高级搜索"。

方法 2：单击"开始"选项卡下"编辑"组中的"查找"按钮右侧的小箭头,在弹出列表中选择"高级查找"项,可打开"查找与替换"对话框,在"查找内容"下拉框中输入要查找的内容,单击"查找下一处"按钮,若找到相关内容将会在文档中用灰色高亮度显示。

替换文本的方法：单击"开始"选项卡下"编辑"组中的"查找"按钮,或按下快捷键"Ctrl+H",可打开"查找与替换"对话框,并默认显示"替换"选项卡。在"查找内容"下拉框输入要查找的文字,在"替换为"下拉框中输入要替换的内容,然后单击"替换"或"全部替换"即可替换。

此外,在"查找和替换"对话框中不仅可以查找和替换文本,还可以单击"更多"按钮进行查找和替换字符格式,甚至将文本替换成图片的自定义替换操作。

2.文本格式设置

（1）设置字体格式

字体是文字的外观效果,在 Word 2013 中提供了多种字体,默认的字体是"宋体"。字号是文字的大小,默认为"五号"。字形包括文字的常规、倾斜、加粗、加粗并倾斜显示。字符间距是指文档中字符与字符水平方向的距离。

设置字体格式的方法如下：

方法 1：选择需要设置格式的文字后,文本上方会弹出"浮动工具栏",如图 3-4 所示。在其中选择相应的功能设置字体即可。

方法 2：选择需要设置格式的文字后,在"开始"选项卡下"字体"组中选择相应的功能设置字体即可,如图 3-5 所示。

图 3-4　浮动工具栏　　　　　　　图 3-5　"字体"组

方法 3：选择需要设置格式的文字后，单击"开始"选项卡下"字体"组右下角的小箭头，或单击鼠标右键，在弹出的菜单中选择"字体"项，可打开"字体"对话框进行字体设置，如图 3-6 所示。

"浮动工具栏"和"字体"组中只列出了常用的字体格式功能。"字体"对话框可提供所有设置字体的功能。

图 3-6　"字体"对话框

(2) 设置段落格式

段落格式主要包括段落的对齐方式、缩进和间距的设置。

对齐方式是段落边缘的对齐方式，包括"左对齐""居中对齐""右对齐""两端对齐"和"分散对齐"。

缩进是指段落中文本与页边距之间的距离。包括设置段落左边界的左缩进、设置段落右边界的右缩进、设置段落中首行起始位置的首行缩进和设置段落中除了首行以外其他行起始位置的悬挂缩进。段落缩进可使用标尺和"段落"对话框两种方法设置。

间距包括段前、段后和行距。段前、段后间距是指段落与前一段和后一段之间的距离。行间距和段间距分别是指文档中行与行、段与段之间的垂直距离。Word 的默认行距是单倍行距。它们可以设置为固定的某个值（例如 15 磅），也可以是当前行高的倍数。

段落格式的设置方法与字体格式设置方法类似，同样也是三种方法，这里不再赘述。

3. 添加项目符号与编号

为了使有层次结构的内容以更加清晰的顺序排列，可使用项目符号和编号为文档中表示并列或按次序排列的内容以列表的形式显示出来。默认情况下,项目符号的样式是一个实心圆点,编号的样式是阿拉伯数字,用户也可以自定义项目符号和编号。

Word 2013 提供了自动添加项目符号和编号的功能。在以 1.、(1).、a 等字符开始的段落中,按下回车键,下一段开始将会自动出现 2.、(2).、b 等字符。这样可以在输入文本的同时自动生成项目符号和编号。

(1)手动添加项目符号

将光标定位于要添加项目符号的段落的段首。单击"开始"选项卡下"段落"组中的"项目符号"按钮,则直接在段首添加默认样式的项目符号。单击"项目符号"按钮前右侧的小箭头则可在弹出列表中选择其他样式的项目符号或自定义新项目符号。

(2)手动添加编号

将光标定位于要添加编号的段落的段首。单击"开始"选项卡下"段落"组中的"编号"按钮,则直接在段首添加默认格式的编号。单击"编号"按钮前右侧的小箭头则可在弹出列表中选择其他格式的编号或自定义新编号格式。

4.设置边框和底纹

设置边框和底纹能够使被修饰的内容外观效果更加美观,更引人注目,并且起到突出显示和醒目的作用。选择要设置边框和底纹的文字或段落,单击"开始"选项卡下"段落"组中的"边框"右侧的小箭头,在弹出列表中选择"边框和底纹"项,打开"边框"底纹对话框。该对话框可以设置文字或段落的边框底纹以及页面边框的外观效果。

5.首字下沉设置

首字下沉就是以下沉或悬挂的方式设置段落中的第一个字符的格式。下沉方式设置的字符紧靠其他文字,而悬挂方式设置的字符可以随意地移动位置。选择要设置首先下沉的段落,单击"插入"选项卡下"文本"组中的"首字下沉"按钮,在弹出列表中选择相应的命令设置即可。

6.页中分栏设置

分栏是将文档中的文本分成两栏或多栏,是文档编辑中的一个基本方法。选择要设置分栏的段落,单击"页面布局"选项卡下"页面设置"组中的"分栏"按钮,选择"两栏""三栏""偏左""偏右"可进行快速分栏。选择"更多分栏"项可打开"分栏"对话框,在对话框中可以进行更精确的分栏设置。

7.页面设置

文档编辑完毕进行打印输出之前通常需要进行页面设置。页面设置主要包括纸张大小、页边距、版式、文档网格等,这些设置将会影响到文档的整体显示效果及最终打印的效果。

Word"页面布局"选项卡下"页面设置"组分别提供了"文字方向""页边距""纸张方向""纸张大小"等列表功能供用户快速设置这些属性,如图 3-7 所示。也可以单击"页面布局"选项卡下"页面设置"组右下角小箭头,在打开的"页面设置"对话框中对相应的参数进行设置。

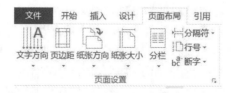

图 3-7 "页面设置"组

　　注意：页面设置中对纸张大小的调整只改变 Word 编辑的虚拟纸张大小。实际放入打印机中的纸张大小应在打印设置中"打印机属性"进行设置。除需要缩放打印和多版面打印以外，通常虚拟纸张的大小和实际放入打印机的纸张大小保持一致。

　　8.页面背景设置和水印

　　Word 编辑的文档默认背景颜色是白色，如果希望更改页面背景可以单击"设计"选项卡下"页面背景"组中的"页面颜色"按钮，在弹出的列表中选择"主体颜色""标准色""其他颜色"等提供的颜色可设置纯色的页面背景，如图 3-8 所示。若选择"填充效果"命令，可以打开"填充效果"对话框，该对话框提供了"渐变""纹理""图案"和"图片"四种方式为页面设置相应的背景，如图 3-9 所示。

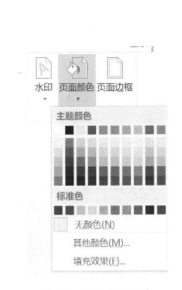

图 3-8　页面颜色列表

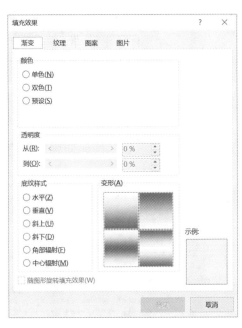

图 3-9　"填充效果"对话框

　　此外，Word 还可以为页面添加水印。Word 中的水印通常是指文档中显示在文本下方的文本或图案，主要用于表明文档的重要等级，或为受版权保护文档的归属提供完全和可靠的证据。单击"设计"选项卡下"页面背景"组中的"水印"按钮，在弹出的列表中可选择系统预设的水印或选择"自定义水印"，然后根据用户需求编辑水印内容。

　　注意：使用"填充效果"对话框的图片方式设置的页面背景，选择的图片只能以原始尺寸平铺整个页面，无法拉伸。若要以一张图片作为整个页面的背景，可以使用"水印"对话框中"图片水印"功能实现。

3.1.3　综合案例 1——利用 Word 进行基本的文字排版

　　在日常的学习生活中我们经常需要使用计算机编辑文字，进行简单的文字排版。基本的文字排版主要包括文章的字体、段落、页面布局等内容的编辑。本节将运用前面介绍的部分功能对一篇文档进行基本排版编辑。

　　【排版要求】

　　(1)设置文章标题格式。字体"黑体"，字号"一号"，段后"0.5 行"。

(2)设置正文各段落格式。字体"仿宋"，字号"小五"，首行缩进"2 个字符"，行距"1.25 倍"。

(3)修改正文第 1 段文字的首行缩进"0 个字符"，设置"首字下沉"效果，下沉行数为"2"，距正文"0 厘米"。

(4)将文章中所有"MOOC"替换成"慕课"。

(5)修改文章中所有英文字母的字体，字体为"Times New Roman"，颜色为"蓝色"。

(6)为正文第 3 段设置段落边框为"下边框"，突出显示颜色为"黄色"。

(7)为正文第 4、6、8、10、12、14、16 段添加项目符号与标号。编号采用"一、二、三……"格式显示。

(8)为第 4 段到文章最后设置分栏，将这部分分为左右等宽的两栏。

(9)将文章页边距设置为系统预设的"窄"边距。

(10)为文章设置背景，使用填充效果的纹理方式，填充纹理为"羊皮纸"。

【效果展示】

根据排版要求对文章进行排版编辑，即可实现基本排版效果，如图 3-10 所示。

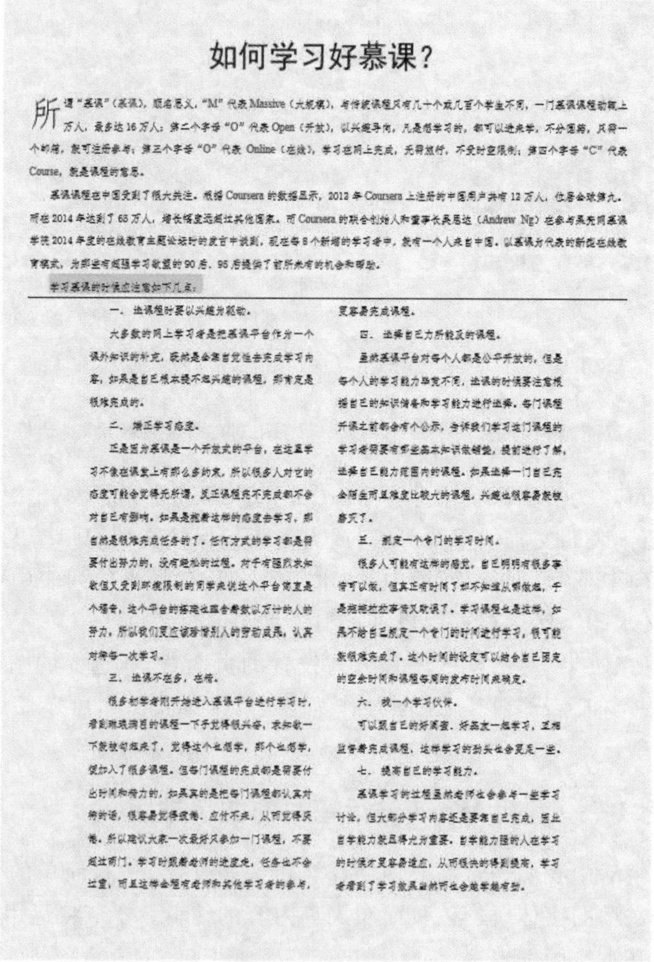

如何学习好慕课？

所谓"慕课"(慕课)，顾名思义，"M"代表 Massive（大规模），与传统课程只有几十个或几百个学生不同，一门慕课课程动辄上万人，最多达 16 万人；第二个字母"O"代表 Open（开放），以兴趣导向，凡是想学习的，都可以进来学，不分国籍，只需一个邮箱，就可注册参与；第三个字母"O"代表 Online（在线），学习在网上完成，无需旅行，不受时空限制；第四个字母"C"代表 Course，就是课程的意思。

慕课课程在中国受到了很大关注。根据 Coursera 的数据显示，2012 年 Coursera 上注册的中国用户共有 12 万人，位居全球第九。而在 2014 年达到了 65 万人，增长幅度远超其他国家。而 Coursera 的联合创始人和董事长吴恩达（Andrew Ng）在参与果壳网慕课学院 2014 年度的在线教育主题论坛时的发言中谈到，现在每 8 个新增的学习者中，就有一个人来自中国。以慕课为代表的新型在线教育模式，为那些有超强学习欲望的 90 后、95 后提供了前所未有的机会和可能。

学习慕课的时候应注意如下几点：

图 3-10　排版效果

【制作思路】

首先新建 Word 文档，输入文字内容。然后使用"字体"和"段落"设置功能可调整文字字体样式和段落首行缩进、间距及行距。使用"替换"功能可快速实现文字替换，还可以快速完成英文字母字体样式的修改。其余排版要求可以使用"首字下沉""分栏""边框和底纹""突出显示文本"等功能完成。

【操作步骤】

1. 创建并保存文档

启动 Word 2013 软件，选择"文件"菜单中的"新建"项，单击"空白文档"。然后选择"文件"菜单中的"另存为"项，在"另存为"对话框中修改文档的文件名为"如何学习好慕课"，并将文档保存在磁盘上。

2. 输入文本并设置字体和段落格式

(1) 输入文本。在空白文档中输入"如何学习好慕课?"文章内容并保存。

(2) 设置段落格式。使用鼠标选中标题段落，单击"开始"选项卡下的"字体"组，设置字体为"黑体"，字号为"一号"。然后单击"开始"选项卡下"段落"组中的右下角小箭头，打开"段落"对话框，将"间距"组的"段后"调整为"0.5 行"，如图 3-11 所示。

图 3-11　"段落"对话框

将鼠标移动到页面左边的选择区，此时指针变成 形状后，在正文第 1 段双击可以选中正文第 1 段文字。参照第(1)步方法可设置字体样式并打开"段落"对话框。单击"段落"对话框中"缩进"组的"特殊格式"下拉菜单，选中"首行缩进"项，并设置"缩进值"为"2 个字符"。单击"间距"组的"行距"下拉菜单，选中"多倍行距"项，并设置"设置值"为"1.25"。然后单击"开始"选项卡下"剪贴板"组中的"格式刷"按钮以记录第 1 段的段落格式，将鼠标移动到页面左边的选择区，让鼠标从正文第 2 段一直拖选到最后即可。

(3) 设置首字下沉。参照第(2)步方法可以修改正文第 1 段文字的首行缩进"0 个字符"。

然后单击"插入"选项卡下"文本"组中的"首字下沉"按钮,在弹出列表中选择"首字下沉选项"项,在打开的"首字下沉"对话框中"位置"选择"下沉","下沉行数"选择"2"即可,如图 3-12 所示。

(4)替换文本内容。单击"开始"选项卡下"编辑"组中的"替换"按钮,打开"查找和替换"对话框,在"查找内容"和"替换为"输入框中分别输入"MOOC"和"慕课",单击"全部替换"按钮即可,如图 3-13 所示。

图 3-12 "首字下沉"对话框　　　　图 3-13 "查找和替换"对话框

(5)替换文本格式。参照第(4)步方法,打开"查找与替换"对话框,单击"更多"按钮,对话框将显示更多选项和按钮功能。单击"查找内容"输入框,将光标定位到此处,然后单击"特殊符号",在弹出的菜单中选择"任意字母"项,如图 3-14 所示。接下来将光标定位到"替换为"输入框,然后单击"特殊符号",在弹出的菜单中选择"查找内容"项,并单击"格式"按钮,在弹出列表中选择"字体"项,在打开的"字体"对话框中设置字体为"Times New Roman",颜色"蓝色",如图 3-15 所示。最后单击"全部替换"即可。

(6)修饰文本。在正文第 3 段中连续单击鼠标 3 下选中该段文字,单击"开始"选项卡下"段落"组中的"边框"按钮,在弹出列表中单击"下边框"项。然后单击"开始"选项卡下"字体"组中的"以不同颜色突出显示文本"按钮,选中"黄色"即可。

图 3-14 "查找内容"输入框中的"特殊符号"菜单　　图 3-15 "替换为"输入框中的"特殊符号"菜单　　图 3-16 编号设置列表

(7)添加编号。选择正文第 4 段,单击"开始"选项卡下"段落"组中的"编号"按钮,在弹出的列表中单击采用"一、二、三……"方式项,如图 3-16 所示。然后将光标定位到第 6 段的段首,单击快捷 F4 进行重复操作(若此时没有继续编号,可单击编号旁 📄 "自动更正选项"按钮选择"继续编号"项)。使用同样的方法可快速在其余各段段首添加后续编号。

3. 修改页面设置

(1)设置分栏。选择第 4 段至文档最后,单击"页面布局"选项卡下"页面设置"组中的"分栏"按钮,在弹出列表中选择"两栏"项即可。

(2)设置页边距。将光标定位于文中下边框横线前,单击"页面布局"选项卡下"页面设置"组中的"页边距"按钮,在弹出列表中选择系统预设的"窄"边距即可。

4. 修改页面背景

单击"设计"选项卡下"页面背景"组中的"页面颜色"按钮,在弹出的列表中选择 "填充效果"命令,可以打开"填充效果"对话框,在该对话框选择 "纹理"选项卡中"羊皮纸"纹理图片,单击"确定"按钮即可。

3.1.4 Word 图文混排

图文混排是指将文字与图片混合排列。在文档编辑中不仅可以编辑文本,还可以插入一些图形元素,这样不仅会使文档显得生动有趣,还能帮助读者理解文档内容。Word 2013 可插入多种图形对象,例如图片、联机图片、形状、SmartArt、艺术字、文本框等。这些图形元素可以以文字环绕、衬于文字下方、浮于图片上方等不同方式显示。

1. 插入图片

Word 可在文档中插入图片,图片可以从本地磁盘、网络驱动器以及互联网上获取,还可以使用屏幕截图。单击"插入"选项卡下"插图"组中的"图片"按钮,可在本地磁盘、网络驱动器选择需要的图片插入。单击"联机图片"按钮则可以在互联网或云端搜索图片插入。单击"屏幕截图"按钮可使用现有的屏幕截图素材或用鼠标框选需要的屏幕截图区域。

完成图片插入后,选择图片可激活"图片工具"的"格式"选项卡,如图 3-17 所示。通过"格式"选择卡下的"调整""图片格式""排列"和"大小"组可以对插入的图片进行颜色效果调整、图片样式设置、设置与文字的环绕关系、图片的大小修改、图片裁剪等操作,从而取得合适的编排效果,也可以单击鼠标右键在弹出的菜单中选择相应的命令进行设置。

图 3-17 "格式"选项卡

2. 插入形状

Word 中可以插入矩形和圆、线条、箭头、流程图、符号与标注等程序内置的形状,可插入的形状列表如图 3-18 所示。

单击"插入"选项卡下"插图"组中的"形状"按钮,在弹出如图 3-18 所示菜单中选择需要的形状,光标变为十字形,根据文稿的需要在页面的任意位置拖动即可绘制出形状。绘制图形后,选择图形可激活"绘图工具"的"格式"选项卡,可进行形状样式、形状效果、填充颜色、轮廓颜色、对齐和组合等编辑;也可以单击鼠标右键,在弹出的菜单中选择相应的命令

图 3-18　插入形状列表

进行设置。

绘制的图形可由单个或多个图形组成。

（1）编辑单个图形

选择单个图形，图形中有 8 个控制点，可以调节图形的大小和形状。另外，拖动绿色小圆点可以转动图形，拖动黄色小菱形点可改变图形形状或调整指示点。鼠标放在图形上变成十字箭头标记时，拖动鼠标可以移动图形位置。

（2）多个图形的排列

多个单独的图形相互之间存在对齐方式和叠放顺序的排列关系。按住 Ctrl 键单击鼠标左键选择多个需要排列的图形，可利用"绘图工具"的"格式"选项卡下"排列"组的命令按钮，选择"对齐"按钮对图形进行对齐或分布方式的调整。若多个图形之间有重叠关系，可利用"绘图工具"的"格式"选项卡下"排列"组的按钮，分别选择"上移一层"按钮、"下移一层"按钮调整各图形的叠放次序，改变重叠区的可见图形。

（3）多个图形的组合

多个单独的图形，通过"组合"操作，形成一个新的独立的图形，以便于作为一个图形整体进行位置和大小的调整。按住 Ctrl 键单击鼠标左键选择多个需要排列的图形，单击"绘图工具"的"格式"选项卡下"排列"组的"组合"按钮，选择"组合"命令，被选择的多个图形即组合为一个整体。要取消图形的组合，单击"取消组合"即可。

（4）在图形中添加文字

在 Word 中可以为插入的图形添加文字，使文字显示在图形内部。在要添加文字的图形上方单击鼠标右键，在弹出的快捷菜单中选择"添加文字"项，图形内部会出现光标插入点，在插入点处输入文字即可。

3. 插入 SmartArt 图

在实际工作中，经常需要在文档中插入一些图形，例如工作流程图、图形列表、组织结构图等比较复杂的图形，以增加文稿的说明力度。Word 2013 提供了 SmartArt 功能，SmartArt 图形是信息和观点的视觉表示形式，可以通过从多种不同布局中进行选择来创建 SmartArt 图形,从而快速、轻松、有效地传达信息。

　　单击"插入"选项卡下"插图"组中的"SmartArt"按钮,打开如图 3-19 所示的"选择 SmartArt"对话框。在该对话框中选择需要的 SmartArt 图形,单击"确定"按钮即可插入 SmartArt 图形,在相应的图形内可以输入文字内容。选择已插入的 SmartArt 图形后,"SmartArt 工具"的"设计"和"格式"选项卡被激活,如图 3-20 所示,使用选项卡上的功能可以对选择的 SmartArt 图形进行相应的编辑,也可以单击鼠标右键,在弹出菜单中选择相应的命令进行设置。

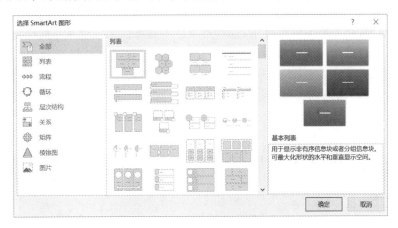

图 3-19　"选择 SmartArt 图形"对话框

图 3-20　"SmartArt 工具"的"设计"和"格式"选项卡

4. 插入艺术字

　　在文档适当的位置添加艺术字,可以起到美化和突出显示的效果。所谓艺术字就是使用 Word 中提供的艺术字样式创建出的特殊文本对象。

　　单击"插入"选项卡下"文本"组中的"艺术字"按钮,在弹出菜单中选择一种需要的艺术字样式,弹出"请在此放置您的文字"文本框,在文本框中输入要设置艺术字的内容即可,如图 3-21 所示。选择已插入的艺术字后,系统自动激活"绘图工具"的"格式"选项卡,使用选项卡上的艺术字样式、文本效果、文本轮廓和大小等功能可以对选择的艺术字进行编辑和调整,也可以单击鼠标右键,在弹出的菜单中选择相应的命令进行设置,如图 3-22 所示。

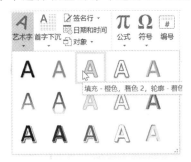

图 3-21　艺术字样式列表

图 3-22　"绘图工具"的"格式"选项卡

5.插入文本框

Word 在文稿输入操作时,可以在光标位置,按从上到下,从左到右的顺序进行输入。在实际的文稿排版中,往往有不同的要求,这些要求并不是可以用分栏或格式化就能完成的。引入文本框操作,能较好地完成排版的特殊要求。例如可以在页面的任意位置完成文稿的输入或图片、表格等元素的插入操作。

文本框属于一种图形对象,它实际上是一个容器,可以放置文本、表格和图形等内容。Word 中可插入内置文本框和自定义文本框。

(1)内置文本框

单击"插入"选项卡下"文本"组中的"文本框"按钮后,在弹出列表中选择一种内置的文本框样式,在光标插入点处会产生相应的文本框,在文本框中输入所需的内容即可。

(2)自定义文本框

单击"插入"选项卡下"文本"组中的"文本框"按钮后,在弹出列表中选择"绘制文本框"或"绘制竖排文本框"命令,光标变为十字形,根据文稿的需要在页面的任意位置拖动形成活动方框,在文本框中输入所需的内容即可。

无论是内置文本框还是自定义文本框被选择后,系统自动激活"绘图工具"的"格式"选项卡,在该选项卡中可以对文本框的形状、样式、排列位置、链接和大小等进行设置,也可以单击鼠标右键在弹出菜单中选择相应的命令进行设置。

5.插入公式

在编辑科技性的文档时,通常需要输入数理公式,其中含有许多的数学符号和运算公式,Word 2013 支持编写和编辑公式,可以满足日常大多数公式和数学符号的输入和编辑需求。

(1)插入内置公式

将光标定位到需要插入公式的位置,单击"插入"选项卡下"符号"组中的"公式"按钮,然后在弹出的"内置"公式列表中选择所需的公式即可,如图 3-23 所示。

图 3-23　内置公式

图 3-27　设置艺术字样式　　　　　　　　图 3-28　设置"文字方向"

（2）插入古诗背景图片。参照前文第 2 步操作中的方法插入素材中的"李白.png"图片，并调整图片大小为高度"6.73 厘米"，宽度"11.03 厘米"，显示方式为"衬于文字下方"。

（3）输入古诗。单击"插入"选项卡下的"文本"组中的"文本框"按钮，在弹出如图 3-29 所示的菜单中选择"绘制竖排文本框"项，按住鼠标左键在插入的古诗背景图片上绘制文本框。在文本框中输入《静夜思》诗词内容，字体"华文仿宋"，字号"10"，字体加粗。

（4）修改文本框的外观。此时文本框有黑色边框和白色背景填充。单击绘图工具的"格式"选项卡下的"形状填充"按钮，在弹出如图 3-30 所示的列表中选择"无填充颜色"项，可去掉白色背景。类似的单击"形状轮廓"按钮，在弹出列表选择"无轮廓"项，可去除黑色边框。

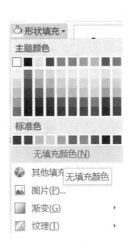

图 3-29　插入"文本框"菜单　　　　　　　图 3-30　"形状填充"设置

4．编辑"中秋节习俗"部分

（1）输入艺术字标题。参照前文第 2 步中操作的方法输入"中秋节习俗"艺术字标题，将标题移动到页面的右侧。

（2）文字内容版面定位。参照前文第 3 步操作中的方法在文档下方左侧插入一个横排文本框,高度"11.1厘米",宽度"6.2厘米",然后在该文本框右侧继续插入一个横排文本框,高度"5.27厘米",宽度"6.2厘米"。文本框布局如图3-31所示。

(3)链接文本框。由于需要输入的文本素材较多,在第1个文本框内无法显示完毕,可以将第1个文本框与第2个文本框链接。选择第1个文本框,单击绘图工具"格式"选项卡下"文字"组中的"创建链接"按钮,然后单击第2个文本框,即可将第2个文本框链接到第1个文本框,如图3-32所示。此时第1个文本框未显示完全的文字会自动显示在第2个文本框中。

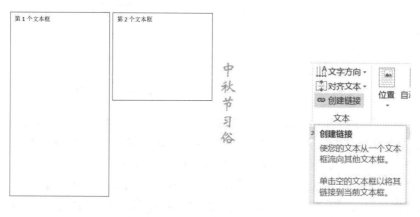

图 3-31 文本框布局   图 3-32 创建链接

(4)修改文本框的外观。参照第3步操作将两个文本框设置为"无轮廓"和形状填充"白色,背景1,深度5%"。

(5)插入中秋节风俗图片。参照前文第2步操作插入"中秋节风俗.png"图片,修改图片大小为高度"5.21厘米",宽度"6.11厘米",图片显示方式为"四周型环绕"即可。

3.1.6 Word 表格制作

表格是一种简明扼要的表达方式,它以行和列的形式组织信息,其基本单元称为单元格。在表格中不但可以输入文本,还可以插入图片,显示效果直观形象。在平时的学习工作中经常需要用到表格,例如课程表、简历表等。

1.插入表格

在 Word 中,可以通过以下三种方式来插入表格:

图 3-33 插入表格列表   图 3-34 "插入表格"对话框

（1）使用"表格"菜单插入表格。单击"插入"选项卡下"表格"组中的"表格"按钮,在弹出列表中选择"插入表格"项,拖动鼠标以选择需要的行数和列数,如图 3-33 所示。

（2）使用"插入表格"窗口插入表格。单击"插入"选项卡下"表格"组中的"表格"按钮,在弹出列表中选择"插入表格"命令,打开"插入表格"对话框,用户可以在对话框的"表格尺寸"下,输入列数和行数,如图 3-34 所示。在"自动调整操作"下,选择相应选项以调整表格尺寸。

（3）使用表格模板插入表格。可以使用表格模板并基于一组预先设好格式的表格来插入。表格模板包含示例数据,可以帮助设计添加数据时表格的外观。单击"插入"选项卡下"表格"组中的"表格"按钮,单击"快速表格"项弹出内置的表格模板列表,单击需要的模板,使用新数据替换模板中的数据即可,如图 3-35 所示。

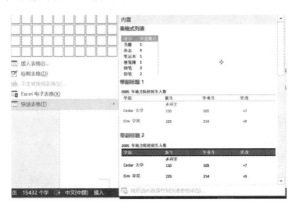

图 3-35　内置表格模板列表

2.表格的选择

与文字和图片的操作一样,选择表格是一切操作的前提,下面对表格选取的方法进行说明。

（1）选择一个单元格。将鼠标移动至单元格的左边缘且指针变为 ➚ 时,单击鼠标,即选中一个单元格。

（2）选择多个单元格。在选中一个单元格的基础上拖动鼠标,可选择连续的多个单元格。选中一个单元格后,按住 Ctrl 键的同时,选择其他单元格,可选择不连续的多个单元格。

（3）选择一行或多行。将鼠标移动至表格的左侧且指针变为 ➚ 时,单击鼠标,即选中一行。选中一行的同时用鼠标向上或向下拖动,可选中连续的多行。选中一行的同时按住 Ctrl 键,再选择其他行,可选择不连续的多行。

（4）选择一列或多列。将鼠标移动至表格的顶部网格线边缘且指针变为 ⬇ 时,单击鼠标,即选中一列。选中一列的同时用鼠标向左或向右拖动,可选中连续的多列。选中一列的同时按住 Ctrl 键,再选择其他列,可选择不连续的多列。

（5）选择整张表格。将鼠标指针停留在表格上,表格左上角会显示表格移动图柄 ⊞,单击表格移动图柄,可选择整张表格。

3.合并单元格与拆分单元格

在表格中选择需要合并的连续多个单元格,单击被激活的"表格工具"的"布局"选项卡下"合并"组中的"合并单元格"按钮,或者单击鼠标右键,在弹出菜单中选择"合并单元格"命令。这样可以将连续的几个单元格合并成一个。

注意：要合并的多个单元格必须是能组成一个矩形的单元格区域，否则不能合并。

在表格中选择要拆分的单元格。单击被激活的"表格工具"的"布局"选项卡下"合并"组中的"拆分单元格"按钮，或者单击鼠标右键，在弹出菜单中选择"拆分单元格"命令。打开"拆分单元格"对话框，设置要将选定的单元格拆分成的列数和行数即可，如图 3-36 所示。

注意：拆分单元格通常只能针对某一个单元格。若要对多个单元格拆分需要勾选"拆分单元格"对话框中的"拆分前合并单元格"项。

图 3-36　"拆分单元格"对话框

4.绘制表格和擦除表格

绘制表格常用于修改已插入好的简单表格，先选中要修改的表格，单击被激活的"表格工具"下"布局"选项卡上"绘图"组中"绘制表格"按钮，指针变为铅笔状时，用鼠标拖动，可在表格中手工添加斜线、竖线和横线。

若要擦除已有表格中的线段，可先选中要修改的表格，单击被激活的"表格工具"的"布局"选项卡下"绘图"组中的"橡皮擦"按钮，指针变为橡皮状，单击要擦除的线条即可。

5.添加或删除行或列

（1）在上方或下方添加一行。选择要添加行处的上方或下方的单元格，单击被激活的"表格工具"的"布局"选项卡下"行和列"组中的"在上方插入"或"在下方插入"按钮，如图 3-37 所示。或者单击鼠标右键，鼠标选择弹出菜单上"插入"选项，然后单击"在上方插入行"或"在下方插入行"命令即可。

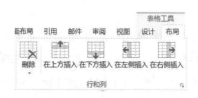

图 3-37　"行和列"组

（2）在左侧或右侧添加一列。单击被激活的"表格工具"的"布局"选项卡下"行和列"组中的"在左侧插入"或"在右侧插入"按钮，或者单击鼠标右键，鼠标选择弹出菜单上"插入"选项，然后单击"在左侧插入列"或"在右侧插入列"命令即可。

（3）删除行。选择要删除的行，单击被激活的"表格工具"的"布局"选项卡下"行和列"组中的"删除"按钮，在弹出列表中选择"删除行"命令，或者单击鼠标右键，然后在弹出菜单上单击"删除行"命令即可。

（4）删除列。选择要删除的列，单击被激活的"表格工具"的"布局"选项卡下"行和列"组中的"删除"按钮，在弹出列表中选择"删除列"命令，或者单击鼠标右键，然后在弹出菜单上单击"删除列"命令即可。

6.删除表格

（1）删除整个表格。选择要删除的表格，单击被激活的"表格工具"的"布局"选项卡下"行和列"组中的"删除"按钮，在弹出列表中选择"删除表格"命令，或者单击鼠标右键，然后在弹出菜单上单击"删除表格"命令即可。

（2）删除表格的内容。可以删除某单元格、某行、某列或整个表格的内容，表格中对应的单元格被保留。选择要清除的内容表格，按 Delete 键即可。

7. 调整行高和列宽

选定想要调整行高（列宽）的单元格，将鼠标指针移到单元格边框线上，按住鼠标左键，出现一条水平（垂直）的虚线表示改变单元格的大小，再按住鼠标左键向上或向下（向左或向右）拖动，即可改变表格行高（列宽）。这种方法便捷直观，但是不能精确调整。

若需要精确调整单元格的行高（列宽），可选定想要调整行高（列宽）的单元格，在被激活的"表格工具"的"布局"选项卡下"单元格大小"组中的"高度（宽度）"编辑框中输入数值，或者单击鼠标右键，然后在弹出菜单上单击"表格属性"命令，在打开的"表格属性"对话框中输入数值，单击"确定"按钮，如图 3-38 所示。

图 3-38　"表格属性"对话框

8. 设置单元格对齐方式

选择要设置对齐方式的单元格，单击被激活的"表格工具"的"布局"选项卡下"对齐方式"组中的"单元格对齐方式"相应按钮，即可设置对应的对齐方式，如图 3-39 所示。另外，"文字方向"可改变单元格内文字方向，"单元格边距"可以修改单元格内文字与边框的距离。

图 3-39　对齐方式组

9.设置表格边框和底纹

(1)表格样式

Word 2013 提供了多种预设的表格样式,可以快速应用于表格。选中要设置表格样式的表格,单击被激活的"表格工具"的"布局"选项卡下"表格样式"组中的样式列表中相应样式即可,如图 3-40 所示。另外,还可新建、修改、清除表格样式。

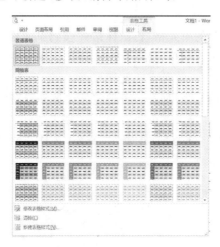

图 3-40　表格样式列表

(2)表格底纹和边框

选中要设置底纹的单元格,单击被激活的"表格工具"的"布局"选项卡下"表格样式"组中的"底纹"按钮,在弹出列表中选择底纹颜色或"其他颜色"命令即可。

选中要设置边框的单元格,单击被激活的"表格工具"的"布局"选项卡下"边框"组中的"边框"按钮,在弹出列表中选择要设置的边框类型即可。也可以选择弹出列表中的"边框和底纹"选项,打开"边框和底纹"对话框,在该对话框中可以同时设置单元格的边框和底纹。

3.1.7　综合案例 3——利用 Word 2013 表格功能制作个人求职简历

个人求职简历是毕业生给招聘单位投递的一份简要介绍。包含个人的基本信息,包括姓名、性别、名族、照片、出生日期、身高、体重、政治面貌、专业、毕业院校等。一份设计合理的个人简历可以清晰明了地呈现个人的主要信息及特点,对获得面试机会至关重要。本节以"个人求职简历"表格为例,运用 3.1.6 节介绍的部分功能制作个人求职简历表。

【效果展示】

个人求职简历表格效果如图 3-41 所示。

【制作思路】

首先分析个人求职简历表格的结构,该表格不属于程序内置表格,所以无法直接生成。手工绘制表格的方法虽然可以制作不规则表格,但由于使用鼠标操作,很难精确制定行高和列宽。此外该方法需要每行每列逐一绘制,效率较低,对于单元格较多的复杂表格并不适合。

通过观察这份个人求职简历表格,表格共有 17 行,在这些行上,列的分布共有 7 种情况。所以这个表格在列的设置上相对比较复杂。例如前 3 行每行包含 7 列,其中第 7 列是用于粘贴一寸照片的(一寸照片大小为 2.5 厘米×3.5 厘米),为了确保"照片"单元格足够容纳一寸照片,所以第 7 列的列宽要略大于 2.5 厘米,前 3 行的行高之和要略大于 3.5 厘米。其余 6 种

个人求职简历

姓名		性别		民族		
身高		体重		出生日期		照片
政治面貌		学历		毕业时间		
专业			毕业院校			
外语等级			计算机等级			
其他证书						
爱好特长						
获奖情况						
学习及实践经历						
时间		学校或单位		经历		
通讯地址			邮政编码			
联系电话			电子邮件			
自我简介						

图 3-41　个人求职简历表格效果

列的分布情况分别是:第 4 行和第 5 行包含 4 列;第 6、7、8 行包含 2 列;第 9 行包含 1 列;第 10 到 14 行包含 3 列;第 15 行和第 16 行包括 4 列;第 17 行包含 2 列。

由于 Word 2013 可以对表格的单元格进行合并、指定行高列宽等操作。因此,可以先以表格中包含的最多列数和行数建立一个规则表格,然后使用合并单元格和调整行高列宽的方法制作这个表格。

【操作步骤】

1.创建个人求职简历表格文档

选择"文件"菜单中的"新建"项,单击"空白文档"。然后选择"文件"菜单中的"另存为"项,在"另存为"对话框中修改文档的文件名为"个人求职简历",并将文档保存在磁盘上。

2.输入表格标题

在表格文档第 1 行输入表格标题"个人求职简历",然后在"开始"选项卡下"字体"组中设置字体"黑体",字号"三号",在"段落"组中设置"对齐方式"为"居中"即可。

3.插入并编辑表格

(1)将光标定位于文档第 2 行左端。单击"插入"选项卡下"表格"组中的"表格"按钮,在弹出菜单选择"插入表格"项,如图 3-42 所示,再打开如图 3-43 所示的"插入表格"对话框中输入列数"7",行数"17",单击"确定"按钮即可插入一个包括 7 列 17 行的规则表格。

图 3-42 "表格"菜单   图 3-43 "插入表格"对话框

（2）设置表格的行高。选择需要设置的行，在"布局"选项卡下"单元格大小"组中调整行高。其中，第 1 行到第 3 行的行高为 1.2 厘米，第 4 行到第 16 行的行高为 1 厘米，第 17 行的行高为 5 厘米。

（3）设置表格的列宽。选择需要设置的列，在"布局"选项卡下"单元格大小"组中调整列宽。各列的列宽见表 3-1。

表 3-1　各列的列宽度

第 1 列	第 2 列	第 3 列	第 4 列	第 5 列	第 6 列	第 7 列
2 厘米	2 厘米	2 厘米	2 厘米	2 厘米	2 厘米	2.63 厘米

（4）调整第 1 行到第 3 行的单元格。选择第 7 列第 1 行到第 3 行的 3 个单元格，单击"布局"选项卡下"合并"组中的"合并单元格"按钮，使这 3 个单元格合并为 1 个单元格。

（5）调整第 4 行和第 5 行的单元格。选择第 4 行第 5、6、7 列单元格，参照第（4）步中的方法将这 3 个单元格合并为 1 个单元格，此时，第 4 行共有 4 个单元格。然后参照第（3）步中的方法将这 4 个单元格的列宽分别设置为 2.5 厘米、4.63 厘米、2.5 厘米和 5 厘米。将光标定位到本行最右端表格边框外回车符处，单击 Enter 键可生成 1 行与第 4 行各单元格列宽完全一致的行。选择原先的第 5 行（现在为第 6 行），单击鼠标右键在弹出菜单中选择"删除行"项即可。

（6）调整第 6 行到第 8 行。参照第（5）步中的方法可修改第 6 行到第 8 行的列数和列宽。这几行的列数为 2 列，列宽分别为 2.5 厘米和 12.13 厘米。

（7）调整第 9 行。参照第（5）步中的方法可修改第 9 行的列数和列宽。此行的列数为 1 列，列宽为 14.63 厘米。

（8）调整第 10 行到第 14 行。参照第（5）步中的方法可修改第 10 行到第 14 行的列数和列宽。这几行的列数为 3 列，列宽分别为 5 厘米、5 厘米和 4.63 厘米。

（9）调整第 15 行和第 16 行。参照第（5）步中的方法可修改第 15 行和第 16 行的列数和列宽。这几行的列数为 4 列，列宽分别为 2.5 厘米、4.63 厘米、2.5 厘米和 5 厘米。

（10）调整第 17 行。参照第（5）步中的方法可修改第 17 行的列数和列宽。此行的列数为 2 列，列宽分别为 2.5 厘米和 12.13 厘米。

4.输入表格内容及设置表格格式

（1）输入表格内容。按照表格要显示的信息，在各单元格输入相应的文本内容。设置字体为"仿宋",字号为"五号"。

(2)调整文字对齐方式为水平和垂直方向都居中。将光标定位在表格内任一单元格,移动鼠标到表格左上角处单击⊞按钮选择整个表格,单击表格的"布局"选择卡下"对齐方式"组中的"水平居中"按钮即可,对齐方式组如图 3-44 所示。

(3)修改表格外边框线型为"双线"。参照第(2)步中的方法选择整个表格,单击"开始"选项卡下"段落"组中的"边框"按钮右侧的小箭头,在弹出的菜单中选择"边框和底纹"选项,打开"边框和底纹"对话框,然后在"边框"功能卡的"样式"下拉框中选择"双线",并在预览区选择画出上下左右四周的外边框线即可,如图 3-45 所示。

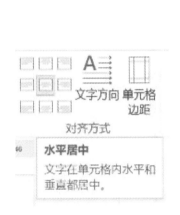

图 3-44 对齐方式组

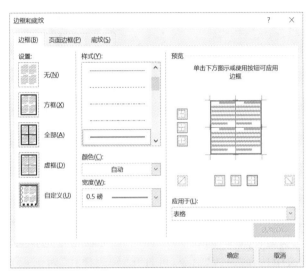

图 3-45 "边框和底纹"对话框

3.1.8 Word 长文档编辑

对于毕业论文、书稿、商业策划书这类长文档,它们不仅包含的文字内容较多,而且通常还包括多种其他的文档元素,例如图片、表格、公式、流程图等。此外,这类长文档往往需要生成页码和目录、添加页眉和页脚、插入题注和交叉引用等操作,以方便读者查阅。本节将着重介绍这些长文档编辑时涉及的综合编排知识。

1.使用样式

简而言之,样式就是格式的集合。通常所说的"格式"是指单一的格式。每次设置格式就需要选择某一种格式,如果文字包含的格式较多,就需要多次进行不同的格式设置,对应段落格式就更复杂。而样式作为格式的集合,它可以包含多种格式设置,设置时只需要对文字或段落应用某种样式,就可以将其包含的各种样式一次性设置在文字或段落上。通常情况下,可以使用 Word 默认提供的预设样式,如果预设样式无法满足排版要求,可以修改样式或自定义样式。

(1)使用系统内置样式

将光标定位在需要设置某种内置样式的段落,单击"开始"选项卡下"样式"组中的"快速样式库"右侧向下的小箭头,在弹出列表中选择所需的样式即可,如图 3-46 所示。或者单击"样式"组右下角的小箭头,将打开"样式"任务窗格,在其中选择所需样式也可以,如图 3-47 所示。

　　注意:默认情况下样式列表并不会显示全部样式,可以通过单击"样式"任务窗格的"选项"设置选项显示全部样式。

　　若需要清除文档的格式,可以在相应的部分应用"快速样式库"下拉列表中的"清除格式"命令,或者使用"样式"任务窗格的"全部清除"命令。

图 3-46　样式列表　　　　　　　　　　图 3-47　"样式"任务窗格

（2）修改样式

　　如果系统预设的样式不符合排版格式要求,可以先修改样式后再应用样式。

　　在"快速样式库"列表中或"样式"任务窗格中选择某种需要修改的样式,单击鼠标右键,在弹出列表中选择"修改"命令,可打开"修改样式"对话框,在如图 3-48 所示对话框中修改相应的格式,单击"确定"按钮即可。

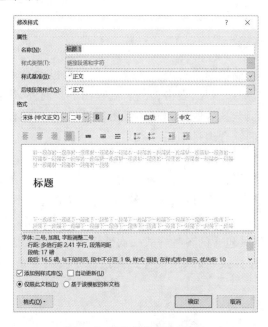

图 3-48　"修改样式"对话框

（3）创建新样式

　　单击"开始"选项卡下"样式"组中的"快速样式库"右侧向下的小箭头,在弹出列表中选择"创建样式"项,或者单击"样式"任务窗格中"新建样式"按钮,打开"根据格式设置创建新样式"对话框,在对话框中设置相应的格式,单击"确定"按钮即可。

　　(4)清除样式

　　在"快速样式库"列表中或"样式"任务窗格中选择某种样式,单击鼠标右键,在弹出菜单中选择"从样式库中删除"项即可。

　　2. 自动生成目录

　　目录是一篇长文档必不可少的部分,它可以清晰地列出文档中各级标题及每级标题所在的页码,读者就很清楚地知道文档包含哪些内容并快速找到需要的内容所在的位置。Word 提供了自动生成目录的功能,自动生成目录可以避免手工编制目录的烦琐和易错,而且当文档内容发生变化使得标题内容或所在页码改变时,可以快速便捷地自动更新。此外,按住 Ctrl 键的同时单击自动生成的目录中的标题可以快速跳转到相应标题位置。

　　自动生成目录的前提是让 Word 软件识别出文档的各级标题,Word 软件是通过检测标题采用的标题样式来确定其标题级别的,因此,要自动生成目录就必须对文档中所有要显示的标题按照相应的级别设置标题样式。

　　(1)插入目录

　　将光标定位于要插入目录的位置。单击"引用"选项卡下"目录"组中的"目录"按钮,在弹出列表中选择一种内置目录即可,或者在弹出列表中选择"自定义目录"项,在打开的"目录"对话框中进行标题目录显示级别、前导符、目录格式等设置,单击"确定"按钮即可。

　　(2)更新目录

　　单击"引用"选项卡下"目录"组中的"更新目录"按钮,在打开的"更新目录"对话框进行相应的更新设置,单击"确定"按钮即可,或者在目录所在位置单击鼠标右键,在弹出菜单中选择"更新域"。

　　3. 分隔符设置

　　文档中不同部分不同的章节通常都会另起一页开始,多数人习惯用输入多个回车换行的方法使新的部分另起一页。这是一种错误的操作,会导致文档修改时的大量重复排版,降低工作效率。Word 提供了分隔符来实现这一功能。

　　单击"页面布局"选择卡下"页面设置"组中的"分隔符"按钮,弹出如图 3-49 所示列表。分隔符主要包括分页符和分节符两类:

　　分页符是分页的一种符号,可在指定位置强制分页。分页符适用于分隔页眉页脚相同而仅仅需要另起一页的情况。

　　分节符可以将文档分为不同的节。节是文档的一部分。插入分节符之前,Word 将整篇文档视为一节。在需要分隔页眉页脚、页边距、纸张方向等特性不同的内容时,需要使用分节符创建新的节。各种分节符的区别如下:

　　下一页:光标当前位置后的全部内容将移到下一页面上。

　　连续:Word 将在插入点位置添加一个分节符,新节从当前页开始。

　　偶数页:光标当前位置后的内容将转至下一个偶数页上,Word 自动在偶数页之间空出一页。

　　奇数页:光标当前位置后的内容将转至下一个奇数页上,Word 自动在奇数页之间空出一页。

　　此外,分隔符中还有用于强制使后面的文字从下一栏顶部开始的分栏符,以及强制断行的自动换行符。其中,自动换行符与直接按回车键换行不同,这种方法产生的换行符也称"软回车",此时新行仍将作为当前段的一部分。

注意：默认情况下分隔符自动隐藏。单击"开始"选项卡下"段落"组中的"显示/隐藏编辑标记"可以使分隔符显示。若要删除分隔符，可以选择分隔符或将光标置于分隔符前面，然后按 Delete 键即可。

4.页码设置

页码用来表示每页在文档中的顺序编号，在 Word 中添加的页码会随文档内容的增删而自动更新。

（1）插入页码

单击"插入"选项卡下"页眉和页脚"组中的"页码"按钮。在弹出如图 3-50 所示的列表中，设置页码在页面的位置和"页边距"。如果要更改页码的格式，可选择弹出列表中的"设置页码格式"命令，然后在打开的如图 3-51 所示"页码格式"对话框中设置编号格式以及页码编号是否接续前节。

（2）删除页码

若要删除页码，只需要单击"插入"选项卡下"页眉和页脚"组中的"页码"按钮，在弹出的下拉列表中选择"删除页码"命令即可。

如果页码是在页眉/页脚处添加的，双击页眉或页脚编辑区进入页眉/页脚编辑状态，选中页码所在的文本框，按 Delete 键或 BackSpace 键即可。

图 3-49　"分隔符"列表　　　　图 3-50　"页码"列表　　　　图 3-51　"页码格式"对话框

5.页眉和页脚设置

页眉和页脚位于每个页面的顶部和底部。常用于显示文档的附加信息，可以插入时间、图形、页码、公司微标、文档标题、文件名或作者姓名等。在添加页眉和页脚时，必须切换到页面视图下，因为只有在页面视图和打印预览的方式下才能看到页眉和页脚效果。

默认情况下，插入的页眉和页脚会自动应用于整个文档。通过设置，可以产生首页不同、奇偶页不同的页眉和页脚。此外，利用分节符将文档分成若干节并断开各节的链接，可以对不同的节设置不同的页眉和页脚。

（1）插入页眉/页脚

单击"插入"选项卡下"页眉和页脚"组中的"页眉"按钮。在弹出的如图 3-52 所示列表中，可选择系统预设的页眉样式，或单击"编辑页眉"进入页眉/页脚编辑状态直接编辑。使用同样的方法可以插入页脚。

图 3-52　"页眉"列表

进入页眉/页脚编辑状态后,可以激活"页眉和页脚工具"的"设计"选项卡,如图 3-53 所示。页眉/页脚编辑完毕后,单击"设计"选项卡下"关闭"组中的"关闭页眉和页脚"按钮可以退出页眉/页脚编辑状态。此外,在该选项卡中还可以设置页眉和页脚距顶部与底部的距离,设置首页不同、奇偶页不同等。

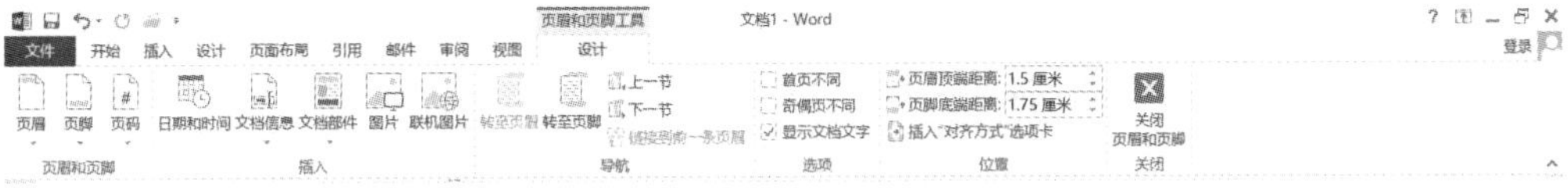

图 3-53　"页眉和页脚工具"的"设计"选项卡

注意:默认生成的页眉内容底部会有一条横线,这条横线并不是文字的下划线,而是文字的下边框。若要去掉这条横线,可以先进入页眉/页脚编辑状态,选中整个页眉段落(包括回车换行符),再单击"开始"选项卡下"段落"组中的"边框"按钮右侧的小箭头,在弹出的列表中选择"无边框",或选择"边框和底纹",在打开的对话框中进行设置即可。

(2)删除页眉/页脚

若要删除页眉,只需要单击"插入"选项卡下"页眉和页脚"组中的"页眉"按钮,在弹出的下拉列表中选择"删除页眉"命令即可,也可以双击页眉或页脚编辑区进入页眉/页脚编辑状态,直接删除页眉内容即可。使用同样的方法可以删除页脚。

6.插入题注和交叉引用

一篇长文档中通常有多张图片,通常每张图片都会编号并加上题注,如果中间有一张图片被删除,后面的图片编号都需要修改。与此同时,文档中对这些图片编号的引用也需要随之改变。Word 中的题注和交叉引用功能能有效地解决这个问题。当图片或表格编号时使用题注,对图片或表格编号引用时使用交叉引用,删除其中某个图片的题注后,后面的图片编号和引用编号都可以自动修改。

(1)插入题注

插入图片后,单击"引用"选项卡下"题注"组中的"插入题注"按钮,或者在图片上单击鼠标右键,在弹出列表中选择"插入题注"命令,可打开如图 3-54 所示"题注"对话框。在"标签"下拉列表中可以选择适合的题注标签。若列表中没有适合的标签,可单击"新建标签",打开"新建标签"对话框创建自定义的题注标签。"题注"编辑框会根据所选的标签自动生成插入题注的编号。最后单击"确定"按钮即可。

（2）插入交叉引用

将光标定位于需要引用图片题注编号的位置，单击"引用"选项卡下"题注"组中的"交叉引用"按钮，打开如图 3-55 所示"交叉引用"对话框，在对话框中选择对应的"引用类型""引用内容"和"引用题注"，单击"插入"按钮即可。

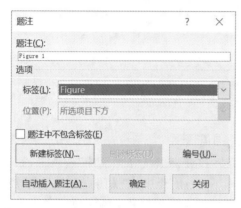

图 3-54　"题注"对话框　　　　　　图 3-55　"交叉引用"对话框

（3）更新题注和交叉引用的编号

默认情况下，在文档中插入新的题注和交叉引用时，此后的图片题注和交叉引用标号会自动修改。若在文档中删除图片的题注和交叉引用，则可以选择需要更新的题注和交叉引用所在的段落，单击鼠标右键，在弹出菜单中选择"更新域"命令使此后的图片题注和交叉引用编号自动更新。

7. 文档审阅

审阅功能主要是考虑到多人协作处理文档的情况，其目的是实现多人对同一个文档的协作处理。在编辑文档时经常需要多人协同处理，Word 将对文档的编辑处理都记录下来，类似于一个记录器的功能。例如在审阅别人的文档时，打开该功能之后对文档进行的修改都会被记住，以便今后查看。

例如，学生的毕业论文请老师修改，老师可利用"审阅"选项卡中"批注"和"修订"功能对论文进行修改，此时，老师的修改情况都标记下来。学生通过审阅功能可以看到老师的批注和修改，同意老师的修改可以接受，不同意老师的修改可以拒绝。

（1）插入批注

将光标定位于要加入批注的位置，单击"审阅"选项卡下"批注"组中的"新建批注"按钮，此时文档右侧将自动出现红色的文本框，在其中输入批注内容即可。

（2）删除批注

选择要删除的批注，单击"审阅"选项卡下"批注"组中"删除"按钮的小箭头，在弹出的列表中选择"删除"命令即可删除本条批注。此外，还可选择"删除文档中所有批注"一次性删除文档中包含的全部批注。

（3）激活修订模式

单击"审阅"选项卡下"修订"组中"修订"按钮的小箭头，在弹出的列表中选择"修订"命令即可激活修订模式,如图 3-56 所示。进入修订模式后,对文档进行插入、删除、替换以及移动等编辑操作时,Word 会使用一种特殊的标记来记录所做的修改,以便于其他用户或者原作者知道文档所做的修改。

图 3-56　设置"修订"模式

用户还可以根据实际情况决定是否接受这些修订。如图 3-56 所示,在"审阅"选项卡上"更改"组中的"上一条"和"下一条"按钮可以用于定位被修改的位置。"接受"和"拒绝"按钮提供了有关接受修订和拒绝修订的功能列表。

8.窗口拆分

对于一篇长文档而言,编辑时经常需要参照前面内容。使用鼠标滚轮或拖动滚动条来回切换参考内容和编辑内容,这样既耗时又容易遗忘,不利于用户编辑文档。Word 在"视图"选项卡下"窗口"组提供了拆分功能,单击"拆分"按钮,可以将文档拆分为上下两个子窗口。两个子窗口都有独立的滚动条,可以定位到文档的任意位置,这样就可在任一子窗口编辑时,查看另一个子窗口内容作为参考。

9.预览与打印

文档编辑完毕后,如果需要打印输出,应该对文档进行最后的整体效果检查和打印前的设置。

(1)预览文档

单击"文件"菜单的"打印"命令,或单击"快速访问工具栏"中的"打印预览和打印"命令,即可进入如图 3-57 所示"打印预览"窗口,在窗口右侧预览框可查看要打印文档的外观。在预览框的右下角拖动滑块,可以改变预览页面的比例,调整单页或多页预览。在预览框的右侧上下拖动滑块,可以改变预览的页面。

图 3-57　"打印预览"窗口

（2）打印设置

在如图 3-57 所示"打印预览"窗口左侧区域可以进行打印参数设置。这里包括打印范围、单双页打印、逐份打印、逐页打印、横向纵向打印、纸张大小、打印边距、多版面打印和放缩打印等设置。

其中，在"页数"文本框中可以输入具体打印的页数。如果打印不连续的若干页，则输入用逗号分隔的页码，例如打印第 1、第 3 和第 6 页，可在"页码"文本框内输入"1,3,6"；若打印连续的几页，可按"起始页码-终止页码"的格式输入指令，例如要打印第 2 至第 6 页，可输入"2-6"；如果连续页中间有间断，可用逗号进行分隔。例如打印第 6 至第 9 页和第 12 至第 15 页，可输入"6-9,12-15"。

3.1.9　综合案例 4——利用 Word 2013 进行毕业论文编排

在进行毕业论文的编排之前，学生首先应仔细阅读本校毕业论文的排版要求，再对论文进行编排。本节以 XX 大学的毕业论文规范为例，运用 3.1.8 节介绍的部分功能编辑一篇信息安全专业的毕业论文。

【排版要求】

××大学本科毕业设计（论文）规范对毕业论文排版格式要求如下：

1. 毕业论文结构要求

毕业论文主要包括：毕业设计（论文）封面、中文摘要、英文摘要、目录、正文、参考文献、致谢、附录。

2. 各部分的具体排版要求（省略与本节内容无关的部分）

（1）目录

目录主要包括毕业设计（论文）正文、参考文献、致谢、附录（如有）等。中英文摘要在目录中不出现。目录按三级标题编写，要求层次清晰，且要与正文标题一致。目录标题字体为"黑体"，字号为"小四"。标题与页码间采用"……"前导符连接，并标明页码。

（2）正文

毕业设计（论文）撰写的题序层次按表 3-2 要求书写。

表 3-2　毕业设计（论文）层次代号及说明

章	1（空一格）××××	第一层次（章）题序和标题，顶格，用小二号黑体字，前面空 1 行（小四号字）。题序和标题之间空 1 个字符，不加标点，左对齐。
节	1.1（空一格）×××××	第二层次（节）题序和标题，顶格，用小三号黑体字。题序和标题之间空 1 个字符，不加标点，左对齐。
条	1.1.1（空一格）××××	第三层次（条）题序和标题，顶格，用四号黑体字。题序和标题之间空 1 个字符，不加标点，左对齐。

此外，文中正文用小四号宋体字（西文及阿拉伯数字用 Times New Roman 字体），行间距 1.25 倍。

3. 具体文档元素要求

（1）表格

　　表格一般采取三线制,不加左、右侧边线,上、下底边线为粗实线(1.5 磅),中间为细实线(0.75 磅)。比较复杂的表格可适当增加横线和竖线。

　　表序按章编排,例如第 1 章第 1 个插表序号为"表 1.1",第 2 章第 5 个插表为"表 2.5"。表序与表名之间空一格,表名不使用标点符号。表序与表名居中置于表上,采用五号宋体字。

　　(2)图片

　　插图应符合国家标准或行业标准,与文字紧密配合,文图相符,技术内容正确。应统一按章编排,例如第 1 章第 1 幅图为"图 1.1",第 2 章第 5 幅图为"图 2.5"。图序号、图中文字用五号宋体。

　　(3)公式

　　原则上居中书写。若公式前有文字(例如"解""假定"等),文字顶格书写,公式仍居中写,公式末不加标点。公式序号应统一按章编序,例如第 1 章第 1 个公式序号为"(1.1)",第 2 章第 5 个公式序号为"(2.5)"。公式序号排在版面右侧,且距右边距离相等。文中引用公式时,一般用"见式(1.1)"或"由公式(1.1)"。

　　(4)页眉

　　页眉从正文开始到"致谢"部分,一律为"××大学本科毕业论文",字体为"宋体",字号为"五号",居中显示。

　　(5)页码

　　页码 "目录"部分,按罗马数字字符"Ⅰ,Ⅱ,Ⅲ,……"编号格式。正文开始到"致谢"部分,按阿拉伯数字字符"1,2,3,……"编号格式。字体为"宋体",字号为"五号",在页脚内居中显示。

【效果展示】

　　根据××大学毕业论文排版要求,提取的标题目录如图 3-58 所示,正文设置效果如图 3-59 所示。

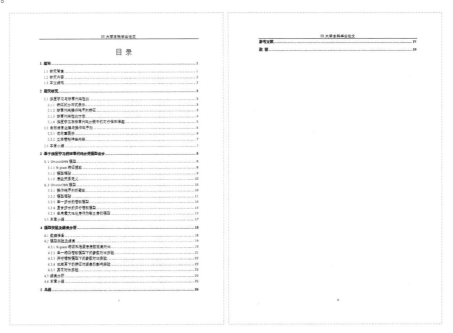

图 3-58　标题目录效果

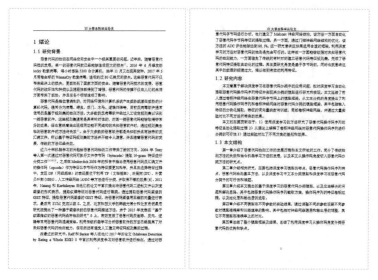

图 3-59　正文效果

【制作思路】

根据××大学毕业论文排版要求，对文档进行排版布局、内容划分，以及各部分页眉和页码的设置。

1.论文排版布局

本案例主要涉及封面、目录、正文、参考文献、致谢共五个部分。

2.分隔文档内容

文档排版布局时，虽然封面、目录、正文、参考文献、致谢各个部分都以不同的标题将其区分开，但是若要对这些不同的部分设置不同的页眉和页码就必须将它们分隔开。在 Word 2013 中可以使用插入"分隔符"中的"分节符"的方法将文档的不同部分划分成不同的节，然后可对不同的节设置不同的页眉和页码。

3.图片、表格和公式的序号维护

毕业论文这类长文档通常包含大量图片、表格和公式，在插入或删除图片、表格和公式时序号的维护就成了一个大问题，例如在第二章的第一张图（图 2.1）前插入一张新的图片，则原来的图 2.1 需要修改为图 2.2，图 2.2 需要修改为图 2.3……，而且文档中还有很多内容对这些图片的引用，例如"如图 2.1 所示"。图片较多，引用也很多时，手动修改这些序号变得十分费时费力，而且还容易遗漏。表格和公式也存在同样的问题。在 Word 2013 中使用"插入题注"和"交叉引用"的功能可以实现图片、表格和公式序号及其引用的自动更新。

【操作步骤】

1.创建毕业论文文档并完成文字输入

选择"文件"菜单中的"新建"项，单击"空白文档"。然后选择"文件"菜单中的"另存为"项，在"另存为"对话框中修改文档的文件名为"毕业论文"，并将文档保存在磁盘上。然后输入毕业论文包含的文字内容。

2.设置毕业论文各部分字体和段落格式

（1）使用前文介绍的方法选择全文，设置字体为小四号宋体字，段落的行距 1.25 倍，首行缩进为 2 个字符。

(2)修改"开始"选择卡下"样式"组中的"标题 1"、"标题 2"和"标题 3"的标题样式。选择第 1 层级的标题应用修改后的"标题 1"样式。类似地,应用第 2 和第 3 层级的标题样式。

(3)使用前文介绍的方法将论文中所有西文及阿拉伯数字字体替换为"Times New Roman"字体。

3.生成目录

将光标定位在"目录"标题后,单击"引用"选项卡下"目录"组中的"目录"按钮,在弹出如图 3-60 所示的对话框中选择"自定义目录"项,在打开的"目录"对话框中设置前导符连接为"……",显示级别为 3 级,单击"确定"按钮即可实现目录提取。选择整个目录设置字体为"黑体",字号为"小四"。

图 3-60　"目录"对话框

4.使用分隔符划分文档

插入"分节符"将封面、目录和正文部分划分成不同的节。将光标定位在"目录"前的空行前,单击"页面布局"选项卡下"页面设置"组中的"分隔符"按钮,在弹出列表中选择"分节符(下一页)"项即可将"封面"和"目录"部分分成两节。使用同样的方法,可在"1 绪论"前的空行前插入"分节符(下一页)",将"目录"和"正文"部分分成两节。

插入"分页符"使正文各章、参考文献和致谢部分各第 1 层级的标题另起一页开始。将光标定位于"2 相关研究"前的空行前,单击"页面布局"选项卡下"页面设置"组中的"分隔符"按钮,在弹出列表中选择"分页符"项即可。使用同样的方法,可在正文其余各章、参考文献和致谢部分第 1 层级标题前的空行前插入"分页符"。

5.设置页眉和页码

文档分节后,系统默认将后一节的页眉和页脚链接到前一节,即"与上一节相同"默认链接。本文档共分为封面、目录、正文(包括参考文献和致谢部分)3 节。设置页眉必须先取消第

2 节与第 1 节页眉的链接。将光标定位于文档第 2 节（目录部分）任意位置，单击"插入"选项卡下"页眉和页脚"组中的"页眉"按钮，在弹出列表中选择"编辑页眉"，则进入第 2 节的编辑页眉状态，如图 3-61 所示。然后单击"页眉和页脚工具"的"设计"选项卡下"导航"组中的"链接到前一条页眉"按钮，使其不被选中，此时页眉右侧的"与上一节相同"提示消失。接下来在页眉编辑区输入"××大学本科毕业论文"，字体为"宋体"，字号为"五号"，居中显示。

图 3-61　编辑页眉

　　页码的设置与页眉类似，先必须取消各节页脚的链接。将光标定位于文档第 2 节（目录）任意位置，单击"插入"选项卡下"页眉和页脚"组中的"页脚"按钮，在弹出的列表中选择"编辑页脚"，则进入第 2 节的编辑页脚状态，如图 3-62 所示。然后单击"页眉和页脚工具"的"设计"选项卡下"导航"组中的"链接到前一条页眉"按钮，使其不被选中，此时页脚右侧的"与上一节相同"提示消失。使用同样的方法，取消第 3 节与第 2 节页脚的链接。再次进入第 2 节的编辑页脚状态，单击"插入"选项卡下"页眉和页脚"组中的"页码"按钮，在弹出如图 3-63 所示的"页码"菜单中选择"页码底部"子菜单的"普通数字 2"项（页码底部居中显示），此时页码以阿拉伯数字字符"1,2,3,……"格式显示。单击"页码"弹出列表中的"设置页码格式"项，打开如图 3-64 所示"页码格式"对话框，选择编号格式为罗马数字字符"Ⅰ,Ⅱ,Ⅲ,……"即可。使用同样的方法，可以为第 3 节设置阿拉伯数字字符"1,2,3,……"格式的页码。

图 3-62　编辑页脚

图 3-63　"页码"菜单　　　　3-64　"页码格式"对话框

6.图表的自动编号

将光标定位在文档第 2 章中插入的第 1 张图片下方图片名称前，单击"引用"选项卡下"题注"组中的"插入题注"按钮,可打开如图 3-65 所示"题注"对话框,在对话框中单击"新建标签"
按钮,在如图 3-66 所示的"新建标签"对话框中设置标签为"图"并确定。单击图 3-65 中"编
号"按钮,弹出"题注编号"对话框,勾选"包含章节号"复选框,并在"使用分隔符"列表中选择
"句点"选项,单击"确定"按钮完成第 2 章图片标签的设置。此时,"题注"对话框中的"标签"下
拉列表"图"项被选中,"题注"对应的文本框自动显示为"图 2.1",单击"确定"按钮完成对第 2
章插入的第 1 张图片的自动编号。使用同样的方法可以对文档中其余图片自动编号。

图 3-65 "题注"对话框   3-66 "新建标签"对话框

7. 参考文献自动编号

将光标定位在参考文献部分的第 1 篇参考文献前,参照前文添加"编号"的方法,单击"开
始"选项卡下"段落"组中的"编号"右侧的小箭头,在弹出的列表中选择"定义新编号格式"项。
打开如图 3-67 所示"定义新编号格式"对话框中"编号格式"文本框中删除"1"后的"."并加上
"[]",单击"确定"按钮即可。在其余参考文献前单击快捷键 F4,即可重复以上操作,对其余参
考文献自动编号。

图 3-67 "定义新编号格式"对话框

8.图表和参考文献的引用

将光标定位在需要引用图表和参考文献的位置,单击"引用"选项卡下"题注"组中的"交叉引用"按钮,再打开"交叉引用"对话框,选择对应的"引用类型""引用内容"和"引用题注",单击"插入"按钮即可。其中对于参考文献的引用需要将引用编号设置为"上标"。

9.更新目录

将光标定位在"目录"内容的任意位置,单击鼠标右键,在弹出的菜单中选择"更新域"项,在打开的"更新目录"对话框中选择"更新整个目录",单击"确定"按钮即可。

3.2　电子表格软件 Excel

日常工作中除了文字处理之外,表格的数据处理同样应用广泛。Excel 2013 是微软公司推出的一款功能强大的表格数据处理软件,属于 Microsoft Office 的组件之一。它可以方便快捷地完成表格数据处理及分析,由于其直观的用户界面和优秀的计算功能,Excel 成为最流行的计算机数据处理软件。

本节主要介绍 Excel 的基本概念、编辑数据、格式化工作表、数据计算、数据管理及图表生成等功能,并结合典型案例给出具体操作步骤。希望结合实际案例的学习,能加深读者对 Excel 各项功能的理解。

3.2.1　认识 Excel 2013

1. Excel 2013 工作界面

成功启动 Excel 2013 之后,会看到 Excel 2013 的工作界面。如图 3-68 所示,Excel 2013 窗口主要包括快速访问工具栏、标题栏、选项卡、功能区、编辑栏、工作表编辑区、状态栏等部分。

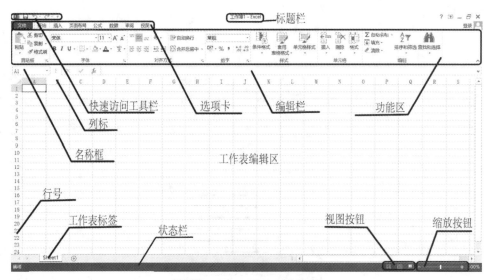

图 3-68　Excel 2013 工作界面

Excel 2013 窗口的主要功能的描述如下:

(1)选项卡

在 Excel 2013 窗口的标题栏下方是选项卡栏,单击选项卡可以切换到与之相对应的功能区面板。选项卡分为主选项卡、工具选项卡。默认情况下,Excel 2013 窗口提供的是主选项卡,从左到右依次为文件、开始、插入、页面布局、公式、数据、审阅及视图。当表格中某些特殊元素(例如图片、图表等)被选中操作时,在选项卡栏的右侧都会出现相应的工具选项卡。例如插入"图表"后,就能在选项卡栏右侧出现"图表工具"工具选项卡,表格工具下面有两个工具选项卡:设计和格式。

(2)功能区

每选择一个选项卡,会打开对应的功能区面板,每个功能区根据功能的不同又分为若干个功能组。鼠标指向功能区的图标按钮时,系统会自动在光标下方显示相应按钮的名字和操作,单击各个命令按钮组右下角小箭头(如果有的话)可打开下设的对话框或任务窗格。

下面简单介绍一下 Excel 2013 的默认选项卡上功能区。

"开始"功能区包括"剪贴板""字体""对齐方式""数字""样式""单元格""编辑"七个组,每个组中分别包含若干个相关命令,分别完成复制与粘贴、文字编辑、对齐方式、样式应用与设置、单元格设置、单元格与数据编辑等功能。

"插入"功能区包括"表格""插图""图表""迷你图""筛选器""链接""文本""符号"八个组,完成数据透视表、插入各种图片对象、创建不同类型的图表、插入迷你图、创建各种对象链接、交互方式筛选数据、页眉和页脚、使用特殊文本、符号的功能。

"页面布局"功能区包括"主题""页面设置""调整为合适大小""工作表选项""排列"五个组,主要完成 Excel 表格的总体设计、设置表格主题、页面效果、打印缩放、各种对象的排列效果等功能。

"公式"功能区包括"函数库""定义的名称""公式审核""计算"四个组,主要用于数据处理,实现数据公式的使用、定义单元格、公式审核、工作表的计算。

"数据"功能区包括"获取外部数据""连接""排序和筛选""数据工具""分级显示""分析"五个组,主要完成从外部数据获取数据来源、显示所有数据的连接、对数据排序或筛查、数据处理工具、分级显示各种汇总数据、财务和科学分析数据工具的功能。

"审阅"功能区包括主要包括"校对""中文简繁转换""语言""批注""更改"五个组,用于提供对表格的拼写检查、批注、翻译、保护工作簿等功能。

"视图"选项卡:主要包括:"工作簿视图""显示""显示比例""窗口""宏"五个组,提供了各种 Excel 视图的浏览形式与设置。

(3)快速访问工具栏

Excel 中快速访问工具栏与 Word 功能相同,可实现常用操作工具的快速选择和操作。例如保存、撤销、恢复、打印预览等。也可通过 Excel 选项对话框自定义快速访问工具栏中的功能。

(4)编辑栏

编辑栏位于功能区下方,主要用于显示或编辑名称框中单元格的数据、公式或函数。

(5)工作表标签

每个工作表有一个名字,工作表名显示在工作表标签上。其中白色的工作表标签表示活动工作表。单击某个工作表标签,就可以将该工作表设为活动工作表。一个 Excel 的工作簿文件可以包含多张工作表,但是同一时刻只有一个活动工作表。

2.基本概念

(1)工作表和工作簿

工作簿就是 Excel 文件,Excel 2003 及以前的版本扩展名为". xls",Excel 2007 以后的版本的扩展名为". xlsx"。启动 Excel 2013 时,系统会自动创建一个名为"工作簿 1"的文件,这个文件中默认包含一个名为"sheet1"的工作表,用户可以以"插入"方式添加新的工作表。工作表是 Excel 进行组织和管理数据的地方,用户可以在工作表上输入数据、编辑数据、设置数据格式、排序数据和筛选数据等。工作簿和工作表是包含与被包含的关系,工作簿就像一个文件夹,里面可以包含多个文件,这些文件就是工作表。Excel 2013 中一个工作簿文件能包含的工作表数量由系统内存大小决定。

(2)单元格与单元格区域

每张工作表都是一个二维表,表中行与列交叉组成的方格称为"单元格"。工作表每列的列标以 A,B,C,……方式编号,每行的行号以 1,2,3,……方式编号。单元格的名称用列标加行号的方式表示,也称为单元格的地址。例如某单元格处于 C 列和 5 行交叉处,则取名称为 C5。

在 Excel 中,当前被选中的单元格称为活动单元格,它将以加粗的黑色边框显示。若同时选中两个或多个单元格时,这组单元格称为单元格区域。单元格区域可以是相邻连续的,也可以是不连续的。表示连续单元格区域可以使用":",例如,由 C3 单元格到 E7 单元格的矩形区域可以表示为 C3:E7。而表示不连续单元格可以使用",",例如,由 B2,C5,C7 和 D2 组成的单元格区域可以表示为 B2,C5,C7,D2。

(3)填充柄

在工作表中选定一个单元格或单元格区域,将鼠标移至加粗的黑色边框右下角时,会出现一个黑色"+",这就是填充柄。通过按住鼠标左键拖动填充柄可快速完成单元格格式、序号填充、公式复制等功能。

3.2.2 Excel 编辑数据

1.单元格中输入数据

先选定单元格,然后在选定的单元格中直接输入数据,或选定单元格后,在编辑栏中输入和修改数据。单击单元格便能选定该单元格。一个单元格的数据输入完毕后,可以按光标移动键"←""→""↑""↓"或单击下一个单元格继续输入数据。

2.各种类型数据的输入

在 Excel 中的文本数据通常是指字符或任何数字和字符的组合。与 Word 不同,在 Excel 单元格中输入某些特殊类型的数据,需要依照相应的方法输入才行。以下是这些特殊类型数据输入的方法:

(1)输入文本格式的数字时,例如学号、电话号码、身份证号码等,应先输入英文单引号"'"再输入数字,例如输入学号 20190121001,须输入"'20190121001",然后单击 Enter 键,此时"'"并不显示在单元格内。文本默认的对齐方式为"左对齐",数值数据默认的对齐方式为"右对齐"。

(2)输入分数时,须在分数前输入"0"表示区别,并且"0"和分子之间用空格隔开。例如要输入分数"5/8",须输入"0 5/8",然后单击 Enter。

(3)输入日期时,由于在 Excel 中采用的日期格式有:年-月-日或年/月/日。用户可以用斜杠"/"或"-"来分隔日期的年、月、日。例如 2019 年 10 月 1 日,可表示为 19/10/1 或 19-10-1。当在单元格中输入 19/10/1 或 19-10-1 后,Excel 会自动将其转换为默认的日期格式,并将 2 位数表示的年份更改为 4 位数表示的年份。

（4）输入时间。在单元格中输入时间的方法有两种：按 12 小时制或按 24 小时制输入。两者的输入方法不同，如果按 12 小时制输入时间，要在时间数字后加一空格，然后输入 a（AM）或 p（PM），字母 a 表示上午，p 表示下午，例如下午 4 时 49 分 25 秒的输入格式为 4:49:25p。而如果按 24 小时制输入时间，则只需输入 16:49:25 即可。如果用户只输入时间数字，而不输入 a 或 p，则 Excel 将默认是上午的时间。

3.设置数据验证

Excel 2013 中提供了数据验证功能，通过设置单元格可接受数据的类型和范围，既可以有效地避免输入错误，也可以对已输入的数据进行有效性检测，并圈释无效数据。例如设置某个单元格的"有效性条件"为"介于 0 到 100 的整数"，那么当输入的数据不在此范围，则会弹出错误信息。

设置方法为：单击"数据"选项卡下"数据工具"组中的"数据验证"按钮，在弹出如图 3-69 所示的"数字验证"对话框中设置"验证条件"及"出错警告"信息即可。

图 3-69　"数字验证"对话框

4.添加批注

在 Excel 中可以为某个单元格添加批注，批注一般是简短的提示性内容。例如一个记录人名的单元格添加批注，在批注中记录这个人的电话号码。

添加方法为：先选择单元格，单击"审阅"功能卡下"批注"组的"新建批注"按钮；或在选择的单元格上单击鼠标右键，在弹出菜单中选择"插入批注"命令。此时，在单元格旁弹出黄色背景的批注编辑框，在编辑框中输入批注内容即可。

添加了批注的单元格右上角会出现一个红色的小箭头标志，当鼠标移动到有批注的单元格时，相应的批注内容自动弹出显示。

5.移动和复制单元格

移动和复制单元格的基本操作与 Word 中移动和复制文本相同。选择需要移动的单元格，将鼠标放置于单元格边缘，当鼠标变成四向箭头形状时，拖动鼠标即可完成移动操作。类似地，在拖动鼠标的同时按下 Ctrl 键即可完成复制操作。此外，常用的复制、剪切、粘贴的快捷键同样可以完成单元格的移动和复制。

需要注意的是 Excel 中可以进行选择性粘贴，选择性粘贴可以选择粘贴的内容为公式、数值、格式、批注、验证等。应用选择性粘贴的方法是：先复制某个单元格或单元格区域内容，再选择需要粘贴的单元格,然后单击鼠标右键便可弹出如图 3-70 所示包含"粘贴选项"的菜单。若将鼠标移动到"选择性粘贴"命令,则弹出包含更详细粘贴类型和"选择性粘贴"详细设置命令的子菜单。另外,选择需要粘贴的单元格,单击"开始"选择卡下"剪贴板"组的"粘贴"按钮下方小箭头,在弹出列表中选择"选择性粘贴"命令也可以打开如图 3-71 所示"选择性粘贴"对话框。

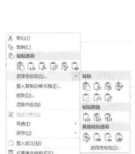

图 3-70 粘贴选项　　　　图 3-71 "选择性粘贴"对话框

6.自动填充

在 Word 中通常使用复制的方法输入重复文本,而在 Excel 中可以使用自动填充功能实现重复数据的输入。自动填充功能可以快速填充多个单元格,它提高了数据输入效率与准确性。此外,自动填充功能不仅可以输入重复数据,还可以按规则自动生成特定序列的数据。

(1)复制相同数据

通过拖动单元格填充柄,可将某个单元格中的数据复制到同一行或同一列的其他单元格中。其操作步骤是:先在单元格中输入数据,再将鼠标指针移到该单元格的右下角,当出现实心"+"时,按住鼠标左键拖动鼠标就能将这个数据复制到填充柄移动过的单元格区域中。例如,在单元格 B2 中输入数据"武汉",若拖动填充柄到 B10,则 B2 单元格中的"武汉"就被复制到 B3～B10 单元格中。同理,数字、逻辑常量都可以通过拖动填充柄的方法进行复制。

(2)序列填充

工作表中可以自动填充某些有规律的数字、日期或其他数据序列。例如,要在"月份"列中输入"一月,二月,…,十二月",只要在 A2 单元格中先输入"一月",再将鼠标指针移到该单元格的右下角,当出现实心"+"时,按住鼠标左键向下拖动鼠标,便能得到所需要的数据。

会产生自动填充序列效果的原因在于 Excel 预定义了一些内置的序列。此外,通过单击"文件"菜单的"选项"命令,在打开的如图 3-72 所示"Excel 选项"对话框中单击"编辑自定义列表"按钮,可打开如图 3-73 所示"自定义序列"对话框,用户可在该对话框中自定义序列。

图 3-72　"Excel 选项"对话框　　　　　　　　　图 3-73　"自定义序列"对话框

（3）自动填充数据序列

自动填充数据序列的方法有很多，这里主要介绍使用"开始"选项卡下"编辑"组中的"填充"按钮来实现填充的方法，其操作步骤如下：

①在某个单元格或单元格区域中输入数据。

②选定从该单元格开始的行或列单元格区域。

③单击"开始"选项卡下"编辑"组中的"填充"按钮，在下拉菜单中选择"序列"。

④在如图 3-74 所示"填充"菜单中选择相应方向的填充命令。若单击"向右"命令，Excel会在选定单元格右边区域自动填充与第 1 个单元格相同的数据，或单击"序列"菜单，打开如图3-75 所示"序列"对话框，根据需要选择填充。

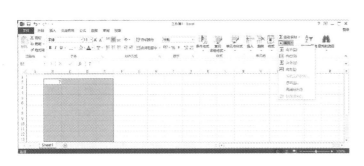

图 3-74　"填充"菜单　　　　　　　　　　　图 3-75　"序列"对话框

7. 查找与替换

工作表中有大量数据时，如果需要在工作表中查找某些内容，仅仅依靠人工逐个单元格查找既耗时又容易出错，尤其是在一个包含大量数据的工作表或工作簿文件中。Excel 提供了方便高效的查找和替换功能来完成这一任务。

单击"开始"选项卡下"编辑"组中的"替换"按钮，打开"查找和替换"对话框，单击对话框中"选项"按钮，可显示如图 3-76 所示的"查找和替换"对话框。在"查找内容"编辑框中输入需要查找的内容，在"替换"编辑框中输入待替换的内容，单击"替换"或者"全部替换"按钮可以完成一次替换或对查找范围内所有内容的替换。其中，范围列表可选择查找范围为"工作表"或"工作簿"。

图 3-76 "查找和替换"对话框

8.管理工作表

在 Excel 2013 中首次创建一个新的工作簿文件时,默认会包含一个 sheet1 工作表。在实际应用中,根据应用需求不同,需要的工作表数目不尽相同。例如,一份公司全年每月员工工资薪酬表就需要 12 个工作表,而一份公示全年各季度销售情况表则需要 4 个工作表。对应工作簿,可以在工作表标签上单击鼠标右键,在弹出如图 3-77 所示的菜单中,能实现对工作表插入、删除、重命名、移动或复制等一系列基本操作。

9.拆分和冻结窗口

(1)拆分窗口

当工作表中需要查看的数据可能相距较远而无法在同一窗口显示时,可以将窗口拆分独立显示并可滚动的不同部分。在"视图"选项卡下"窗口"组中单击"拆分"按钮,以当前单元格为坐标,将窗口拆分为 4 个,每个窗口均可进行编辑,再次单击"拆分"按钮可以取消窗口拆分效果。

(2)冻结窗格

如果表格需要输入的记录很多,又或是表格包含的列非常多时,为了让列标题或行数据在输入的过程中始终可见,可以使用冻结窗格功能。选择工作表中需要固定的行的下方与列交汇的单元格,单击"视图"选项卡下"窗口"组中"冻结窗格"按钮,从弹出如图 3-78 所示"冻结窗格"菜单中选择"冻结拆分窗格"项即可。此后,当前单元格上方的行和左侧的列始终保持可见,不会随用户操作滚动条而从窗口中消失。

图 3-77 工作表的基本操作

图 3-78 "冻结窗格"菜单

3.2.3 Excel 格式化工作表

Excel 工作表创建完毕后,可以对工作表进行格式化设置,以实现按某些特殊的格式显示的效果以达到提高美观性的作用。

1. 设置单元格格式

对于单元格常用的简单格式化操作，例如设置字体样式、对齐方式、数字显示格式等，Excel 的"开始"选项卡提供了方便快捷的按钮实现这些功能。而对于比较复杂的格式化设置，用户需要选择单元格，单击鼠标右键，在弹出的菜单中选择"设置单元格格式"命令，并在打开的如图 3-79 所示"设置单元格格式"对话框中完成设置即可。

图 3-79　"设置单元格格式"对话框

通过选择不同的选项卡可以完成以下设置：

(1) 数字：可将输入的数据以数值、货币、日期、时间、百分比、科学记数和文本等格式显示。

(2) 对齐：可设置文本在单元格中显示的位置，包括对齐方式、文字方向、自动换行、缩小字体填充、合并单元格等操作。

(3) 字体：可设置字体、字形、字号、下划线、颜色、特殊效果等。

(4) 边框：默认情况下，Excel 工作表中的单元格是无边框的，工作表中的灰色边框线直接打印时不会显示出来。实际应用中通常需要在打印工作表内显示出单元格的边框线，这里可以对单元格设置内外边框、线条样式及颜色。

(5) 填充：可设置单元格的背景色、填充效果、图案样式、图案颜色等，以达到美化表格、突出显示的效果。

(6) 保护：用以锁定、隐藏单元格的数据。

2. 设置行和列

在编辑工作表的过程中，经常需要进行单元格、行和列的插入和删除等编辑操作，接下来就介绍在工作表中插入和删除行、列和单元格的操作。

(1) 插入行、列和单元格

在工作表中选择要插入行、列和单元格的位置，在"开始"选项卡下"单元格"组中单击"插入"按钮旁的倒三角按钮，弹出如图 3-80 所示的"插入"菜单。在菜单中选择相应命令即可插入行、列和单元格。其中选择"插入单元格"命令，会打开如图 3-81 所示的"插入"对话框。在该对话框中可以设置插入单元格后如何移动原有的单元格。

图 3-80　插入行、列和单元格

图 3-81　"插入"对话框

（2）删除行、列和单元格

需要在当前工作表中删除某行（列）时，操作与插入时类似，单击行号（列标），选择要删除的整行（列），然后在"单元格"组中单击"删除"按钮旁的倒三角按钮，在弹出的菜单中选择选中相应的命令即可。

（3）调整行高和列宽

在向单元格输入文字或数据时，经常会出现有的单元格中的文字只显示了一半；有的单元格中显示的是一串"♯"符号，而在编辑栏中却能看见对应单元格的数据。出现这些现象的原因在于单元格的宽度或高度不够，不能将其中的文字正确显示。因此，需要对工作表中的单元格高度和宽度进行适当的调整。设置方式与插入和删除类似，在"单元格"组中单击"格式"按钮旁的倒三角按钮，在弹出的如图 3-82 所示"格式"菜单中选择相应的命令即可。

3.条件格式

条件格式，顾名思义就是数据按照一定的条件以不同的格式显示。在 Excel 中编辑数据时，用户可以运用条件格式功能，按指定公式或数值来确定搜索条件，筛选工作表中的数据，并利用文字大小、颜色等格式区别显示满足不同条件的数据。

设置方法为，选择需要使用条件格式的单元格区域，单击"开始"选项卡下"样式"组中的"条件格式"按钮旁的倒三角按钮，在弹出的如图 3-83 所示"条件格式"菜单中选择相应的命令即可。

图 3-82　"格式"菜单

图 3-83 "条件格式"菜单

4.单元格样式

样式就是字体、字号和缩进等格式设置特性的组合，将这一组合作为集合加以命名和存储。应用样式时,将同时应用该样式中所有的格式设置指令。在 Excel 2013 中自带了多种单元格样式,可以对单元格方便地套用这些样式。同样,用户也可以自定义所需的单元格样式。单击"开始"选项卡下"样式"组中的"单元格样式"按钮旁的倒三角按钮,在弹出的如图 3-84 所示"单元格样式"菜单中选择相应的命令即可设置单元格样式。

图 3-84　"单元格样式"菜单

5. 套用表格格式

在 Excel 中,除了可以套用单元格样式外,还可以对整个工作表套用表格格式。利用 Excel 内置的表格格式化工具,可以使工作表既美观大方,又节省时间。在"开始"选项卡下"样式"组中,单击"套用表格格式"按钮,在弹出如图 3-85 所示的"套用表格格式"菜单中根据需要选择相应的样式或新建表样式即可。

在 Excel 中使用套用表格格式功能后,用户可能仅仅需要表格格式,而无须表格功能。若要停止处理表格数据而又不丢失所应用的表格样式格式,需要将表格转换为工作表上的常规数据区域。具体操作如下,选择需要转换的表格,此时"表格工具"的"设计"选项卡被激活,单击"工具"组中的"转换为区域"按钮即可,如图 3-86 所示。

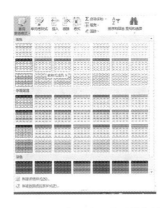

　　图 3-85　"套用表格格式"菜单　　　　　　　图 3-86　转换为区域

6. 打印输出

Excel 文档的工作表区域无法与实际纸张大小对应,所以工作表制作好后,一般需要根据实际需求进行打印设置,最终再输出。下面将介绍打印工作表的相关操作。

(1) 页面设置

在打印工作表之前,可根据要求对希望打印的工作表进行一些必要的设置。例如,设置打印的方向、纸张的大小、页眉或页脚、打印标题和页边距等。在"页面布局"选项卡下"页面设置"组中可以完成最常用的页面设置基本操作,如图 3-87 所示。

图 3-87 　页面设置

(2) 设置打印区域

在打印工作表时,如果只需要打印工作表中某些区域。可先选择所需打印的区域,单击"页面布局"选项卡下"页面设置"组中的"打印区域"按钮旁的倒三角按钮,选择弹出菜单的"设置打印区域"。如图 3-88 所示,工作表中只有"成绩表"区域会被打印。

(3) 设置分页符

如果用户需要打印的工作表中的内容不止一页,Excel 会自动在其中插入分页符,将工作表分成多页,这些分页符的位置取决于纸张的大小及页边距设置,用户可以通过"视图"选项卡下"工作簿视图"组中的"分页预览"视图查看表的分页情况。

用户也可以自定义插入分页符的位置,从而改变页面布局。单击"页面布局"选项卡下"页面设置"组中的"分隔符"按钮旁的倒三角按钮,如图 3-89 所示,选择"插入分页符"命令即可。

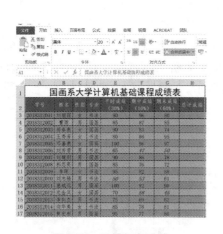

图 3-88 　设置打印区域

图 3-89 　自定义插入分页符

(4) 打印 Excel 工作表

单击"文件"选项卡 ,在弹出的菜单中选择"打印"命令,在该命令选项页中选择使用的打印机、完成打印设置,单击"打印"按钮即可打印工作表,如图 3-90 所示。

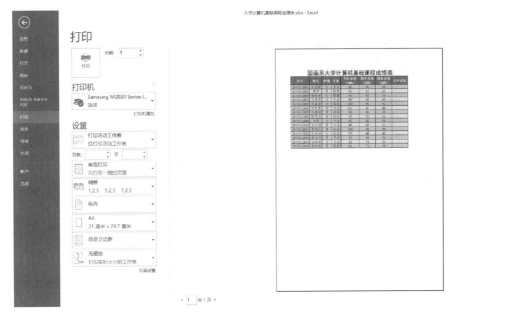

图 3-90　打印设置

3.2.4　综合案例 1——Excel 编辑及格式化工作表

日常生活和工作中会面临需要记录大量信息的问题，将信息记录在 Excel 电子表格里方便查阅和管理。本节将运用前面介绍部分功能编辑一个大学计算机基础课程成绩表，并做适当的格式化设置。

【排版要求】

（1）建立一个"大学计算机基础成绩表"，该表格标题为"国画系大学计算机基础课程成绩表"，列标题从左至右依次为学号、姓名、性别、专业、平时成绩（30％）、期中成绩（10％）、期末成绩（60％）、总评成绩。

（2）根据成绩信息，手动输入姓名、性别、专业、平时成绩（30％）、期中成绩（10％）、期末成绩（60％）列的数据，字体为仿宋，字号 12。

（3）表格标题设置为居中，字体为黑体，字号 20。

（4）学生的学号依次为 2018312001 到 2018312015。

（5）设置成绩表各单元格对齐方式为垂直和水平方向居中，并为成绩表添加内外边框。

（6）适当调整单元格行高列宽，并为成绩表套用表格样式为"中等深浅 9"。

（7）各部分成绩不及格的使用红色、加粗倾斜样式显示。

【效果展示】

"大学计算机基础成绩表"效果如图 3-91 所示。

【制作思路】

首先新建 Excel 电子表格文档，输入标题、列标题、成绩信息等文字内容。然后使用"合并后居中""设置单元格格式""套用表格格式"等功能，实现对成绩表的格式化设置。最后运用"条件格式"完成不及格成绩特殊字体的样式显示。

	A	B	C	D	E	F	G	H
1	国画系大学计算机基础课程成绩表							
2	学号	姓名	性别	专业	平时成绩（30%）	期中成绩（10%）	期末成绩（60%）	总评成绩
3	2018312001	刘丽霞	女	书法	90	96	80	
4	2018312002	曹雨	男	国画	85	87	85	
5	2018312003	杨春燕	女	国画	90	83	74	
6	2018312004	王秀芳	女	书法	80	86	95	
7	2018312005	邓嘉燕	女	国画	100	96	97	
8	2018312006	刘秀君	男	书法	65	47	50	
9	2018312007	刘建刚	男	国画	90	86	78	
10	2018312008	郭思亮	男	国画	85	76	72	
11	2018312009	李晖	女	书法	95	82	88	
12	2018312010	刘志强	男	书法	50	53	61	
13	2018312011	姜斌远	男	国画	100	92	90	
14	2018312012	兆金凤	女	国画	70	58	45	
15	2018312013	李向杰	男	书法	75	69	62	
16	2018312014	向华美	女	书法	85	78	81	
17	2018312015	黄宏彬	男	国画	95	77	86	

图 3-91 表格效果

【操作步骤】

1. 创建并保存文档

启动 Excel 2013 软件，选择"文件"菜单中的"新建"项，单击"空白文档"。然后选择"文件"菜单中的"另存为"项，在"另存为"对话框中修改文档的文件名为"国画系大学计算机基础课程成绩表"，并将文档保存在磁盘上。

2. 输入文本并设置字体

（1）输入表格标题和列标题。在 A1 单元格输入"国画系大学计算机基础课程成绩表"，设置字体为黑体，字号 20。在 A2 至 H2 单元格依次输入成绩表的各个列标题。

（2）输入学生成绩信息。由于学号是一组连续的数字编号，可在 A3 单元格输入"2018312001"，然后将鼠标移动到 A3 单元格右下角，当鼠标指针变为黑色"＋"时，即可使用填充柄功能拖动至 A17 单元格，此时 A4 至 A17 单元格依次出现后续的学号。其余学生成绩信息直接输入，选择 A2 至 H17 区域，设置字体为仿宋，字号 12 即可。

3. 格式化成绩表

（1）设置对齐方式。对应表格标题通常是居中于整个表格顶端，因此选择 A1 至 H1 区域，单击"开始"选项卡下"对齐方式"组中的"合并后居中"按钮即可。然后选择 A2 至 H17 区域，单击"开始"选项卡下"对齐方式"组中的"居中"和"垂直居中"按钮即可。或者在选定区域的状态下，单击鼠标右键，在弹出菜单中选择"单元格格式设置"命令，打开如图 3-92 所示"设置单元格格式"对话框，在"对齐"选项卡中设置水平、垂直居中。

（2）添加成绩表边框。选择 A2 至 H17 区域，单击"开始"选项卡下"字体"组中的"边框"按钮右侧的向下箭头，在弹出菜单中选择"所有框线"命令；或者在选定区域的状态下，单击鼠标右键，在弹出菜单中选择"单元格格式设置"命令，打开如图 3-92 所示"设置单元格格式"对话框，在"边框"选项卡中选定"外边框"和"内部"按钮即可。

（3）调整行高列宽。E2 至 G2 单元格内容较多，使用"Alt＋Enter"进行单元格内换行。选择 A1 至 H17 整个成绩表区域，将鼠标移动到该区域任意两列之间，当鼠标指针变为"＋"形状时，双击鼠标左键即可按照各列数据的宽度自动调整列宽。

（4）套用表格格式。选择 A2 至 H17 区域，单击"开始"选项卡下"样式"组中的"套用表格

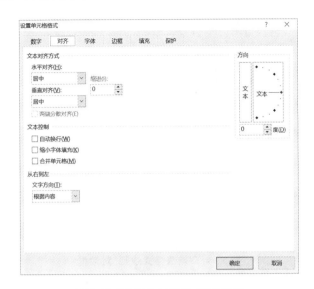

图 3-92 "设置单元格格式"对话框

格式"按钮,在弹出列表中选择"中等深浅 9"样式。此时,"表格工具"的"设计"选项卡被激活,单击"工具"组中"转换为区域"按钮,如图 3-93 所示,即可在应用表格样式的同时将表格转换为普通区域。

图 3-93 "转换为区域"按钮

4.设置条件格式

选择需要设置条件格式的区域 E3 到 G17,单击"开始"选项卡下"样式"组中"条件格式"按钮,在弹出列表中选择"新建规则",打开"新建格式规则"对话框。在该对话框中选择"只为包含以下内容的单元格设置格式"项,设置条件为"小于 60",格式为"红色、加粗倾斜"(如图 3-94 所示),最后单击"确定"按钮即可实现不及格的成绩以特殊格式突出显示的效果。

3.2.5　Excel 数据计算

大量处理 Excel 工作表中的数据离不开公式和函数。公式是函数的基础,它是单元格中的一系列值、单元格引用、名称或运算符的组合,利用其可以生成新的值。函数则是 Excel 预定义的内置公式,可以进行数学、文本、逻辑的运算或者查找工作表的操作。本节将详细介绍在 Excel 2013 中使用公式与函数计算数据的方法。

1.公式

公式类似于数学中的表达式,由常数、单元格引用、函数和运算符等组成。它可对 Excel 中数据进行运算和判断。当工作表中的数据更新后,无须做额外的工作,公式计算结果将自动更新。公式遵循一个特定的语法或次序,输入公式时,必须以等号(=)开头,否则会以普通文

图 3-94 "新建格式规则"对话框

本形式显示。

其语法表示为:=表达式

其中表达式由运算数和运算符组成。运算数可以是常量、单元格(区域引用)、名称(函数)等。

(1)运算符

运算符是指表示运算关系的符号,是公式中的基本元素。通过运算符,可以将公式中的元素按照一定的规则进行特定类型的运算。Excel 2013 中主要包含算术运算符、比较运算符、文本运算符、引用运算符。各运算符的含义及用法如表 3-3、表 3-4、表 3-5 和表 3-6 所示。

表 3-3 算术运算符

算术运算符	含义	示例
＋	加	1＋2
－	减	B2－A1
*	乘	5 * C1
/	除	D4/3
ˆ	乘方	2ˆ3
％	百分数	E2％

表 3-4 比较运算符

比较运算符	含义	示例
＝	等于	A1＝1
＞	大于	B2＞5
＜	小于	C2＜B2
＞＝	大于等于	D3＞＝10
＜＝	小于等于	E3＜＝D3
＜＞	不等于	A2＜＞5

比较运算符可以比较两个数值的大小,结果为 TRUE 或者 FALSE,表示比较的结果为真或者假。

表 3-5　文本运算符

文本运算符	含义	示例
&	连接	"Hello "&"world!",A1&B2

文本运算符可以将一个或多个文本字符串连接为一个组合文本,用于连接单元格引用时,组合文本可随单元格变化而变化。

表 3-6　引用运算符

引用运算符	含义	示例
:(冒号)	区域引用符,对在冒号两侧单元格构成的矩形区域内所有单元格的引用	B2:D5
,(逗号)	联合引用符,连接不连续的多个引用	B2:D5,E3:G8
(空格)	交叉引用符	B5:F6　C3:E8

运算时,不同运算符有不同的优先级。如果公式中同时用到多个运算符,Excel 将按照从高到低的顺序进行计算;对于相同优先级的运算,将按照从左到右的顺序进行计算。各种运算符的优先级如表 3-7 所示。若要改变求值的顺序,可使用括号将公式中需要先计算的部分括起来。

表 3-7　运算符的优先级

运算符	优先级
:(冒号) ,(逗号) （空格）	高
%	
^	
* 和/	
＋和－	
&	
比较运算符	低

(2)单元格引用

公式的引用就是对工作表中的一个或一组单元格的地址表示,从而告诉公式使用哪些单元格的值,使用公式计算出一个结果后,其他单元格类似的计算可采用填充柄方式复制公式到其他单元格,从而实现快速计算。Excel 单元格的引用包括相对引用、绝对引用和混合引用三种。

相对引用:直接由列标和行号组成,例如 A1,B2 等。当公式含有相对引用时,公式被复制到其他单元格,引用的单元格地址会自动变化。例如单元格 B2 中的公式为"＝A1",如图 3-95 所示,将该公式复制到 B3 中,则公式变为"＝A2",如图 3-96 所示。

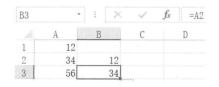

图 3-95　单元格 B2 中输入公式：＝A1　　**图 3-96　复制 B2 公式至 B3**

绝对引用：在列标和行号前分别加上字符"＄"，例如＄C＄5。当公式含有绝对引用时，公式被复制到其他单元格，引用的单元格地址不会发生改变。例如单元格 B2 中的公式为"＝＄A＄1＋＄A＄2"，如图 3-97 所示，无论将该公式复制到哪个单元格，公式一直为"＝＄A＄1＋＄A＄2"，如图 3-98 所示。

图 3-97　单元格 B2 中输入公式：＝＄A＄1＋＄A＄2　**图 3-98　将 B2 中的公式复制到 B3 中**

混合引用：在列标或者行号前分别加上字符"＄"，例如＄C5、E＄6。当公式含有混合引用时，如果行号前有＄，则只有行号不变；如果列标前有＄，则只有列标不变。

在编辑 Excel 的公式时，通过在适当的位置手动输入＄符号，可以输入相对引用（绝对引用或混合引用）。也可以选择需要切换的公式段，通过单击功能键 F4，快捷地在相对引用、混合引用和绝对引用之间循环切换。

2. 函数

函数是系统预定义的特殊公式，它把具有特定功能的一组公式组合在一起以形成函数。通常，函数通过引用参数接收数据，并返回计算结果。函数由函数名和参数构成。与直接使用公式进行计算相比较，使用函数进行计算避免了每次烦琐的公式书写，减少了错误的发生，同时使用起来速度更快。

函数的格式为：函数名(参数，参数，……)

其中函数名用英文字母表示，函数名后的括号是必不可少的，参数在函数名后的括号内，参数可以是常量、单元格引用、公式或其他函数，参数的个数和类别由该函数的性质决定。

在 Excel 2013 中，用户可以通过直接输入、"插入函数"对话框或"函数库"组这三种方法输入函数，如图 3-99 所示。

Excel 提供了包括财务函数、日期与时间函数、数量与三角函数、统计函数、查找与引用函数、数据库函数、文字函数、逻辑函数、信息函数等近 200 个函数。这些函数的具体功能和使用方法都可以在"插入函数"对话框中获取，如图 3-100 所示。

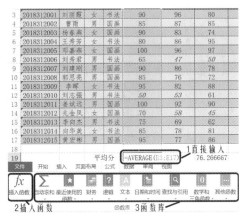

图 3-99 插入函数的三种方法　　　　图 3-100 "插入函数"对话框

下面将介绍几个最常用的函数。

（1）求和函数 SUM

格式：SUM(Number1,Number2,…)

功能：求所有参数区域数值的和。参数可以是常数或单元格引用。

如图 3-101 所示，首先选择希望存放函数结果的单元格 H2，在公式选项卡的"函数库"组中选择"插入函数"，在弹出的"插入函数"对话框中选择 SUM 函数，单击确定后弹出"函数参数"对话框，默认的求和区域 H2 左侧的所有数字单元格，本例中为 E2:G2，与我们希望求和的区域是一致的，单击确定后单元格显示结果 252。若默认求和区域与希望的求和区域不一致需重新选择。

（2）求平均值函数 AVERAGE

格式：AVERAGE(Number1,Number2,…)

功能：求参数区域数值的算术平均值。

说明：该函数只对所选定的数据区域中的数值型数据求平均值，如果区域引用中包含了非数值型数据，则函数不把它包含在内。

如图 3-102 所示，平均值函数的操作方法与求和函数类似，默认的求平均值区域 I2 左侧的所有数字单元格，本例中为 E2:H2，显然与希望的求平均值区域不一致，此时需要修改参数。在参数 Number1 的编辑栏输入 E2:G2 或选择 E2:G2 单元格区域，单击确定后单元格显示最终结果 84。

图 3-101 SUM 函数参数及示例　　　图 3-102 AVERAGE 函数参数及示例

（3）统计计数函数 COUNT

格式：COUNT(Number1,Number2,…)

功能：统计参数区域中所包含的数值型数据的单元格个数。

说明：统计函数仅统计给定的数据或数据区域中数值型数据的个数，其他类型的数据不作统计。

如图 3-103 所示，计数函数的操作方法与求和函数也很类似，工作表的 A2:I2 单元格中分别数据分别为：2018312001,刘丽霞,女,书法,85,87,80,252,84,其中共有 5 个包含数字型数据的单元格，"2018312001" "刘丽霞" "女" "书法" 为字符型数据，不在统计之列。因此，统计结果 COUNT(A2:I2) 的值为 5。

值得注意的是数据 "2018312001" 虽然是数字，但此处表示学号，是一个编号，在制表时已经被转换为文本形式了，所以不属于数值型数据。

图 3-103　COUNT 函数参数及示例

（4）求最大值/最小值函数 MAX/MIN

格式：Max(Number1,Number2,…)/Min(Number1,Number2,…)

功能：求参数区域中包含的数值数据类型数据中的最大值/最小值。

说明：函数仅返回给定的数据区域中数值型数据中的最大值/最小值，忽略逻辑值和文本数据。

如图 3-104 所示，类似于求和函数的操作，在 MAX 函数参数对话框的 Number1 参数编辑栏输入 E2:E7 或选择 E2:E7 单元格区域，则得到文学成绩最高分为 90。同样可以使用 MIN 函数求出最低分。

	A	B	C	D	E
1	学号	姓名	性别	专业	文学
2	2018312001	刘丽霞	女	书法	85
3	2018312002	曹雨	男	国画	82
4	2018312003	杨春燕	女	国画	90
5	2018312004	王秀芳	女	书法	80
6	2018312005	邓嘉燕	女	国画	87
7	2018312006	刘秀君	男	书法	65
8					
9				最高分	90
10				最低分	65

图 3-104　求最大值示例

（5）条件计数函数 COUNTIF

格式：COUNTIF(Range,Criteria)

功能：在给定数据区域内统计满足条件的单元格的个数。

其中：Range 为需要统计的单元格数据区域，Criteria 为条件，其形式可以为常数值、表达式或文本。条件可以表示为：10、<60、女等。

本示例要统计"文学"成绩在 85 分及以上的人数，可选择 E9 单元格，在"插入函数"对话框中选择 COUNTIF 函数，在参数 Range 的编辑栏输入 E2:E7 或选择 E2:E7 单元格区域，参数 Criteria 的编辑栏输入"＞＝85"，如图 3-105 所示，单击确定后单元格显示统计结果 3。

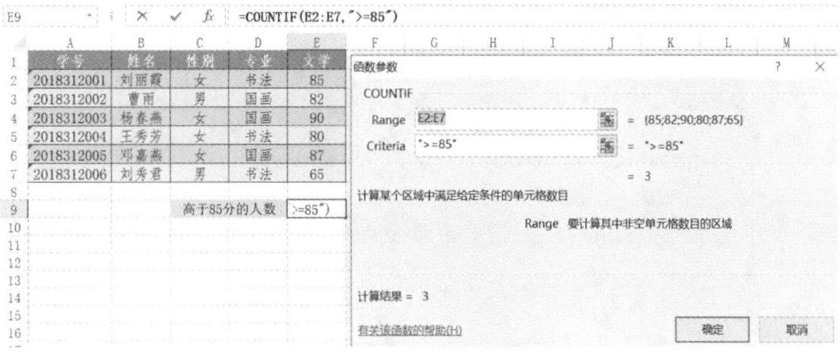

图 3-105 COUNTIF 函数参数及示例

（6）条件求和函数 SUMIF

格式：SUMIF(Range,Criteria,Sum_range)

功能：根据指定条件对指定数值单元格求和。

参数说明：Range 代表条件判断的单元格区域；Criteria 为指定条件表达式；Sum_range 代表需要求和的实际单元格区域。

本示例要求所有"国画"学生的文学成绩，可选择 E9 单元格，在"插入函数"对话框中选择 SUMIF 函数，在参数 Range 的编辑栏输入 D2:D7 或选择 D2:D7 单元格区域，参数 Criteria 的编辑栏输入"国画"，参数 Sum_range 的编辑栏输入 E2:E7 或选择 E2:E7 单元格区域，如图 3-106 所示，单击确定后单元格显示统计结果 259。注意，在参数 Criteria 的编辑栏也可以选择一个数据为"国画"的单元格，例如 D3。

图 3-106 SUMIF 函数参数及示例

（7）条件判断函数 IF

格式：IF(Logical_test,Value_if_true, Value_if_false)

功能：执行真假值判断，根据逻辑计算的真假值，返回不同的结果。

参数说明:Logical_test 是任何可能被计算为 True 或 False 的数值或表达式。Value_if_true 是 Logical_test 为 True 时的返回值。如果忽略,则返回 True。Value_if_false 是当 Logical_test 为 False 时的返回值。如果忽略,则返回 False。IF 函数最多可嵌套 7 层。

本示例要根据学生文学成绩是否大于等于 60 分判断等级为"及格"和"不及格"。可在"插入函数"对话框中选择 IF 函数,在参数 Logical_test 的编辑栏输入 E2>=60,参数 Value_if_true 的编辑栏输入"及格",参数 Value_if_false 的编辑栏输入"不及格",如图 3-107 所示,单击确定后单元格显示判断结果及格。

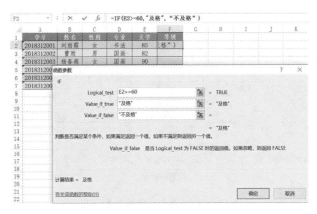

图 3-107　IF 函数参数及示例

(8)排名函数 RANK

格式:RANK(Number,Ref,Order)

功能:返回一个数值在指定数据区域中的名次。

参数说明:Number 为需要排名的数字;Ref 为数字列表的数组或对数字列表的引用;Order 为一个指定数字排位方式的数字。

注意:排名的数据区域必须为绝对引用,才能保证排名的正确性。

本示例要计算学生计算机成绩的排名,可选择 F2 单元格,在"插入函数"对话框中选择 RANK 函数,如图 3-108 所示,在参数 Number 的编辑栏输入 E2 或选择 E2 单元格,参数 Ref 的编辑栏输入 $E$2:$E$7,参数 Order 的编辑栏可以忽略(由于本示例排序为降序)。单击确定后单元格显示排名结果 4。将鼠标移到 E2 右下角,使用填充柄可快速计算出其他学生的成绩排名,如图 3-109 所示。

图 3-108　RANK 函数参数

图 3-109　RANK 函数示例

3.2.6　综合案例 2——Excel 数据计算案例

使用 Excel 电子表格记录信息满足了用户查阅和管理数据的需求,然而在日常工作中通常还需要对表格里的数据进行进一步的加工处理,以得到用户所需的结果。本节将结合3.2.4 节编辑大学计算机课程成绩表中运用 Excel 公式和函数功能进行常用的数据计算操作。

【数据处理要求】

(1)滚动工作表其余部分,保持标题行和姓名列的数据可见。

(2)根据平时成绩,期中成绩和期末成绩计算每位同学的总评成绩,结果保留一位小数显示。

(3)计算各项成绩的平均分,保留两位小数显示。

(4)求出各项成绩的最高分和最低分。

(5)求出各项成绩的及格人数。

(6)求出全班同学总人数。

(7)根据及格人数和总人数求出及格率,并以保留两位小数的百分数形式显示结果。

(8)根据学生总评成绩给出等级评定。大于或等于 90 分为"优秀";大于或等于 80 分且小于 90 分为"良好";大于或等于 60 分且小于 80 分为"及格";60 分以下为"不及格"。

(9)根据学生总评成绩求出学生排名。

【效果展示】

"国画系大学计算机基础课程成绩表"数据计算效果如图 3-110 所示。

国画系大学计算机基础课程成绩表

学号	姓名	性别	专业	平时成绩(30%)	期中成绩(10%)	期末成绩(60%)	总评成绩	等级	排名
2018312001	刘丽霞	女	书法	90	96	80	84.6	良好	7
2018312002	曹雨	男	国画	85	87	85	85.2	良好	6
2018312003	杨春燕	女	国画	90	83	74	79.7	及格	10
2018312004	王秀芳	女	书法	80	86	95	89.6	良好	3
2018312005	邓嘉燕	女	国画	100	96	97	97.8	优秀	1
2018312006	刘秀君	男	书法	65	47	50	54.2	不及格	14
2018312007	刘建刚	男	国画	90	86	78	82.4	良好	8
2018312008	郭思秀	男	国画	85	76	72	76.3	及格	11
2018312009	李晖	女	书法	95	82	88	89.5	良好	4
2018312010	刘志强	男	书法	50	53	61	56.9	不及格	13
2018312011	姜斌远	男	国画	100	92	90	93.2	优秀	2
2018312012	兆合凤	女	国画	70	58	45	53.8	不及格	15
2018312013	李向杰	男	书法	75	69	62	66.6	及格	12
2018312014	向华美	女	书法	85	78	81	81.9	良好	9
2018312015	黄宏彬	男	国画	95	77	86	87.8	良好	5

			平均分	83.67	77.73	76.27	78.63		
			最高分	100	96	97	97.8		
			最低分	50	47	45	53.8		
			及格人数	14	12	13	12		
			总人数	15	15	15	15		
			及格率	93.33%	80.00%	86.67%	80.00%		

图 3-110　数据计算效果

【制作思路】

由于数据行较多,滚动工具表时容易造成标题行和姓名列无法显示,首先使用冻结窗格功能确保该部分可见。然后使用公式和函数功能计算总评成绩、平均分、最高分、最低分、及格人数、总人数、及格率、成绩等级和成绩排名。最后使用设置单元格格式调整计算结果的输出显示形式。

【操作步骤】

1.冻结窗格

要确保标题行和姓名列始终可见,可选择标题行下方与姓名列右方交汇的 C3 单元格,然后单击"视图"选项卡下"窗口"组中的"冻结窗格"按钮,在弹出菜单中选择"冻结拆分窗格"命令。

2.使用公式求总评成绩

选择 H3 单元格,在单元格内输入"=E3＊0.3＋F3＊0.1＋G3＊0.6",单击 Enter 键即可求出第一个学生的总评成绩。将鼠标移动到 H3 单元格右下角,当鼠标指针变为黑色的"＋"时,使用填充柄拖动至 H17 单元格,可快速求出其余学生的总评成绩。

3.使用 AVERAGE 函数求平均分

选择 E19 单元格,单击"公式"选项卡下"函数库"组中的"插入函数"命令,在弹出"插入函数"对话框中选择"AVERAGE"函数,打开"函数参数"对话框,修改参数 Number1 编辑栏的内容为 E3:E17,如图 3-111 所示,即可求得平时成绩的平均分。右击 E19 单元格,在弹出菜单中选择"设置单元格格式"命令,在"设置单元格格式"对话框的"数字"选项卡修改数值小数位数为 2,如图 3-112 所示。期中成绩和期末成绩的平均分可使用填充柄功能快速求出。

图 3-111　AVERAGE 函数参数设置　　　　图 3-112　设置数值两位小数显示

4.使用 MAX/MIN 函数求最高分/最低分

选择 E20 单元格,在"插入函数"对话框选择"MAX"函数,打开"函数参数"对话框,在修改参数 Number1 编辑栏的内容为 E3:E17,如图 3-113 所示,即可求得平时成绩的最高分。期中成绩和期末成绩的最高分可使用填充柄功能快速求出。类似的,选择"MIN"函数可以求出各项成绩的最低分。

图 3-113　MAX 函数参数设置

5.使用 COUNTIF 函数求及格人数

选择 E22 单元格,在"插入函数"对话框选择"COUNTIF"函数,打开"函数参数"对话框,在参数 Range 编辑栏输入"E3:E17",参数 Criteria 编辑栏输入""＞＝60""(及格的判断条件为分数是否大于等于 60),如图 3-114 所示,即可求得平时成绩的及格人数。其余成绩的及格人数可使用填充柄功能快速求出。

注意,除了双引号内的符号外,函数里使用的符号都必须是西文字符。

图 3-114　COUNTIF 函数参数设置

6.使用 COUNT 函数求总人数

选择 E23 单元格,在"插入函数"对话框选择"COUNT"函数,打开"函数参数"对话框,在参数 Number1 编辑栏输入"E3:E17",即可求得参加考试的总人数。其余成绩的参加考试总人数可使用填充柄功能快速求出。

7.利用公式求及格率

选择 E24 单元格,输入公式"＝E22/E23",即可求出平时成绩的及格率。右击 E24 单元格,在弹出菜单中选择"设置单元格格式"命令,在"设置单元格格式"对话框的"数字"选项卡设置为小数位数 2 位的百分比显示形式。其余考试的及格率可使用填充柄功能快速求出。

8.使用 IF 函数求出等级评定

选择 I3 单元格,在"插入函数"对话框选择"IF"函数,打开"函数参数"对话框,在参数 Logical_test 编辑栏输入"H3＞＝90"(优秀的判断条件为分数是否大于等于 90),在参数 Value_if_true 编辑栏输入""优秀""(当 H3＞＝90 为真时,显示"优秀")。当 H3＞＝90 为假时,还无法直接判断该学生等级,此时参数 Value_if_false 编辑栏先不填写,如图 3-115 所示。单击确定后,在 I3 的编辑栏内嵌套一个 IF 函数做进一步判断,即在"优秀"后输入 IF(),如图 3-116 所示。注意函数内参数之间需要用","分隔开。此时,用鼠标选择编辑栏中的 IF(),再单击"插入函数"命令,可打开一个新的"函数参数"对话框,参照此前判断是否为"优秀"的 IF 函数参数设置,在参数 Logical_test 编辑栏输入"H3>=80",在参数 Value_if_true 编辑栏输入"良好",Value_if_false 编辑栏先不填写,如图 3-117 所示。同样的,当 H3>=80 为假时,依然无法直接判断学生等级。参照此前的方法,如图 3-118 所示,继续嵌套一个 IF 函数,其参数设置如图 3-119 所示,单击"确定"即可求出该学生的等级评定。其余学生的等级评定可使用填充柄功能快速求出。

图 3-115　判罚是否为"优秀"的 IF 函数参数

图 3-116　第 1 次 IF 函数嵌套

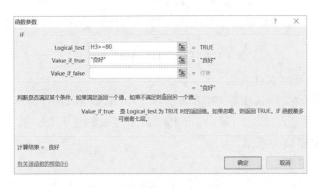

图 3-117　判罚是否为"良好"的 IF 函数参数

图 3-118　第 2 次 IF 函数嵌套

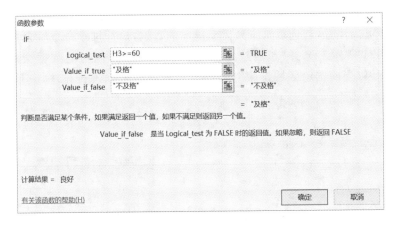

图 3-119　判罚是否为"及格"的 IF 函数参数

9. 使用 RANK 函数求出排名

选择 J3 单元格,在"插入函数"对话框选择"RANK"函数,打开"函数参数"对话框,如图 3-120 所示,在参数 Number 的编辑栏输入"H3",参数 Ref 的编辑栏输入"＄H＄3：＄H＄17"(参与排名的成绩范围应该始终不变,故使用绝对引用),参数 Order 的编辑栏可以忽略(本案例中为降序排名)。其余学生的排名可使用填充柄功能快速求出。

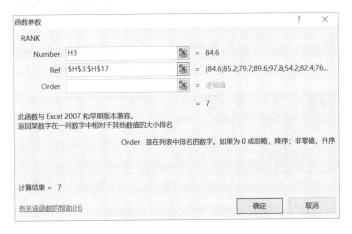

图 3-120　RANK 函数参数设置

3.2.7　Excel 数据管理

作为一款主流的数据管理软件,Excel 不仅可以实现数据记录以及数据计算,它还具有强大的数据处理功能,主要包括对数据的排序、筛选和汇总等处理。熟练掌握这些数据处理的方法可以有效地提高用户工作效率及数据管理水平,具有广泛的实际应用价值。

1. 排序

数据排序是指按一定规则对数据重新进行排列。Excel 中包括简单排序和自定义排序两种排序方法。

(1)简单排序

如果要根据某列数据快速排序,可以直接使用"数据"选项卡下"排序和筛选"组中的升序和降序功能。

具体操作步骤为:首先选取某一列需要排序数据区域或定位于该列的任意一单元格,然后执行排序命令即可。注意,若选取某一列需要排序的数据,执行排序命令后会弹出"排序提醒"对话框,如图 3-121 所示。选择"扩展选定区域"项,表格中其他列的数据会一同排序,如图 3-122 所示;选择"以当前选定区域排序"项,则只对该列的数据进行排序,其他列数据顺序保持不变。

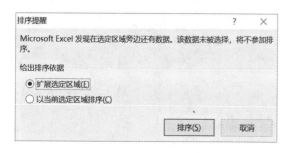

图 3-121 "排序提醒"对话框   图 3-122 按"文学"成绩简单排序示例

(2)自定义排序

简单排序只能进行单列排序,即按照某一列的数据排序。当此列数据中出现相同值时,无法确定它们的顺序。使用自定义排序可以解决这一问题,在"自定义"排序对话框中,如图 3-123 所示,用户可以定义多个排序的关键字,即实现多列排序。排序结果如图 3-124 所示。

图 3-123 设置主要关键字"专业"升序,次要关键字"文学"降序排序

	A	B	C	D	E
1	学号	姓名	性别	专业	文学
2	2018312003	杨春燕	女	国画	90
3	2018312005	邓嘉燕	女	国画	87
4	2018312002	曹雨	男	国画	82
5	2018312001	刘丽霞	女	书法	85
6	2018312004	王秀芳	女	书法	80
7	2018312006	刘秀君	男	书法	65

图 3-124 自定义排序结果

对于特别复杂的数据记录单,还可以在"排序对话框"中依次添加"第三、第四⋯⋯"甚至更多的关键字(最多为 64 个)参与排序。

如果要防止数据记录单的标题被加入排序数据区中,则应勾选"数据包含标题"选项。若不勾选,则标题将作为一行数据参加排序。

默认的排序方向是按列排序,字符型数据的默认排序方法是按字母排序,也可以通过单击

“排序”对话框中的“选项”按钮，改变排序的方向和排序的方法。

2. 筛选

数据筛选是从大量的数据记录中显示出满足指定条件的数据，而暂时隐藏不满足条件的数据，从而帮助用户快速、查找与显示有用的数据。Excel 中筛选数据的方式包括自动筛选和高级筛选两种。

(1)自动筛选

自动筛选是一种针对单列数据的快速条件筛选，当用户确定了筛选条件后，它可以只显示符合条件的数据行。

具体操作步骤是：选择数据记录中的任意一个单元格。单击“数据”选项卡下“排序和筛选”组中的“筛选”按钮，此时，在每个字段(列标题)的右边出现一个倒三角按钮。单击要查找列的倒三角按钮，弹出一个下拉菜单，其中包含该列中的所有项目。如图 3-125 所示，从下拉菜单中选择需要显示的项目，如果筛选条件是常数，则直接单击该数选取，筛选结果如图3-126所示。

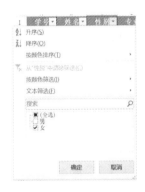

图 3-125　自动筛选设置

	A	B	C	D	E
1	学号	姓名	性别	专业	文学
2	01831200	刘丽霞	女	书法	85
4	01831200	杨春燕	女	国画	90
5	01831200	王秀芳	女	书法	80
6	01831200	邓嘉燕	女	国画	87

图 3-126　自动筛选结果

如果筛选条件是表达式，则单击“数字筛选”按钮，打开如图 3-127 所示“自定义自动筛选方式”对话框，在对话框中输入条件表达式，然后单击“确定”按钮完成筛选，筛选结果如图 3-128所示。

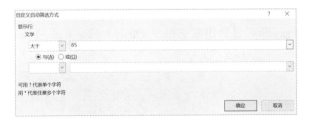

图 3-127　自定义自动筛选方式设置“文学”成绩大于 85 分

	A	B	C	D	E
1	学号	姓名	性别	专业	文学
4	01831200	杨春燕	女	国画	90
6	01831200	邓嘉燕	女	国画	87

图 3-128　自定义自动筛选结果

（2）高级筛选

在实际应用中,如果筛选条件较为复杂,或者需要将符合条件的数据复制到工作表的其他位置,则使用高级筛选功能。使用高级筛选时,必须先在工作表中建立一个用于描述筛选条件的条件区域。

条件区域可以建立在与待筛选的数据区域不相邻的任意位置。条件区域至少为两行,第一行是所有作为筛选条件的字段名(列标题),这些字段名与数据清单中的字段名必须完全一样。第二行以下为查找的条件。条件包括关系运算、逻辑运算等。在逻辑运算中表示筛选的结果必须同时满足多个条件的"与"运算时,条件表达式应输入在同一行的不同单元格中,而表示筛选结果只需满足其中任意一个条件的"或"运算时,条件表达式应输入在不同行的单元格中。

具体操作步骤是:如图 3-129 所示,根据待筛选的条件(本示例为文学、外语、计算机成绩同时大于或等于 80 分)建立好条件区域。

	A	B	C	D	E	F	G
1	学号	姓名	性别	专业	文学	外语	计算机
2	2018312001	刘丽霞	女	书法	85	87	80
3	2018312002	曹雨	男	国画	82	87	85
4	2018312003	杨春燕	女	国画	90	83	54
5	2018312004	王秀芳	女	书法	80	86	95
6	2018312005	邓嘉燕	女	国画	87	96	89
7	2018312006	刘秀君	男	书法	65	47	50
8							
9							条件区域
10	文学	外语	计算机				
11	>=80	>=80	>=80				
12							
13							

图 3-129　建立筛选"文学""外语""计算机"成绩同时大于或等于 80 分的条件区域

执行"高级"筛选命令,在弹出如图 3-130 所示"高级筛选"对话框中设置好各项筛选参数。

其中列表区域为待筛选的数据区域,默认为当前工作表中的数据清单区域,用户也可以自行选择区域,条件区域处用鼠标选择用户建立的条件区域单元格。如果只需将筛选结果在原数据区域内显示,则选中"在原有区域显示筛选结果"单选按钮,若要将筛选后的结果复制到另外的区域,而不扰乱原来的数据,则选中"将筛选结果复制到其他位置"单选按钮,并在"复制到"文本框中指定筛选后复制的起始单元格。

最后单击"确定"按钮,即可显示出筛选结果,如图 3-131 所示。

图 3-130　"高级筛选"对话框

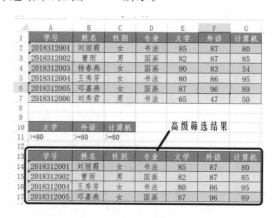

图 3-131　高级筛选结果

3.分类汇总

使数据达到更为条理化和明确化的目的,Excel 提供了分类汇总功能。分类汇总可以将数据清单中的数据按某一字段进行分类,并实现按类求和、求平均值、计数等运算,还能将计算的结果分级显示出来。

数据的分类汇总分为两个步骤进行:第一步是利用排序功能先以分类字段为依据对数据进行排序。第二步是利用函数的计算,进行一个汇总的操作。

具体操作步骤是:根据分类字段(本示例为"专业")进行排序,从而将数据记录中关键字相同的数据集中在一起,如图 3-132 所示。

	A	B	C	D	E	F	G
1	学号	姓名	性别	专业	文学	外语	计算机
2	2018312002	曹雨	男	国画	82	87	85
3	2018312003	杨春燕	女	国画	90	83	54
4	2018312005	邓嘉燕	女	国画	87	96	89
5	2018312001	刘丽霞	女	书法	85	87	80
6	2018312004	王秀芳	女	书法	80	86	95
7	2018312006	刘秀君	男	书法	65	47	50

图 3-132　按分类字段排序的数据清单

选择数据清单区域中的任意单元格,执行分类汇总命令,在弹出如图 3-133 所示"分类汇总"对话框中设置好各项分类汇总参数。本示例中根据实际的汇总需求,选择"专业"为分类字段,汇总方式为求和,汇总项为各科成绩,即"文学""外语"和"计算机"字段。

最后单击"确定"按钮,即显示分类汇总结果,如图 3-134 所示。通过单击工作表最左侧的"—"/"+"数据选项卡下"分级显示"功能组中的"隐藏明细数据"/"显示明细数据"功能,可以隐藏和显示数据清单中的明细信息。

图 3-133　"分类汇总"对话框

	A	B	C	D	E	F	G
1	学号	姓名	性别	专业	文学	外语	计算机
2	2018312002	曹雨	男	国画	82	87	85
3	2018312003	杨春燕	女	国画	90	83	54
4	2018312005	邓嘉燕	女	国画	87	96	89
5				国画 汇总	259	266	228
6	2018312001	刘丽霞	女	书法	85	87	80
7	2018312004	王秀芳	女	书法	80	86	95
8	2018312006	刘秀君	男	书法	65	47	50
9				书法 汇总	230	220	225
10				总计	489	486	453

图 3-134　分类汇总结果

3.2.8　Excel 数据可视化

虽然使用 Excel 解决了对于数据的计算和统计问题,但是用户依然很难从众多的数据里找到它们之间的关系和变化的趋势。为此,Excel 提供了多种数据可视化的工具来展现数据,与单纯的数据分类汇总相比,采用图表的形式更加生动形象,有助于用户快速发现数据之间的关系。

本节主要介绍 Excel 中较常用的数据可视化工具。

1. 条件格式

此前介绍的条件格式功能是建立规则为符合特定条件的单元格设置不同的显示格式。这里条件格式中的"数据条"功能可以添加带颜色的数据条代表某个单元格中的数据值,值越大,数据条越长,从而形象地表现出数据的差异。此外,其"色阶""图标集"功能也可以生动地展现不同数据之间的差异。

(1)设置"数据条"样式

具体操作步骤是:选择数据记录中需要添加"数据条"显示效果的单元格区域,本示例中为E2:G7。单击"开始"选项卡下"样式"组中的"条件格式"按钮,在弹出菜单中选择"数据条"命令的一种数据条样式,即可根据在单元格内以数据条长度显示数据值的差异,如图3-135所示。

	A	B	C	D	E	F	G
1	学号	姓名	性别	专业	文学	外语	计算机
2	2018312001	刘丽霞	女	书法	85	87	80
3	2018312002	曹雨	男	国画	82	87	85
4	2018312003	杨春燕	女	国画	90	83	54
5	2018312004	王秀芳	女	书法	80	86	95
6	2018312005	邓嘉燕	女	国画	87	96	89
7	2018312006	刘秀君	男	书法	65	47	50

图3-135　设置条件格式数据条样式示例

(2)清除"数据条"样式

若不需要"数据条"样式显示,可单击"开始"选项卡下"样式"组中的"条件格式"按钮,在弹出菜单中选择"清除规则"命令,根据需要选择"清除所选单元格的规则"或者"清除整个工作表的规则"。

2. 迷你图

迷你图可以在单元格中用图表的方式来呈现数据的变化情况,共有三种类型,分别是折线图、柱形图和盈亏图,其中折线图和柱形图可以显示数据的高低变化,盈亏图只显示正负关系,不显示数据的高低变化。

具体操作步骤是:选择数据记录中用于显示"迷你图"单元格区域,本示例中为H2:H7。单击"插入"选项卡下"迷你图"组中的"柱状图"按钮,弹出"创建迷你图"对话框,设置"数据范围"和"位置范围",如图3-136所示。单击"确定"后即可显示各科成绩的高低变化关系,如图3-137所示。注意,柱形图的高度只表示本行数据的大小区别,不代表整个数据范围的数据的大小区别。

创建迷你图

选择所需的数据

数据范围(D):　E2:G7

选择放置迷你图的位置

位置范围(L):　$H$2:$H$7

确定　　取消

图3-136　"创建迷你图"对话框

	A	B	C	D	E	F	G	H
1	学号	姓名	性别	专业	文学	外语	计算机	迷你图
2	2018312001	刘丽霞	女	书法	85	87	80	
3	2018312002	曹雨	男	国画	82	87	85	
4	2018312003	杨春燕	女	国画	90	83	54	
5	2018312004	王秀芳	女	书法	80	86	95	
6	2018312005	邓嘉燕	女	国画	87	96	89	
7	2018312006	刘秀君	男	书法	65	47	50	

图3-137　显示迷你图示例

3.图表

图表是 Excel 中一项非常重要的数据可视化工具。图表功能提供了包括柱形图、折线图、饼图、条状图、面积图等多种显示方式,形象地反映数据的变化。在 Excel 中,图表是基于数据绘制的。因此,只要建立了数据记录,便可以快速创建相应的数据图表。

(1)创建数据图表

在工作表中选定要创建图表的数据(可以选定连续的或不连续的数据区域),本示例为 B2:B7 和 E2:G7 区域,如图 3-138 所示。单击"插入"选项卡下"图表"组中的右下角小箭头打开"插入图表"对话框,根据需求在"所有图表"选项卡中选择一种图表类型(如图 3-138 所示柱形图),单击"确定"便将选定数据在工作表中创建了一个数据图表,如图 3-139 所示。

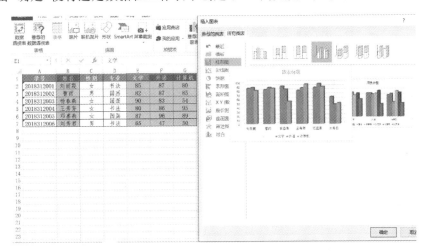

图 3-138　图表示例和插入图表对话框

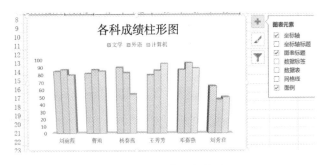

图 3-139　创建图表效果

(2)编辑数据图表

选择已创建的图表,可激活窗口上方"图表工具"功能区,该功能区包括"设计"和"格式"选项卡,可对已创建的图表进行编辑和修改。"设计"选项卡可更改图表类型、切换行列、更改数据、快速布局、更改样式和移动图表等。"格式"选项卡可设置图表、文本的格式、对齐方式和样式等。

此外,创建完成的图表右上方会出现三个按钮,分别是图表元素、图标样式和图表筛选器。图表元素可添加、删除或修改图表元素(例如标题、图例、数据标签等)。图标样式可设置图表样式和配色方案。图表筛选器可编辑要在图表上显示的数据点和名称。

若需要修改图表中的数据,可选定图表,单击"图表工具"中的"设计"选项卡,单击"选择数据"按钮,打开"选择数据源"对话框,分别单击"添加""编辑"或"删除"按钮,可向图表中添加、修改或删除数据。本示例修改图表数据区域为 G1:G7,如图 3-140 所示。修改后的图表效果如图 3-141 所示。

注意:清除图表中的数据,不影响工作表中的数据,但当工作表中某项数据被删除时,图表内相应的数据也会消失。

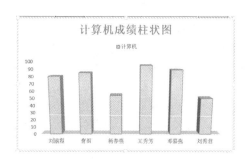

图 3-140 　选择数据源修改图表数据　　　　　图 3-141 　修改图表数据示例效果

4.数据透视表

数据透视表是一种对大量数据快速汇总和建立交叉列表的交互式表格。它不仅可以转换行和列以查看源数据的不同汇总结果,显示不同页面以筛选数据,还可以根据需要显示区域中的明细数据。

(1)创建数据透视表

在工作表中选定数据记录区域的任意单元格,单击"插入"选项卡下"表格"组中的"数据透视表"按钮,在打开的"创建数据透视表"对话框中设置"表/区域"为 A1:G7 区域,设置选择放置数据透视表的位置为现有工作表 A11 单元格,如图 3-142 所示。单击"确定"出现如图 3-143 所示的建立数据透视表所需的字段列表。

图 3-142 　"创建数据透视表"对话框　　　图 3-143 　建立数据透视表所需的字段列表

用户可以将设置于列的字段从字段列表中拖入列标签框中,将设置于行的字段从字段列表中拖入行标签框中,将要进行计算的数值字段拖入数值框中。本示例要创建一个分别求各专业学生文学、外语、计算机各科总分的一张数据透视表。可将专业字段拖入行标签框中,三门课程的字段依次拖入数值框中,便得到如图 3-144 所示的数据透视表。

图 3-144　分别求各专业学生三门课程总分的数据透视表

若所创建的数据透视表不是求和计算,则单击数值框中字段名右边的下拉按钮,弹出如图 3-145 所示的快捷菜单,在快捷菜单中选择"值字段设置",打开"值字段设置"对话框,按要求选择需要计算的类型即可,如图 3-146 所示。

此外,将需要筛选的字段从字段列表中拖入筛选器标签框中,可以创建带筛选功能的数据透视表。

图 3-145　汇总项快捷菜单

图 3-146　"值字段设置"对话框

（2）创建数据透视图

Excel 数据透视图是数据透视表的深层次应用,它可将数据透视表中的数据以图形的方式表示出来,能更形象、生动地表现数据的变化规律。

建立"数据透视图"只需单击"插入"选项卡下"图表"组中的"数据透视图"按钮,选择"数据透视图"命令,打开"创建数据透视图"对话框,其他操作都与创建数据透视表相同。

数据透视图是利用数据透视表制作的图表,是与数据透视表相关联的。若更改了数据透视表中的数据,则数据透视图中的数据也随之更改。

3.2.9　综合案例 3——Excel 数据管理与可视化

Excel 的数据管理和可视化可以为用户提供强大的数据分析能力和数据解释功能。本节将结合某卖场一季度商品销售统计表介绍数据管理和可视化操作。

【数据处理要求】

（1）为"一季度商品销售统计表"建立两个工作表副本,分别命名为"商品销售数据管理"和"商品销售数据可视化"。

（2）在"商品销售数据管理"工作表中,按照销售额降序以不同商品名称分类排序（按"商品名称"主要关键字升序,"销售额"次要关键字降序排列)。

（3）在"商品销售数据管理"工作表中,显示所有空调的数据记录,然后还原显示所有商品的数据记录。

（4）在"商品销售数据管理"工作表中,指定一个新的区域显示出第一季度每个月销量都超过100件的商品的数据记录。

（5）在"商品销售数据管理"工作表中,按照商品名称分类对合计销量和销售额进行汇总。

（6）在"商品销售数据可视化"工作表中,假设每月商品销售目标为100件,用数据条形式显示所有商品第一季度每个月销量达标情况。

（7）在"商品销售数据可视化"工作表中,根据所有商品第一季度每个月销量绘制折线迷你图。

（8）在"商品销售数据可视化"工作表中,以三维饼图中样式8的效果显示各个商品第一季度销售额占比。

（9）利用数据透视图和数据透视表功能在新的工作表中显示各种商品销售额汇总数据表,并以三维饼图中样式8的效果显示各种商品销售额汇总占比。

【效果展示】

"商品销售数据管理"工作表如图3-147所示,"商品销售数据可视化"工作表效果如图3-148所示,"商品销售数据"透视表和数据透视图如图3-149所示。

一季度商品销售统计表

商品编号	商品名称	商品型号	一月销量	二月销量	三月销量	合计销量	单价	销售额
00106	电冰箱	HE-300	149	109	122	380	¥3,699	¥1,405,620
00102	电冰箱	HE-210	128	117	102	347	¥2,599	¥901,853
00108	电冰箱	HE-160	89	115	97	301	¥1,899	¥571,599
电冰箱 汇总						1028		¥2,879,072
00111	电视机	XM-55	131	125	145	401	¥2,699	¥1,082,299
00105	电视机	XM-60	57	73	52	182	¥2,999	¥545,818
00101	电视机	XM-50	112	68	89	269	¥1,999	¥537,731
电视机 汇总						852		¥2,165,848
00110	空调	GL-350	62	86	149	297	¥3,999	¥1,187,703
00109	空调	GL-280	96	67	111	274	¥2,699	¥739,526
00103	空调	GL-230	113	126	72	311	¥2,099	¥652,789
空调 汇总						882		¥2,580,018
00112	洗衣机	MD-90	50	127	142	319	¥2,899	¥924,781
00107	洗衣机	MD-80	54	83	52	189	¥2,399	¥453,411
00104	洗衣机	MD-50	101	55	70	226	¥1,999	¥451,774
洗衣机 汇总						734		¥1,829,966
总计						3496		¥9,454,904

一月销量	二月销量	三月销量
>=100	>=100	>=100

商品编号	商品名称	商品型号	一月销量	二月销量	三月销量	合计销量	单价	销售额
00106	电冰箱	HE-300	149	109	122	380	¥3,699	¥1,405,620
00102	电冰箱	HE-210	128	117	102	347	¥2,599	¥901,853
00111	电视机	XM-55	131	125	145	401	¥2,699	¥1,082,299

图3-147 "商品销售数据管理"工作表效果

一季度商品销售统计表

商品编号	商品名称	商品型号	一月销量	二月销量	三月销量	合计销量	单价	销售额	迷你图
00101	电视机	XM-50	112	68	89	269	¥1,999	¥537,731	
00102	电冰箱	HE-210	128	117	102	347	¥2,599	¥901,853	
00103	空调	GL-230	113	126	72	311	¥2,099	¥652,789	
00104	洗衣机	MD-50	101	55	70	226	¥1,999	¥451,774	
00105	电视机	XM-60	57	73	52	182	¥2,999	¥545,818	
00106	电冰箱	HE-300	149	109	122	380	¥3,699	¥1,405,620	
00107	洗衣机	MD-80	54	83	52	189	¥2,399	¥453,411	
00108	电冰箱	HE-160	89	115	97	301	¥1,899	¥571,599	
00109	空调	GL-280	96	67	111	274	¥2,699	¥739,526	
00110	空调	GL-350	62	86	149	297	¥3,999	¥1,187,703	
00111	电视机	XM-55	131	125	145	401	¥2,699	¥1,082,299	
00112	洗衣机	MD-90	50	127	142	319	¥2,899	¥924,781	

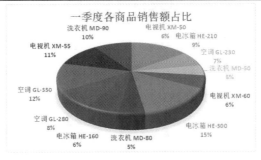

图 3-148　"商品销售数据可视化"工作表效果

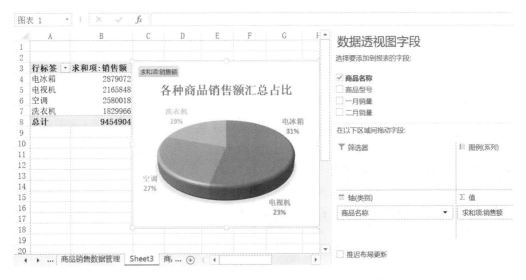

图 3-149　"商品销售数据"透视表和数据透视图

【制作思路】

首先,由于本案例中排序涉及多列数据,因此需要使用自定义排序功能。使用自动筛选和高级筛选可以显示出符合指定条件的数据。然后,利用分类汇总功能实现不同类别数据的汇总,并使用数据可视化的条件格式、迷你图、图表完成数据的可视化。最后,通过数据透视图和数据透视表功能生成分类汇总数据表和相应的图标。

【操作步骤】

1.建立并重命名工作表副本

右击"一季度商品销售统计表"工作表标签,在弹出菜单中选择"移动或复制"命令,打开"移动或复制工作表"对话框。如图 3-150 所示,在"下列选定工作表之前"的列表中选择"移至最后"项,并勾选"建立副本"复选框。单击确定即可建立"一季度商品销售统计表(2)",右击

"一季度商品销售统计表（2）"工作表标签，在弹出菜单中选择"重命名"命令，或直接双击工作表标签，修改工作表名为"商品销售数据管理"即可。使用同样的方法可建立"商品销售数据可视化"工作表。

2.数据排序

在"商品销售数据管理"工作表中选择数据区域中任意单元格，单击"数据"选项卡下"排序和筛选"组中的"排序"按钮，可打开"排序"对话框。如图 3-151 所示，在"主要关键字"下拉列表中选择"商品名称"，"次序"下拉列表中选择"升序"，并单击"添加条件"按钮。使用同样的方法设置"次要关键字"为"销售额"，次序为"降序"。然后单击确定即可。

图 3-150　"移动或复制工作表"对话框

图 3-151　"排序"对话框

3.数据筛选

（1）自动筛选

在"商品销售数据管理"工作表中选择数据区域中任意单元格，单击"数据"选项卡下"排序和筛选"组中的"筛选"按钮。如图 3-152 所示，单击"商品名称"字段右边出现的倒三角形按钮，在弹出的菜单中勾选"空调"复选框。然后单击"确定"即显示所有空调的数据记录。若要还原显示所有商品的数据记录，可在弹出菜单中勾选"全部"复选框或单击"排序和筛选"组中的"清除"按钮，也可以再次单击"排序和筛选"组中的"筛选"按钮直接退出筛选状态。

（2）高级筛选

首先在"商品销售数据管理"工作表中的 A16:C17 单元格区域输入筛选条件。如图 3-153 所示，在 A16 至 C16 单元格依次输入"一月销量""二月销量""三月销量"（注意：输入的内容必须与要筛选的字段内容完全一致），A17 至 C17 单元格输入">＝100"（由于筛选条件为每个月都超过 100 件，即同时满足，因此将筛选条件输入在同一行中）。

然后，在"商品销售数据管理"工作表中选择数据区域中任意单元格，单击"数据"选项卡下"排序和筛选"组中的"高级"按钮，可打开"高级筛选"对话框。如图 3-153 所示，"列表区域"保持默认的数据区域；"条件区域"选择此前输入筛选条件的"A16:C17"；选择"将筛选结果复制到其他位置"方式，激活"复制到"编辑框并选择一个显示筛选结果的位置，本案例中选择 A19 单元格。最后单击"确定"即可显示筛选结果，如图 3-147 所示。

图 3-152　自动筛选设置

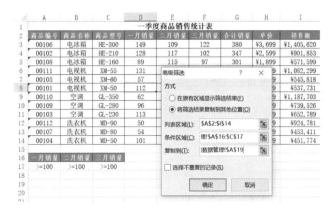

图 3-153　条件区域和高级筛选设置

4. 分类汇总

进行汇总之前应对数据按照分类字段排序,由于数据区域此前已经按照"商品名称"进行排序,因此可以直接进行汇总。在"商品销售数据管理"工作表中选择数据区域中任意单元格,单击"数据"选项卡下"分级显示"组中的"分类汇总"按钮,可打开"分类汇总"对话框。如图 3-154 所示,在"分类字段"下拉列表中选择"商品名称";在"汇总方式"下拉列表中选择"求和";在"选定汇总项"列表中选择"合计销量"和"销售额",然后单击"确定"即可。

5. 条件格式数据条

单击"商品销售数据可视化"工作表标签将它切换为当前工作表,选择 D3:G14 单元格区域。单击"开始"选项卡下"样式"组中的"条件格式"按钮,在弹出菜单中选择"数据条"下子菜单中"其他规则"命令,可打开"新建格式规则"对话框。如图 3-155 所示,"选择规则类型"保持默认选项"基于各自值设置所有单元格的格式";在"编辑规则说明"区域修改"最大值"类型为"数字",值为"100",其余保持默认。然后单击"确定"即可。单元格被数据条完全填充则表示已经达到销售目标,而数据条填充区域越小则表示距离销售目标越远。

图 3-154　分类汇总设置

图 3-155　新建格式规则设置

6. 绘制迷你图

在"商品销售数据可视化"工作表中添加字段"迷你图"用于显示迷你图。选择 J3:J14 单元格区域,单击"插入"选项卡下"迷你图"组中"折线图"按钮,可打开"创建迷你图"对话框。如图 3-156 所示,在"选择所需的数据"数据范围编辑框中选择 D3:F14 区域;"选择放置迷你图的位置"的位置范围编辑框保持默认的 J3:J14,然后单击"确定"即可。若要标记折线图上数据点,可勾选"设计"选项卡下"显示"组中的"标记"复选框。

图 3-156　创建迷你图设置

7. 生成图表

在"商品销售数据可视化"工作表中,选择 B2:C14 区域,然后按下 Ctrl 键继续选择 I2:I14 区域,单击"插入"选项卡下"图表"组中的"饼图"按钮旁的倒三角按钮,在弹出菜单中选择"三维饼图"命令便可生成图表。接下来在"设计"选项卡下"图标样式"组中选"样式 8"。如图 3-157 所示,将鼠标移至图表右上角,在弹出图标中选择"图标元素"的"数据标签"子菜单的"更多选项"命令,可打开"设置数据标签格式"任务窗格,如图 3-158 所示,勾选"数据标签包括"列表中"百分比"项。最后修改图表标题为"一季度各商品销售额占比"即可。

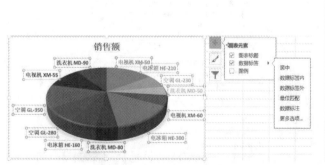

图 3-157　修改图表元素

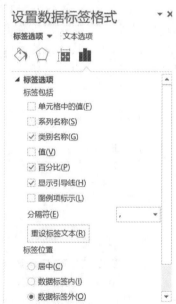

图 3-158　设置数据标签格式

8. 建立数据透视表并生成数据透视图

选择"商品销售数据可视化"工作表数据区域中任意单元格,单击"插入"选项卡下"图表"

组中的"数据透视图"按钮旁的倒三角按钮,在弹出菜单中选择"数据透视图和数据透视表"命令,打开"创建数据透视表"对话框。保持默认参数,单击"确定"后可新建一个包含数据透视表和数据透视图的工作表 sheet3。如图 3-159 所示,在"数据透视表字段"窗格中,将"商品名称"字段拖动至"轴(类别)"列表中,将"销售额"字段拖动至"∑值"列表中,即可得到相应的数据透视表和默认柱状图显示的数据透视图。

　　然后选择柱状图表,单击"设计"选项卡下"类型"组中的"更改图表类型"按钮,可打开"更改图表类型"对话框。如图 3-160 所示,选择"饼图"中的"三维饼图"即可以三维饼图效果显示数据透视图。最后参照第 7 步的操作,可设置三维饼图的图标样式为"样式 8",并以百分比方式显示数据标签。

图 3-159　数据透视表字段设置

图 3-160　更改图表类型设置

3.3　演示文稿 PowerPoint

　　演示文稿在工作汇报、企业宣传、产品推介、婚礼庆典、项目竞标、管理咨询中被广泛使用。PowerPoint 2013 是一款功能强大的演示文稿制作与播放软件,能制作出集文字、图形、图像、声音以及视频剪辑等多种媒体元素于一体的具有丰富视觉效果的演示文稿。

　　通过本节学习,可以掌握 PowerPoint 2013 的一些常用操作,例如创建演示文稿、编辑幻灯片、插入超级链接、建立动作按钮、插入声音与影像、自定义幻灯片的动画效果以及幻灯片切换的设置等。

3.3.1　认识 PowerPoint 2013

1. PowerPoint 2013 工作界面

　　成功启动 PowerPoint 2013 之后,会看到如图 3-161 所示 PowerPoint 2013 的工作界面。PowerPoint 2013 窗口主要包括快速访问工具栏、标题栏、选项卡、功能区、幻灯片编辑区、幻灯片/大纲窗格、状态栏等部分。

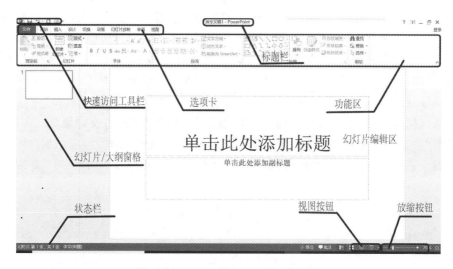

图 3-161　PowerPoint 2013 工作界面

PowerPoint 2013 快速访问工具栏选项卡的窗口的主要功能描述如下：

（1）选项卡

在 PowerPoint 2013 窗口的标题栏下方是选项卡栏，单击选项卡可以切换到与之相对应的功能区面板。选项卡分为主选项卡和工具选项卡。默认情况下，PowerPoint 2013 界面提供的是主选项卡，从左到右依次为文件、开始、插入、设计、切换、动画、幻灯片放映、审阅及视图。同样的，当幻灯片中某些特殊元素（例如图片、图表等）被选中操作时，在选项卡栏的右侧都会出现相应的工具选项卡。

（2）功能区

与 Word 和 Excel 相似，每选择一个选项卡，会打开对应的功能区面板，每个功能区根据功能的不同又分为若干个功能组。鼠标指向功能区的图标按钮时，系统会自动在光标下方显示相应按钮的名字和操作，单击各个命令按钮组右下角小箭头（如果有的话）可打开下设的对话框或任务窗格。

下面简单介绍一下 PowerPoint 2013 默认选项卡上功能区。

"开始"功能区包括"剪贴板""幻灯片""字体""段落""绘图"和"编辑"六个组，提供插入新幻灯片、将对象组合在一起以及设置幻灯片上的文本的格式。

"插入"选项卡包括"幻灯片""表格""图像""插图""加载项""链接""批注""文本""符号"和"媒体"十个组，提供将表、形状、图表、页眉或页脚等各种素材插入到演示文稿中。

"设计"选项卡包括"主题""变体"和"自定义"三个组，可自定义演示文稿的幻灯片的大小、背景、主题设计和颜色。

"切换"选项卡包括"预览""切换到此幻灯片"和"计时"三个组，可对切换幻灯片进行多种设置。

"动画"选项卡包括"预览""动画""高级动画"和"计时"四个组，可对幻灯片上的对象进行应用、更改或删除。

"幻灯片放映"选项卡包括"开始放映幻灯片""设置"和"监视器"三个组，可对开始幻灯片放映、自定义幻灯片放映的设置和隐藏单个幻灯片等。

"审阅"选项卡包括"校对""语言""中文简繁转换""批注"和"比较"五个组，可检查拼写、更改演示文稿中的语言或比较当前演示文稿与其他演示文稿的差异。

"视图"选项卡包括"演式文稿视图""母板视图""显示""显示比例""颜色/灰度""窗口"和"宏"七个组，可以查看幻灯片母版、备注母版、幻灯片浏览，还可以打开或关闭标尺、网格线和绘图指导。

(3)幻灯片编辑区

在幻灯片编辑区中，每次只显示单张幻灯片，可以用于直接编辑和处理各个幻灯片上的具体对象内容。

(4)幻灯片/大纲窗格

以缩略图或大纲方式显示演示文稿包含的幻灯片。可实现对幻灯片的"新建""剪切""复制""粘贴"和"删除"等操作。单击幻灯片缩略图可将该幻灯片切换到幻灯片编辑区并进行编辑。

2.基本概念

(1)幻灯片

幻灯片是半透明的胶片，上面印有需要讲演的内容，幻灯片需要专用放映机放映，一般情况下由演讲者进行手动切换。PowerPoint 是制作电子演示文稿的程序，在 PowerPoint 中用户以幻灯片为单位编辑演示文稿。

(2)演示文稿

PowerPoint 2013 演示文稿是以扩展名". pptx"保存的文件，一个演示文稿中包含多张幻灯片，每张幻灯片在演示文稿中既相互独立又相互联系。由于 PowerPoint 2003 以前版本电子演示文稿的文件扩展名是". ppt"，所以人们通常将 PowerPoint 文件简称为 PPT。

(3)占位符

幻灯片中虚线边框标识了"占位符"。绝大部分通过幻灯片版式创建的幻灯片中都有这种带有虚线或阴影线边缘的框，在这些框内可以放置标题及正文，或者是图表、表格和图片等对象。

(4)幻灯片版式

幻灯片版式指的是幻灯片内容在幻灯片上的排列方式。版式由占位符组成。而占位符可放置文字(例如标题和项目符号列表)和幻灯片内容(例如表格、图表、图片、形状和影片等)。

3.幻灯片的视图模式

为编辑、浏览幻灯片的需要，PowerPoint 2013 提供了几种不同的视图，各视图之间的切换可单击状态栏中(窗口右下角)不同按钮或"视图"选项卡下"演示文稿视图"组按钮实现。

(1)普通视图

当打开演示文稿时，系统默认的视图是普通视图，如图 3-162 所示。幻灯片大都是在此视图下建立和编辑的。在左侧幻灯片/大纲窗格中显示幻灯片的缩略图，选中需要编辑幻灯片的缩略图，便可在右侧幻灯片编辑区中进行编辑修改。

(2)大纲视图

切换到大纲模式的方法是单击"视图"选项卡下"演示文稿视图"组中的"大纲视图"按钮。如图 3-163 所示，在左侧幻灯片/大纲窗格中显示幻灯片中所有标题和正文，用户可利用"大纲"工具栏调整幻灯片标题、正文的布局、内容展开或折叠。注意，该模式下只显示在默认占位符中输入的文字，如果是用户自行建立的文本框中的文字，则不会显示出来。

图 3-162　普通视图　　　　　　　　图 3-163　大纲视图

(3)幻灯片浏览视图

在此视图下,所有的幻灯片缩小在窗口中,如图 3-164 所示,用户可以一目了然地看到多张幻灯片的整体效果,并可对单张或者多张幻灯片进行剪切、复制、粘贴和删除。若对演示文稿设置了"排练计时",则在幻灯片右下角还会显示该张幻灯片播放的时长。在该视图中,不能直接对幻灯片内容进行编辑,双击某张幻灯片后会自动切换到普通视图。

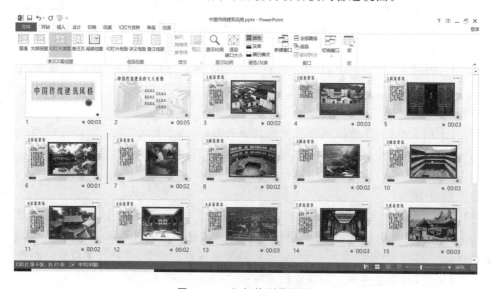

图 3-164　幻灯片浏览视图

（4）阅读视图

该视图仅显示标题栏、阅读区和状态栏，主要用于浏览幻灯片的内容。在该视图下，演示文稿中的幻灯片将以窗口大小进行放映。

（5）幻灯片放映视图

幻灯片按顺序全屏幕显示。单击鼠标或按 Enter 键都可显示下一张幻灯片，按 Esc 键可退出全屏幕并返回此前显示视图。

3.3.2　PowerPoint 基本操作

在使用 PowerPoint 2013 制作演示文稿之前，首先应创建一个新的演示文稿以供用户进行编辑，而在编辑好演示文稿之后，又需要对其执行保存操作，以便于日后查看和使用。

1. 新建演示文稿

为了满足使用者的需要，PowerPoint 提供了多种创建演示文稿的方法，例如创建空白演示文稿、利用本地主题创建演示文稿、搜索联机模板和主题创建演示文稿等，下面将分别对这些创建方法进行介绍。

（1）创建空白演示文稿

适合建立具有自己风格和特色的幻灯片，选择此项后 PowerPoint 会打开一个空白背景和无任何文本的空白幻灯片。

方法一：通过右键菜单创建。在桌面或文件夹空白处单击鼠标右键，在弹出的快捷菜单中选择"新建"菜单的"Microsoft PowerPoint 演示文稿"命令，在桌面上将新建一个空白演示文稿。

方法二：通过命令创建。启动 PowerPoint 2013 后，选择"文件"菜单中"新建"命令，在新建窗口中选择"空白演示文稿"即可创建一个空白演示文稿。

图 3-165　新建窗口

（2）利用本地主题创建演示文稿

主题是一组预定义的颜色、字体和视觉效果，应用于幻灯片能够具有统一、专业的外观。具体方法为在"新建"窗口单击想要使用主题的缩略图即可打开该主题变体设置窗口（如图 3-166 所示），选择右侧变体可在左侧窗口预览变体效果，单击窗口两侧的三角箭头按钮可向前或向后切换到其他主题，单击"创建"按钮可用所选主题创建一个新的演示文稿。

图 3-166　主题变体设置

（3）搜索联机模板和主题创建演示文稿

模板是一个主题和一些内容，用于特定目的，例如销售演示文稿、商业计划或课堂课程。模板由预先设计好的带有背景、文字格式、样本内容、图表、动画的若干张幻灯片所组成，用户只需要根据所提示输入实际的内容即可完成演示文稿的制作。具体方法为：在连接到互联网的状态下，通过在"新建"窗口搜索栏中输入关键字搜索相关的联机模板和主题，单击需要使用模板或主题的缩略图即可打开其预览效果及简介（如图 3-167 所示），单击"创建"按钮可基于选择的模板创建一个演示文稿（如图 3-168 所示）。

图 3-167　模板简介

图 3-168　利用模板创建的演示文稿

（4）利用新建相册功能创建演示文稿

若需要在演示文稿中展示多张照片，利用插入图片的方式一张张地插入，插入后需要设置图片大小和位置，这不仅需要耗费大量时间，并且手动排版也很难保证图片大小和位置的统一。在 PowerPoint 中可以使用新建相册的功能快速建立包含多张图片演示文稿。

具体方法为单击"插入"选项卡下"图像"组中的"相册"按钮，打开"相册"对话框，如图 3-169所示。单击"文件/磁盘"可选择建立相册演示文稿所需的图片文件。在"相册中的图片"

列表选中图片后,单击下方的上下箭头按钮可以调整图片顺序,"删除"按钮可直接删除选中图片。对话框右侧的预览框中可以预览选中的图片,预览框下方的六个按钮可以快速调整图片的方向、亮度和对比度。此外,在"相册版式"区域可以设置"图片版式"、"相框形状"和演示文稿"主题"。单击"创建"按钮可以创建相册演示文稿,如图 3-170 所示。

图 3-169　"相册"对话框

图 3-170　相册演示文稿

2.演示文稿的保存

制作好的演示文稿要及时保存在电脑中,以免丢失。常用的保存演示文稿的方法有如下几种:

（1）直接保存演示文稿

直接保存演示文稿是最常用的保存方法。编辑已保存在磁盘中的文档,选择"文件"菜单的"保存"命令,或单击快速访问工具栏中的"保存"按钮,可直接保存编辑后的结果。如果是未经保存过的新建文档,则会弹出"另存为"窗口。

（2）另存为演示文稿

如果需要更改保存位置或文件名,又不想改变原有演示文稿中的内容,可通过"另存为"命令操作。选择"文件"菜单的"另存为"命令,可显示"另存为"窗口,如图 3-171 所示,选择存储文件的位置。若选择"OneDriver"为云储存,需要注册相应的帐号或使用已有帐号登录到云端;若选择"计算机"为本地磁盘存储,可单击窗口右侧"浏览"按钮,打开"另存为"对话框,重新设置保存的位置和文件名,单击"保存"按钮。

图 3-171 "另存为"窗口

(3)保存为模板

将当前演示文稿保存为模板,以后制作同类演示文稿时可以使用,提高工作效率。与"另存为"操作类似,在打开"另存为"对话框后,选择"保存类型"下拉列表框中"PowerPoint 模板"选项即可,PowerPoint 模板的扩展名为".potx"。

3.幻灯片的编辑

(1)插入新幻灯片

创建 PowerPoint 演示文稿后,会自动创建一张新的幻灯片,随着制作过程的推进,需要在演示文稿中添加更多的幻灯片。添加新幻灯片的方法为单击"开始"选项卡下"幻灯片"组中的"新建幻灯片"按钮,在弹出菜单中选择需要的版式即可,如图 3-172 所示。

图 3-172 插入新幻灯片的版式选择

(2)选择幻灯片

在对幻灯片进行各种设置之前,首先要掌握选择幻灯片的方法。在"幻灯片/大纲"窗格或幻灯片浏览视图中,单击某张幻灯片缩略图,可选择单张幻灯片;单击要连续选择的第 1 张幻灯片,按住 Shift 键不放,再单击需选择的最后一张幻灯片,可选择多张连续的幻灯片;单击要选择的第 1 张幻灯片,按住 Ctrl 键不放,再依次单击需要选择的其他幻灯片,可选择多张不连续的幻灯片;按下"Ctrl＋A"组合键,可选择当前演示文稿中所有幻灯片。

(3)移动与复制幻灯片

各幻灯片的顺序可以根据需要进行移动;若制作的幻灯片与某张幻灯片内容或格式相似,可复制该幻灯片后再对其进行编辑,这样既能节省时间又能提高工作效率。

方法一:选择需移动的幻灯片,按住鼠标左键不放拖动到目标位置后释放鼠标完成移动操作。选择幻灯片后,按住 Ctrl 键的同时拖动到目标位置可实现幻灯片的复制。

方法二:选择需移动或复制的幻灯片,单击鼠标右键,在弹出的菜单中选择"剪切"或"复制"命令,然后将光标定位到目标位置,单击鼠标右键,选择"粘贴"命令,完成移动或复制幻灯片。也可以直接选择"复制幻灯片"命令实现在当前位置复制。

(4)删除幻灯片

在"幻灯片/大纲"窗格和幻灯片浏览视图中可对演示文稿中多余的幻灯片进行删除。选择一张或多张需删除的幻灯片,按 Delete 键或单击鼠标右键选择"删除幻灯片"命令即可。

3.3.3　PowerPoint 中的媒体元素

PowerPoint 中除了可以包含文字,还可以方便地将形状、图片、表格、图表、艺术字、音频、视频等多种媒体对象插入到幻灯片中,这极大地增强了演示文稿的可视化效果,让信息以更加生动有趣的方式传达给受众。

PowerPoint 中插入形状、图片、表格、艺术字和 SmartArt 图等对象的方法与 Word 操作基本一致,这里不再赘述。下面主要介绍插入文本、图表、音频、视频元素和超链接的方法。

1.文本

文本是演示文稿中至关重要的组成部分,简洁的文字说明使演示文稿更为直观明了。另外,为了使幻灯片中的文本层次分明,条理清晰,可以为幻灯片中的段落设置格式和级别,例如使用不同的项目符号和编号来标识段落层次等。PowerPoint 中文本有两种输入方法:

方法一:直接在版式提供的默认占位符中输入。该方法方便快捷,无须调整文字位置,文字格式为当前主题默认,风格统一,缺点是缺乏个性。

方法二:删除占位符,通过插入文本框输入文字。这种方法可以制作出有自己风格的富有个性的作品,但对用户的排版设计水平有一定的要求。

2.图表

与 Excel 2013 类似,用户可以在 PowerPoint 2013 中创建图表。根据图表涉及的数据量多少分为两种创建图表的方式。

(1)创建简单图表

在幻灯片版式提供的默认占位符中选择"插入图表"图表,或者单击"插入"选项卡下"插图"组中的"图表"按钮,可打开"插入图表"对话框,如图 3-173 所示。选择合适的图表类型后单击"确定"按钮即可插入所选的图表。与 Ecxel 中不同,这里并没有先选择生成图表所需要的数据。用户可以在图表生成后选中该图表,此时图表的"设计"选项卡被激活,单击"数据"组的"编辑数据"按钮可以在 PowerPoint 中编辑图表数据,如图 3-174 所示。数据改变后图表的显示相应发生变化。如果修改数据使用 Excel 软件的功能可以单击"编辑数据"按钮下方倒三角按钮,在弹出菜单中选择"在 Excel 2013 中编辑数据"。

图 3-173　"插入图表"对话框

图 3-174　编辑图表数据

（2）创建复杂图表

如果有许多数据要制成图表，可先在 Excel 中创建图表，然后将该图表复制到演示文稿中。当数据定期发生变化，并且希望图表始终反映最新的数据，这是最适合的方式。通过这种方式创建图表，在复制并粘贴图表时，必须确保该图表与原始 Excel 文件保持链接。

此外，在 PowerPoint 中不仅可以通过"设计"和"格式"选项卡编辑具有个性化的图表，还可以为图表添加各种动画效果，使演示效果更加生动。

3.音频

音频是人们最常用的信息传递和交流的形式，在演示文稿中恰当地使用音频，能更好地吸引观众的注意力、烘托气氛和丰富表现力。PowerPoint 中的音频通常有三类：背景音乐、动画声音和真人配音。PowerPoint 支持大多数常见的音频文件格式。

（1）PC 上的音频

插入 PC 上的音频的方法为：在演示文稿中定位到需要插入音频的幻灯片，单击"插入"选项卡下"媒体"组中的"音频"按钮下的倒三角按钮，在弹出菜单中选择"PC 上的音频"选项，可打开"插入音频"对话框，如图 3-175 所示。选择需要的音频文件，单击"插入"按钮即可。插入音频后，在幻灯片中出现如图 3-176 所示的音频标识，可在普通视图或者放映时控制音频的播放、暂停、播放速度和音量。此外，选中音频标识可激活如图 3-177 所示"播放"选项卡，可对音频进行相应设置。如需更详细的设置，可打开"动画窗格"，在音频文件的效果选项中进行相应的设置。

图 3-175　"插入音频"对话框

图 3-176　音频标识

图 3-177　音频"播放"选项卡

（2）录制音频

可以通过直接录音的方法为演示文稿配音。具体方法为,在演示文稿中定位到配音开始的幻灯片,单击"插入"选项卡下"媒体"组中的"音频"按钮下的倒三角按钮,在弹出菜单中选择"录制音频"选项,可打开"录制声音"对话框,如图 3-178 所示。单击"录音"按钮可以开始录音,单击"停止"按钮结束录音。停止后,录制的音频自动插入到幻灯片中,对应录制音频的相关设置与 PC 上的音频操作相同。

4. 视频

在 PowerPoint 中,可在幻灯片中插入视频对象以帮助演示。PowerPoint 2013 支持SWF、ASF、AVI、MPEG 和 WMV 等大多数常用视频文件格式。

在幻灯片版式提供的默认占位符中选择"插入图表"图表,可打开"插入视频"对话框,如图3-179 所示。在对话框中可选择采用"来自文件""YouTube"和"来自视频嵌入代码"的方式插入视频。或者单击在"插入"选项下"媒体"组中的"视频"按钮下的倒三角按钮,在弹出菜单中也可通过"联机视频"和"PC 上的视频"的方式插入视频。

图 3-178　"录制声音"对话框

图 3-179　"插入视频"对话框

插入后选中视频文件,可激活视频的"格式"和"播放"选项卡,它们提供了包括视频样式和剪裁视频以及视频显示和播放效果设置的功能。按住鼠标左键拖动视频对象可以将它移动到合适的位置,拖动视频对象四周的控制点可以放缩视频播放窗口大小。在普通视图的编辑状态或幻灯片放映时,可借助弹出的活动控制条进行音量和进度的调整,如图 3-180 所示。使用鼠标右键单击视频对象,选择"修剪"按钮,可打开"剪裁视频"对话框可以完成简单的视频剪辑功能,如图 3-181 所示。

图 3-180　插入的视频及控制条　　　　　图 3-181　"剪裁视频"对话框

5. 超链接

PowerPoint 的超链接具有丰富的交互功能,可以实现从一张幻灯片跳转到另一张幻灯片、连接到电子邮件、网页和其他文件。插入与编辑超链接方法为:首先,选中需要插入超链接的对象,例如文本、图形、图片、表格和图表等。然后,单击"插入"选项卡下"链接"组中的"超链接"按钮,或单击鼠标右键,在弹出快捷菜单中选择"超链接"命令,弹出"插入超链接"对话框,如图 3-182 所示,可插入四种类型的超链接:现有文件或网页、本文档中的位置、新建文档和电子邮件地址。

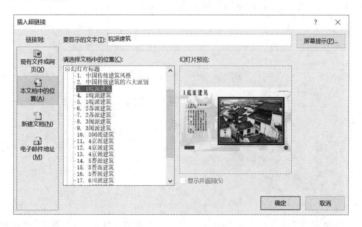

图 3-182　"插入超链接"对话框

6. 动作按钮

PowerPoint 中还可以通过添加动作按钮的方式实现交互。动作按钮可为用户提供单击或者鼠标悬停时要执行的操作。插入并设置动作按钮的方法为:首先选择"插入"选项卡下"插图"组中的"形状"命令,在下拉列表"动作按钮"栏中选择适合的按钮形状,如图 3-183 所示。鼠标变成十字光标符号,拖动鼠标左键,在当前幻灯片合适位置创建动作按钮,释放鼠标左键后,系统自动弹出"操作设置"对话框,每个按钮都有其默认的操作,按钮默认单击鼠标时的操作是超链接到"第一张幻灯片",如图 3-184 所示。更改"操作设置"对话框中的选项,可以调整单击或鼠标悬停时该动作按钮的操作,例如转到特定编号幻灯片、不同的 PowerPoint 演示文稿或网页、运行程序、运行宏、播放音频剪辑等。

图 3-183　"动作按钮"列表　　　　图 3-184　"操作设置"对话框

3.3.4　PowerPoint 的设计与美化

1. 幻灯片版式

幻灯片版式是 PowerPoint 中的一种常用排版格式,通过幻灯片版式的应用可以对文字、图片、表格、Smart 图表等元素进行调整使布局更加合理简洁。

(1)新建某种版式的幻灯片

可以直接将要插入的新幻灯片定为某种版式,具体操作方法为:选中需要插入幻灯片的位置后单击"开始"选项卡下"幻灯片"组中的"新建幻灯片"按钮,单击需要的版式,可选的版式如图 3-185 所示。

图 3-185　"新建幻灯片"版式列表

（2）更改幻灯片版式

启动 PowerPoint 2013 时，会显示作为封面的幻灯片，称为"标题幻灯片"。在标题幻灯片以后新建的幻灯片，默认情况下是"标题和内容"版式，用户可以根据需要重新设置其版式。具体操作方法为：选中需更改版式的幻灯片，单击"开始"选项卡下"幻灯片"组中的"版式"按钮，选择需要的版式。

2. 主题

PowerPoint 中可以利用"设计"选项卡下"主题"组中的主题模式功能快速对现有演示文稿的背景颜色、字体、效果等进行设置。注意，PowerPoint 模板和主题的最大区别是模板中可包含多种具体元素，例如图片、文字、图表、表格、动画、内容等，而主题中则只包含颜色、字体、效果三种元素的设置。

（1）快速应用主题

在"设计"选项卡下"主题"组中，单击预览图右侧的倒三角按钮调出主题库，在所有预览图中选择想要的主题，单击选中并应用在幻灯片中，如图 3-186 所示。

（2）更改并保存主题样式

如果对默认主题样式库中的样式不满意，可利用"设计"选项卡下"变体"组中的主题样式设置工具设置主题的颜色、字体、效果和背景样式，如图 3-187 所示。其中，主题效果是线条与填充效果的组合。

图 3-186　"主题样式"列表　　　　　　　图 3-187　"主题样式"设置工具

主题样式中，背景对于幻灯片非常重要。幻灯片要吸引人，除内容充实之外，漂亮或清新或淡雅的背景图片是必不可少的，能使幻灯片更具创意。单击"设计"选项卡下"变体"组中的"背景样式"命令，在弹出列表中可快速选择默认背景样式。也可以单击"自定义"组或"背景样式"命令弹出列表中的"设置背格式"命令，打开"设置背景格式"任务窗格，这里包含"纯色填充""渐变填充""图片或纹理填充""图案填充"四种填充模式，如图 3-188 所示。选择适合的颜色、图片或图案便可应将该背景应用于当前幻灯片，单击"全部应用"按钮则会将该背景应用于本演示文稿的所有幻灯片。

对于设置好的主题，如果想要保存并留在以后使用，可以单击"主题样式"列表最下方的"保存当前主题"命令，弹出"保存当前主题"对话框，保存在默认的路径中（主题扩展名为.thmx），以后在主题的预览界面中可以看到该主题。

图 3-188　背景样式设置工具

3.页眉和页脚

在 PowerPoint 中可以为幻灯片、备注和讲义分别添加页眉和页脚信息。具体操作方法为：单击"插入"选项卡下"文本"组中的"页眉和页脚"按钮，弹出"页眉和页脚"对话框，如图 3-189 所示，这里可对日期和时间、幻灯片编号、页脚等元素内容进行编辑，并设置其是否显示，但是无法设置文字的字号、字体和颜色信息，如需要修改文字的这些属性需要在相应的母版中设置。最后单击"全部应用"或"应用"按钮即可。

图 3-189　"页眉和页脚"对话框

4.幻灯片母版

母版是幻灯片层次结构中的顶层幻灯片，用于存储有关演示文稿主题和幻灯片版式的信息，可设置演示文稿中每张幻灯片共同的特征，使其具有统一的风格，包括标题样式、文本位置和格式、背景图案、项目符号样式、是否在每张幻灯片上显示页脚、日期及幻灯片编号等。每个演示文稿至少包含一个幻灯片母版，任何对母版的更改都将影响基于该母版的所有幻灯片，如果要使个别幻灯片外观与母版不同，可直接修改该幻灯片。

幻灯片母版视图共有三种：幻灯片母版、讲义母版和备注母版。其中幻灯片母版是最常用的母版，用于设置幻灯片的对象格式，讲义母版用于设置讲义的打印格式，而备注母版用于设置备注的格式。

（1）幻灯片母版

单击"视图"选项卡下"母版视图"组中的"幻灯片母版"按钮,可进入幻灯片母版视图,如图3-190 所示。

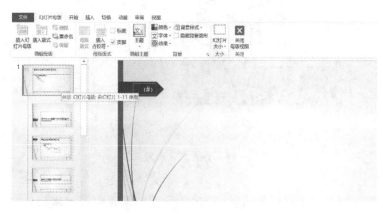

图 3-190　幻灯片母版视图

在该界面下,可以看到左侧有模板的缩略图,其中第一张母版缩略图大于其他缩略图,在第一张母版缩略图中进行背景图片、字体、字号、颜色等设置后会全部应用在下面所有的母版缩略图中。

下面不同的母版缩略图对应着幻灯片制作时可选择的不同版式(即可以选择单栏、双栏、仅标题等,在编辑幻灯片时可在左侧缩略图上右击,在弹出的下拉菜单中选择"版式",在版式库中再次选择适合的版式即可更改)。由于实际使用时不同版式也会有设计上的差异,所以也可以在此处针对母版视图下的各个版式进行单独的设置,从而满足使用的具体需求。

在幻灯片母版中,主要对幻灯片中的统一信息进行编辑设置,如对标题和文字占位符中不同级别的文字进行字体、字号、颜色等内容的设置;对页眉和页脚对话框中日期和内容、幻灯片编号、页脚等元素大小和位置的调整及其文字属性的设置;为演示文稿添加企业或机构的标志等。调整和设置完所有的内容后,单击"幻灯片母版"选项卡中"关闭母版视图"按钮,切换到普通视图,此时相应的幻灯片元素及其属性已经按照幻灯片母版设置的样式发生了改变。

（2）备注母版

演讲者可以将演讲的内容写在备注页内,在使用"演示者视图"放映时,演讲者的显示器中能够显示备注页中的内容,而观众观看的投影仪播放的只有幻灯片本身。备注母版视图中主要设置可在其下半部分备注页中各级别文字的字号、字体和颜色等信息,如图 3-191 所示。

（3）讲义母版

由于幻灯片不同于 Word 文档,通常只包含重要的标题、表格和图表等信息,因此如果 1张幻灯片打印在 1 张纸上面十分浪费。可以使用讲义的形式将多张幻灯片打印在 1 张纸上。在讲义母版视图中,主要可以设置页眉、页脚、日期、页码等元素是否显示,以及它们在页面中大小位置。此外,还可以设置打印出来的讲义背景效果,如图 3-192 所示。

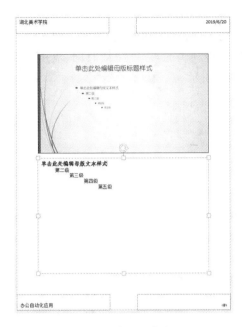

图 3-191 备注母版视图

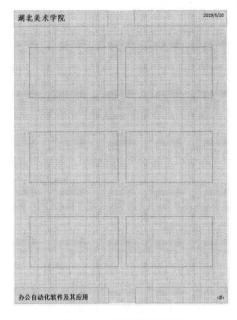

图 3-192 讲义母版视图

3.3.5 PowerPoint 动画设置

在演示文稿中加入动画效果可以让演示更加生动活泼。动画的适当应用让演示更容易吸引观众注意力。因此,动画制作对于 PowerPoint 是非常重要的一部分内容,本节介绍 PowerPoint 2013 中主要的动画种类及其基本制作方法。

PowerPoint 中的动画大体分为幻灯片切换效果和自定义动画两大类:

1.幻灯片切换效果

(1)添加幻灯片切换效果

幻灯片切换效果是指两张连续的幻灯片之间的过渡动画效果。具体操作方法为:选中幻灯片,单击"切换"选项卡下"切换到此幻灯片"组展开的切换效果库,选择"随机线条",如图 3-193 所示。

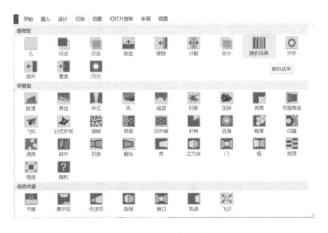

图 3-193 幻灯片切换效果

（2）设置幻灯片切换效果

一部分切换效果可单击"效果选项"进行动画的方向设置，本例中的"随机线条"可以设置为"垂直"和"水平"方向；在"计时"组中，可以设置切换动画的声音、持续时间、应用范围（默认为只在当前选中幻灯片中）、换片方式等，如图3-194所示。

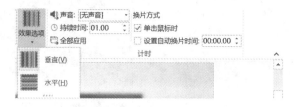

图3-194　幻灯片切换效果设置

2. 自定义动画

（1）添加自定义动画

幻灯片中的各种对象，例如文字、图片、形状、视频、图表、表格等，都可以添加自定义动画。具体操作方法为：选中一个需要添加动画的对象，在"动画"选项卡下"动画"组中单击下拉列表，可以看到一共有进入、强调、退出和动作路径四类动画效果，如图3-195所示。根据不同的需求选中相应的动画效果即可。当简单的幻灯片动画不能满足演示需求时，可通过动画效果列表中的更多进入效果、更多强调效果、更多退出效果和其他动作路径来设置所需的动画效果。

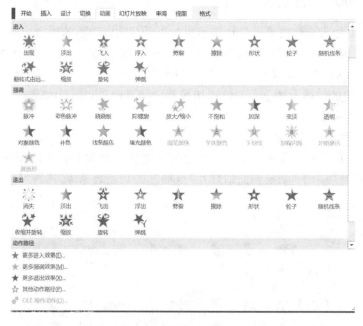

图3-195　"动画"下拉列表

（2）组合动画

对于一个对象可以单独设置以上四种类型自定义动画中任何一种动画，也可以将多种效果同时应用在一个对象上。如要制作一颗闪烁的星星在空中移动，可以将路径动画和强调动画中的"脉冲"结合。具体操作方法为：先为对象添加第一种动画，然后单击"高级动画"组中的"添加动画"按钮，在下拉列表中选择第二种动画；类似地，用同样的方法可以给同一个对象添加多种动画效果,制作出精彩的组合动画。

(3)设置动画

要制作出精彩的组合动画,只添加多种动画是不够的,还要对各个动画做后期的设置,具体操作方法为:单击"高级动画"组中的"动画窗格"按钮,在程序窗口右侧弹出"动画窗格",选中某个动画使用相应功能进行各种设置,如图 3-196 所示。

图 3-196　动画设置功能

其中,"高级动画"组中的"动画刷"能复制一个对象上的动画,并将复制的动画应用于其他对象上。当演示文稿中有大量对象需要应用相同的动画时,使用"动画刷"功能十分方便快捷。

3.3.6　PowerPoint 放映与输出

1.演示文稿的放映

(1)设置放映方式

在幻灯片放映前可以根据使用者的不同,设置不同的放映类型。具体操作方法为:单击"幻灯片放映"选项卡下"设置"组中的"设置放映方式"按钮,可打开的"设置放映方式"对话框,如图 3-197 所示。共有三种放映类型,包括演讲者放映(全屏幕)、观众自行浏览(窗口)和在展台放映(全屏幕)。通常情况下可使用演讲者放映类型,此时演讲者可以控制放映的过程,适合于大屏幕投影的会议和授课。

(2)排练计时

排练计时可以设置并记录下每张幻灯片的播放时间。因此,使用排练计时功能可以更加准确地为演讲者掌控时间。此外,设置好排练计时还可以使演示文稿按设定好的换片时间自动播放。具体操作方法是:单击"幻灯片放映"选项卡下"设置"组中的"排练计时"功能。

在启用该功能后,幻灯片进入全屏放映状态,屏幕左上角会出现"录制"控制条,如图 3-198 所示。该控制条自动开始计时,单击"下一项"按钮,会记录当前动画停留的时间并切换到下一个动画效果,当演讲完成显示提示对话框,单击"是"按钮可保留排练计时。如果在"设置放映方式"对话框中将"换片方式"设置为"如果存在排练时间,则使用它",该幻灯片进行放映时就会自动按照该时间设置播放幻灯片。

图 3-197　"设置放映方式"对话框

图 3-198　"录制"工具条

（3）录制旁白

录制旁白是在排练计时的基础上加上录制演示者声音的功能，可以供排练者事后观摩自己的讲演，以便进行改进。具体操作方法是：单击"幻灯片放映"选项卡下"设置"组中的"录制幻灯片演示"按钮，在弹出菜单中选择"从头开始录制"或者"从当前幻灯片开始录制"命令，弹出"录制幻灯片演示"对话框，勾选"旁白、墨迹和激光笔"复选框，单击"开始录制"按钮即可开始录制旁白，如图 3-199 所示。

（4）应用演示者视图

在讲演过程中，由于演示文稿中的文字一般只包含演讲内容的主要提纲，所以常常需要一些文字提示。此时可以使用"演示者视图"功能。在使用该功能的状态下，演讲者可以在演示状态下同时看到缩略图、当前视图和备注等几个区域，而观众看到投影显示的画面只有幻灯片全屏显示视图。

启用演示者视图模式的具体操作方法是：在"幻灯片放映"选项卡下"监视器"组中，如图 3-200 所示，选择"使用演示者视图"。系统会自动寻找多个监视器，并打开"显示属性"对话框。在该对话框的"显示"下拉列表中选择其他监视器，选中"将 Windows 桌面扩展到该监视器上"复选框，然后单击"确定"按钮即可。放映时，演讲者看到的视图效果如图 3-201 所示。

图 3-199 "录制幻灯片演示"对话框　　图 3-200 启用演讲者视图

图 3-201 演讲者视图效果

2. 演示文稿的输出

(1) 打印演示文稿

页面设置完毕后就可以打印演示文稿,打印前应对打印机、打印范围、打印内容、打印份数等参数进行设置。在将演示文稿进行打印的时候,可以选择不同的打印方式,可供选择的有幻灯片、讲义、备注页和大纲。在选择打印讲义类型后,还可以选择每页打印几张幻灯片的内容。具体操作方法是:选择"文件"菜单的"打印"命令,弹出"打印"选项设置,在右侧默认有打印预览效果,如图 3-202 所示。

图 3-202 "打印"选项设置

(2) 演示文稿导出

演示文稿除了通过 PowerPoint 软件放映,还能以 PDF/XPS 文档、创建视频、将演示文稿打包成 CD、创建讲义等方式导出。具体操作方法为:打开演示文稿文件,单击"文件"菜单的"导出"命令,在右侧"导出"设置窗口中选择需要导出的方式,如果选择"创建 PDF/XPS 文档"项,则在最右侧窗口单击"创建 PDF/XPS"按钮,如图 3-203 所示,在弹出"发布为 PDF 或 XPS文档"对话框中,为文件命名并选择文件类型,最后指定需要存放的文件夹位置,单击"发表"按钮即可。

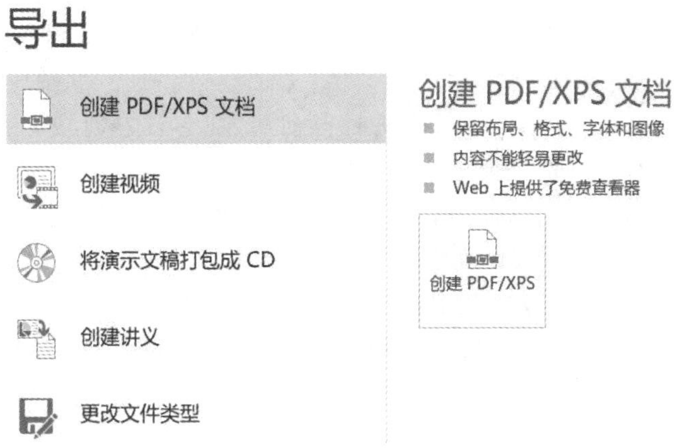

导出

创建 PDF/XPS 文档

创建视频

将演示文稿打包成 CD

创建讲义

更改文件类型

创建 PDF/XPS 文档

- 保留布局、格式、字体和图像
- 内容不能轻易更改
- Web 上提供了免费查看器

创建 PDF/XPS

图 3-203 导出演示文稿设置

（3）另存为视频格式

PowerPoint 2013 可以将演示文稿直接保存为 MP4 和 WMV 格式的视频文件。具体操作方法是：打开演示文稿文件，单击"文件"菜单的"另存为"命令，在弹出的"另存为"对话框中选择保存类型，如图 3-204 所示，例如 MPGE-4 视频文件，视频名称命名完毕后，在演示文稿底部就会显示正在转换视频的进度，如图 3-205 所示。转换完成后，会生成一个可以直接播放的视频文件。这种方法适用于网络上传自己制作的演示文稿，或在没有安装 PowerPoint 软件的设备上观看幻灯片内容。

注意，使用导出方式创建视频，需要设置每张幻灯片放映的秒数且必须相同（默认为 5 秒），还可以根据应用场景的需要设置视频的画面大小。而以另存为方式获得演示文稿视频，无须设置参数，PowerPoint 将按照用户排练计时设置的各幻灯片时间间隔以默认画面大小转换为视频。

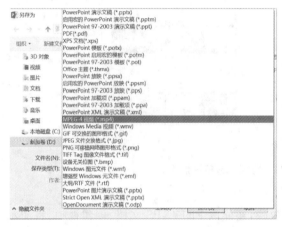

图 3-204　另存为 MPGE-4 视频文件　　　　图 3-205　转换视频进度

3.3.7　综合案例——PowerPoint 演示文稿制作

PowerPoint 被广泛应用于教学、演讲、报告、产品演示等应用场景，用于展示所要讲解的内容，应用演示文稿可以更有效地进行表达和交流。本案例将利用一些文字、图片、音频和视频素材，结合本节介绍的部分功能编辑制作一份有关中国传统建筑风格的演示文稿。

【制作要求】

演示文稿开始有一张封面幻灯片，放映时自动播放《春江花月夜》古曲，曲子贯穿所有幻灯片。接着第 2 张幻灯片是目录幻灯片，包括中国传统建筑的 6 大派别的标题，单击标题可以访问与派别建筑相关的幻灯片内容。第 3 张到第 20 张幻灯片是六大派别建筑的具体幻灯片内容。第 21 张幻灯片包含介绍"江南三大名楼"的视频。每张幻灯片具有切换效果，且幻灯片上的文字和图片设置相应的动画效果。为幻灯片设置排练计时，使它能够自动放映，并将幻灯片另存为视频格式，方便在没有安装 PowerPoint 的计算机上展示或发布在网页上。

【效果展示】

根据幻灯片制作要求，幻灯片讲义打印预览效果如图 3-206 所示。

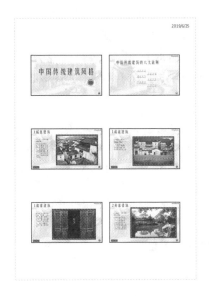

图 3-206　幻灯片讲义打印预览效果

【制作思路】

演示文稿共包含 21 张幻灯片,需要制作 1 张封面幻灯片,1 张目录幻灯片,6 大派别的传统建筑介绍共 18 张幻灯片,最后用 1 张包含视频的幻灯片介绍中国传统建筑中的"江南三大名楼"。主要任务包括以下几点:

(1)在第 1 张封面幻灯片中插入《春江花月夜》古曲,并设置为背景音乐。

(2)在第 2 张目录幻灯片中将每个派别标题超链接到相应的内容幻灯片。

(3)为了使演示文稿中各幻灯片中各种元素布局保持统一。首先,需要设置一个主题效果,本例使用"木头类型"主题。然后插入页脚内容(本例为"中国传统建筑赏析")及幻灯片编号。最后对幻灯片母版进行适当编辑,包括调整幻灯片第 1～21 张使用的幻灯片母版中页脚文本框所在的位置以及设置其背景;调整幻灯片第 3～21 张使用的幻灯片母版中标题占位符的位置及其文字字体设置,添加指向"上一页""下一页"和"目录页"的动作按钮。

(4)在第 21 张幻灯片中插入介绍"江南三大名楼"的视频。

(5)为每张幻灯片设置适当的切换效果,本例中第 1 张为"涟漪",第 2 张为"翻转",第 3 到 21 张为"页面卷曲"。

(6)为各幻灯片中的文本占位符和图片设置适当动画效果。第 2 张中六大派别的标题为出现动画的"飞入",第 3 到 20 张中的文本为出现动画的"盒状",图片为出现动画的"缩放"。

(7)使用"排练计时"功能为演示文稿放映计时。

(8)将幻灯片另存为视频格式。

【操作步骤】

1.新建并编辑演示文稿

(1)打开 PowerPoint 2013 软件,单击"文件"菜单的"新建"命令,在右侧窗口选择"木材纹理"主题,在弹出窗口的"木头类型"中选择第一种,如图 3-207 所示。单击"创建"按钮即可以该主题新建演示文稿。然后单击"文件"菜单的"保存"命令,在右侧"另存为"窗口中选择文件保存位置,将演示文稿命名为"中国传统建筑风格",单击"保存"按钮即可。

(2)第 1 张标题幻灯片为封面,在默认生成的标题幻灯片的标题占位符中输入"中国传统建筑风格"。然后单击"插入"选项卡下"媒体"组中的"音频"按钮下的倒三角按钮,在弹出菜单选择"PC上的音频"命令,打开"插入音频"对话框,选择"01《春江花月夜》短.mp3",单击"插入"按钮即可插入音频。最后选中音频标识,在激活的"播放"选项卡下"音频样式"组中选择"在后台播放",便可实现音乐贯穿所有幻灯片效果,如图3-208所示。

图3-207　"木材纹理"主题类型　　　　　图3-208　第1张幻灯片效果

(3)第2张幻灯片为目录。单击"开始"选项卡下"幻灯片"组中"新建幻灯片"按钮右侧的倒三角按钮,在弹出版式列表中选择"标题和内容",在其标题占位符中输入"中国传统建筑的六大派别"。然后删除下方占位符,选择"插入"选项卡下"文本"组中的"文本框"的"横排文本框"命令,绘制一个横排文本框,在文本框中输入各派别标题内容并排版,如图3-209所示。

图3-209　第2张幻灯片效果

(4)第3到20张幻灯片是六大派别建筑的具体幻灯片内容。新建第3张幻灯片,版式选择"两栏内容"。首先,在其标题占位符中输入"1皖派建筑"。然后单击右侧占位符中的"图片"按钮,在弹出"插入图片"对话框选择"皖派建筑1.jpg"文件,单击"插入"按钮完成图片插入,如图3-210所示。选择"格式"选项卡下"图片样式"组列表中的"双框架,黑色"样式。接下来将与图片相关的介绍文字输入到左侧的占位符中。最后适当调整图片和文本占位符的大小和位置即可,如图3-211所示,标题占位符可以在母版中统一调整。使用同样的方法编辑第4到20张幻灯片。

图3-210　"插入图片"对话框　　　　　图3-211　第3张幻灯片效果

　　(5)新建第 21 张幻灯片,版式选择"标题和内容"。在其标题占位符中输入"江南三大名楼欣赏"。然后单击下方占位符中的"插入视频文件"按钮,单击弹出窗口中的"浏览"。最后在弹出的"插入视频文件"对话框中选择"江南三大名楼.mp4"文件,单击"插入"按钮即可完成视频插入,如图 3-212 所示。

　　(6)插入页眉和页脚。单击"插入"选项卡下"文本"组中的"页眉和页脚"按钮,弹出"页眉和页脚"对话框,如图 3-213 所示,勾选"幻灯片编号""页脚"和"标题幻灯片中不显示"复选框,并在"页脚"编辑框中输入"中国传统建筑赏析",单击"全部应用"按钮。

图 3-212　第 21 张幻灯片效果

图 3-213　"页眉和页脚"对话框

　　(7)设置背景格式。单击"设计"选项卡下"自定义"组中的"设置背景格式"按钮,打开"设置背景格式"窗格,如图 3-214 所示,在窗格中选择"图片或纹理填充"类型,然后单击"文件"按钮,弹出"插入图片"对话框,如图 3-215 所示,选择"背景素材.jpg"文件,单击插入即可设置当前幻灯片的背景格式,最后单击右侧"设置背景格式"窗格中的"全部应用"按钮可将该背景格式应用于本演示文稿全部幻灯片。

图 3-214　"设置背景格式"窗格

图 3-215　"插入图片"对话框

　　至此,该演示文稿的基本编辑完成。

　　2.设置超链接

　　选择第 2 张幻灯片的文本框中"皖派建筑"文字,单击"插入"选项卡下"链接"组中的"超链接"按钮,弹出"插入超链接"对话框,如图 3-216 所示,在左侧列表中选择"本文档中的位置"并在中间列表选择相应幻灯片标题,然后单击"确定"按钮便可为选择的文字建立超链接。使用同样的方法为其余标题文字建立超链接。

图 3-216 "插入超链接"对话框

3.编辑幻灯片母版

(1)单击"视图"选项卡下"母版"组中的"幻灯片母版"按钮,在左侧幻灯片母版缩略图中选择幻灯片第 1～21 张使用的母版,将母版中页脚移动到幻灯片右上角,设置字体为华文楷体,字号为 12 磅,文字颜色为深红,如图 3-217 所示。

图 3-217 调整母版页脚效果

(2)在左侧幻灯片母版缩略图中选择幻灯片第 3～20 张使用的母版,将母版中标题占位符移动到幻灯片左上角,设置字号为 48,如图 3-218 所示。在母版左下角创建动作按钮,选择"插入"选项卡下"插图"组中的"形状"命令,在下拉列表"动作按钮"栏中选择适合的按钮形状,鼠标变成十字光标符号,拖动鼠标左键,在母版左下角合适位置创建动作按钮,释放鼠标左键后弹出"操作设置"对话框,保存默认参数,单击"确定"按钮即可。再使用同样的方法依次创建指向"下一页"和"目录页"的动作按钮,其中"目录页"按钮需在"操作设置"对话框中修改"超链接到"第 2 张目录幻灯片,如图 3-218 所示。

图 3-218 调整母版占位符、添加动作按钮效果

4.设置幻灯片切换效果

选中第 1 张幻灯片,单击"切换"选项卡下"切换到此幻灯片"组展开的切换效果库,选择"涟漪"效果。使用同样的方法将第 2 张幻灯片设置为"翻转"效果,第 3 到 20 张幻灯片为"页面卷曲"效果,第 21 张幻灯片为"蜂巢"效果。

5.设置动画效果

选中第 2 张幻灯片的"皖派建筑",单击"动画"选项卡下"动画"组展开的"进入"效果中的"飞入",如图 3-219 所示,设置其"效果选项"为"自左上部"。使用同样方法依次为"苏派建筑""京派建筑""川派建筑""晋派建筑"和"闽派建筑"等标题文字设置"飞入"动画效果,其"效果设置"为依次为"自右上部""自右侧""自右下部""自左下部"和"自左侧"。然后单击"动画"选项卡下"高级动画"组中的"动画窗格"按钮,在右侧"动画窗格"修改第 2 至 5 个动画播放的开始方式为"从上一项之后开始",如图 3-220 所示。

选中第 3 张幻灯片左侧内容占位符中文字,单击"动画"选项卡下"动画"组展开的"进入"效果中的"形状",如图 3-221 所示,设置其"效果选项"为"放大""方形"和"作为一个对象"。选中右侧内容占位符的图片,单击"进入"效果中的"缩放",并设置其"效果选项"为"对象中心"。使用类似的方法可以为第 4 到 20 张幻灯片中的对象设置其他动画效果,也可以使用"高级动画"组中的动画刷将第 3 张幻灯片中的动画效果应用到其他幻灯片。

图 3-219　飞入动画效果选项　　图 3-220　设置动画播放开始方式　　图 3-221　形状动画效果选项

6.设置排练计时

单击"幻灯片放映"选项卡下"设置"组中的"排练计时"功能,屏幕左上角会出现"录制"控制条,单击"下一项"按钮,根据需要控制每一个动画停留的时间并切换到下一个动画效果,当计时完成显示提示对话框,单击"是"按钮可保留排练计时。切换到"幻灯片浏览"视图可查看各张幻灯片放映的时长,如图 3-222 所示。

图 3-222　各张幻灯片排练计时时长

7.另存为视频

单击"文件"菜单的"另存为"命令,在弹出的"另存为"对话框中,保存位置选择幻灯片所在文件夹,保存类型列表中选择 MPGE-4 视频文件,对话框中默认文件名为"中国传统建筑风格.mp4",单击"保存"按钮,在演示文稿底部就会显示正在转换视频的进度。转换完成后,在幻灯片所在文件夹内会生成一个视频文件。

习题 3

一、单选题

1.下列不属于 Microsoft Office 软件包的软件是(　　)。

A. Excel　　　　　　B. Word　　　　　　C. Photoshop　　　　　　D. PowerPoint

2.当插入点在 Word 文档中时,按 Delete 键将删除(　　)。

A. 插入点所在的行　　　　　　　　B. 插入点所在的段落

C. 插入点左边的一个字符　　　　　　D. 插入点右边的一个字符

3.以下哪个选项不是 Word 中文档后缀(　　)。

A. DOCX　　　　　　B. XLSX　　　　　　C. DOCM　　　　　　D. DOTM

4.在编辑 Word 文档时,重复上一次的操作应按下(　　)键。

A. Ctrl+Z　　　　B. Ctrl+T　　　　C. F3　　　　　　D. F4

5.在 Excel 单元格 E3 中有公式"=C3+D3",将 E3 单元格的公式复制到 D4 单元格内,则 D4 单元格的公式是(　　)。

A. =B2+C2　　　　B. =B3+C3　　　　C. =B4+C4　　　　D. =B5+C5

6.Excel 工作表数据发生变化时,则相关联的图表(　　)。

A. 断开连接　　　　B. 自动更新　　　　C. 保持不变　　　　D. 图表损坏

7.若在 Excel 的同一单元格中输入的文本有两个段落,在第一段落输入完成后,应使用组合键(　　)在单元格内实现换行。

A. Crtl+Enter　　　B. Tab+Enter　　　C. Alt+Enter　　　　D. Shift+Enter

8.在某个 Excel 工作表的 A9 单元格中输入(　)并回车后,不能显示 A4+A5 的结果。

A. =SUM(A4,A5)　　　　　　　　B. =SUM(A4:A5)

C. =SUM(A4_A5)　　　　　　　　D. = A4+A5

9.在 Excel 单元格中输入电话号码 02781311234,正确的输入方法是(　)。

A. 0 空格 02781311234　　　　　　　　B. 02781311234

C. '02781311234　　　　　　　　　　 D. $02781311234

10. 在 PowerPoint 的"切换"动画,可以使用在(　　　)上。

A. 文字　　　　　B. 图片　　　　　　C. 幻灯片　　　　　　D. 图表

二、填空题

1. 在 Word 中,若是误操作可以按_____组合键进行恢复。

2. Word 2013 版本创建的文件,另存为兼容 Word 97—2003 版本,其文件扩展名为____。

3. 在 Word 文档中,若只打印文档的第 5 页到第 9 页和 13 页到最后 1 页,应在"打印"对话框中的"页码范围"中输入_____。

4. Excel 中统计 A3 到 C3 单元格中所有数据的平均值,可以使用函数表达式_____。

5. Excel 中对数据设置_____,可以使数据按照一定的条件以不同的格式显示。

6. Excel 中在单元格插入公式要以_____开始。

7. Excel 中工作表分类汇总前必须先按照分类字段对工作表进行_____。

8. 若要求只显示满足特定条件范围的数据,可以使用 Excel 的_____功能。

9. Excel 2013 中提供的_____功能,通过设置单元格可接受数据的类型和范围,可以有效地避免输入错误。

10. PowerPoint 中,_____为演示文稿提供完整的格式集合,包括颜色、字体、效果等。

11. PowerPoint 中,修改和使用_____可以对演示文稿中每张幻灯片进行统一的样式更改。

三、简答题

1. 你所学过的微软 Office 办公软件主要包含哪几个? 各有什么用途?

2. 在 Word 文档中,使用"查找/替换"功能将文档中的所有英文字母替换成字体为"Times New Roman",字号为"4",颜色为"蓝色",请写出具体操作步骤。

3. 在 Excel 中单元格的引用方式分为哪两种? 分别有何特点?"$C$2"属于哪一种引用?

4. 简述幻灯片母版的用途?

5. 下图为某 Excel 成绩表。平时成绩、期中成绩、期末成绩为百分制,分别占总评成绩 30%、10%和 60%。

(1)怎样将表格标题居中?

(2)怎样使用公式和填充柄在 F3 到 F7 单元格内求出"总评成绩"?

(3)怎样利用函数和填充柄在 C8 到 E8 单元格内求出各部分的"平均成绩"?

(4)怎样使用函数在 G3 到 G7 单元格中求出排名?

	A	B	C	D	E	F	G
1	计算机成绩表						
2	学号	姓名	平时30%	期中10%	期末60%	总评成绩	排名
3	20190101	张丰雨	82	90	95	90.6	1
4	20190102	李强成	75	95	75	77	4
5	20190103	王思琪	89	90	80	83.7	3
6	20190104	张小军	48	70	50	51.4	5
7	20190105	赵一凡	92	90	85	87.6	2
8	各部分平均成绩		77.2	87	77	80.1	
9							

第4章 数字媒体技术与应用

数字媒体是一个应用领域很广的新兴学科,是以信息科学和数字技术为主导,以大众传播理论为依据,以现代艺术为指导,将信息传播技术应用到文化、艺术、商业、教育和管理领域的科学与艺术高度融合的综合交叉学科。数字媒体包括文字、图形、图像、音频、视频以及计算机动画等各种形式,传播形式和传播内容都采用数字化过程,以及信息的采集、存取、加工和分发的数字化过程。在数字时代,数字媒体是信息社会最为广泛的信息载体,渗透到人们工作学习和生活的各个方面。

4.1 数字媒体概述

4.1.1 媒体

媒体所对应的英文单词来源于拉丁语"Medium",意思是中介、中间或两者之间。一般用于指信息在传递过程中,从信息源传到信息接收者之间承载并传播信息的载体和工具。承载信息的载体和工具主要分为实物载体和逻辑载体。实物载体是信息的物理载体(即存储和传递信息的实体),例如纸张、U 盘、光盘、磁带等。逻辑载体是指信息的表现形式(或者说传播形式),例如文字、图像、图形、符号等。

国际电话电报咨询委员会(Consultative Committee on International Telephone and Telegraph,CCITT)把媒体分成五类:

(1)感觉媒体(Perception Medium):指直接作用于人的感觉器官,使人产生直接感觉的媒体。例如引起听觉反应的声音,引起视觉反应的图像等。

(2)表示媒体(Representation Medium):指传输感觉媒体的中介媒体,即用于数据交换的编码。例如图像编码(JPEG、MPEG 等)、文本编码(ASCII 码、GB2312 等)和声音编码等。

(3)显示媒体(Presentation Medium):指用于电信号和感觉媒体之间进行信息转换的媒体,即获取信息或显示信息的物理设备,可分为输入显示媒体和输出显示媒体。例如键盘、鼠标、扫描仪、话筒、摄像机等为输入媒体;显示器、打印机、喇叭等为输出媒体。

(4)存储媒体(Storage Medium):指用于存储表示媒体的物理介质。例如硬盘、软盘、磁盘、光盘、ROM 及 RAM 等。

(5)传输媒体(Transmission Medium):指传输表示媒体的物理介质。例如电缆、光缆等。

4.1.2 数字媒体及其特征

1.数字媒体的定义

众所周知,信息表现形式多种多样。但无论是哪一种信息,在计算机里都可以采用信息的最小单元二进制位(bit)表示,及任何在计算机中存储和传输的信息,都可以分解为一系列的 0 和 1 的排列组合。因此通常把计算机存储处理和传播的信息媒体称为数字媒体。

2.数字媒体技术的特征

数字媒体技术作为实现媒体的表示、记录、处理、存储、传输、显示、管理等各个环节的硬件和软件技术,具有以下特点:

(1)数字化

数字化是计算机技术的根本特性,作为计算机技术的重要应用领域,数字媒体是以比特的形式通过计算机进行存储、处理和传播。一个比特可以表示两种不同的状态,例如开或关、真或假、黑或白,都可以用 0 或 1 表示。数字化信息易于复制,可以快速传播和重复使用,不同媒体之间可以相互混合。使用不同的编码方式,比特可以表示文字、图像、图形、音频、动画和视频等多种信息。

(2)集成性

数字媒体技术是建立在数字化处理基础上,结合文字、图像、图形、音频、动画和视频等媒体的一种应用。对于数字媒体信息的多样化,数字媒体技术把各种媒体有机地集成在一起。数字媒体的集成性主要表现在两方面:数字媒体信息载体的集成和处理这些数字媒体信息的设备的集成。数字媒体信息载体的集成是指将文字、图像、图形、音频、动画和视频等多种信息集成在一起综合处理,它包括信息的多通道统一获取、数字媒体信息的统一存储与组织、数字媒体信息表现合成等各方面;数字媒体信息的设备的集成包括计算机系统、存储系统、音响设备、影视设备等的集成,是指将各种媒体在各种设备上有机地组织在一起,形成数字媒体系统,从而实现图、文、声、像的一体化处理。

(3)交互性

交互性是数字媒体技术的关键特性,它向用户提供控制和使用信息的手段,可以增加对信息的关注和理解,延长信息的保留时间,使人们获取信息和使用信息的方式由被动变为主动。人们可以根据需要对数字媒体系统进行控制、选择、检索和参与数字媒体信息的播放与节目的组织,而不再像传统的电视机,只能被动地接收编排好的节目。交互性的特点使人们有了使用和控制数字媒体信息的手段,并借助这种交互式的沟通达到交流、咨询和学习的目的,也为数字媒体的应用开辟广阔的领域。目前,交互的主要方式是通过观察屏幕的显示信息,利用鼠标、键盘或触摸屏等输入设备对屏幕的信息进行选择,达到人机对话的目的。随着信息处理技术和通信技术的发展,还可以通过语音输入、网络通信控制等手段来进行交互。计算机的人机交互作用是数字媒体的一个显著特点,数字媒体就是以网络或者信息终端为介质的互动传播媒介。

(4)艺术性

计算机的发展与普及使信息技术离开了纯粹技术的需要,数字媒体传播需要信息技术与人文艺术的融合。在开发数字媒体产品时,技术专家要负责技术规划,艺术家和设计师要负责所有可视内容,了解观众的欣赏要求。

(5)趣味性

互联网、IPTV、数字游戏、数字电视、移动流媒体等为人们提供宽广的娱乐空间,使媒体的趣味性真正体现出来。观众可以参与电视互动节目,观看体育赛事时可以选择多个视角,从浩瀚的数字内容库中搜索并观看电影和电视节目,分享图片和家庭录像,浏览高品质的内容。

4.1.3　数字媒体的分类

数字媒体的分类形式多样,人们从不同的角度对数字媒体进行不同种类的划分。从实体角度看,数字媒体包括文字、数字图片、数字音频、数字视频、数字动画;从载体角度看,数字媒体包括数字图书报刊、数字广播、数字电视、数字电影、计算机及网络;从传播要素看,数字媒体包括数字媒体内容、数字媒体机构、数字存储媒体、数字传输媒体、数字接收媒体。一般将数字存储媒体、数字传输媒体、数字接收媒体统称为数字媒介,数字媒体机构称为数字传媒,数字媒体内容称为数字信息。

如果从数字媒体定义的角度来看,可以从以下三个维度进行分类:

如果按时间属性分,数字媒体可分成静止媒体(Still Media)和连续媒体(Continues Media)。静止媒体是指内容不会随着时间而变化的数字媒体,例如文本和图片。而连续媒体是指内容随着时间而变化的数字媒体,例如音频、视频、虚拟图像等。

按来源属性分,则可分成自然媒体(Natural Media)和合成媒体(Synthetic Media)。其中自然媒体是指客观世界存在的景物、声音等,经过专门的设备进行数字化和编码处理之后得到的数字媒体,例如数码相机拍的照片,数字摄像机拍的影像,MP3 数字音乐、数字电影电视等。合成媒体则是指的是以计算机为工具,采用特定符号、语言或算法表示的,由计算机合成的文本、音乐、语音、图像和动画等,例如用 3D 制作软件制作出来的动画角色。

如果按组成元素来分,则又可以分成单一媒体(Single Media)和多媒体(Multi Media)。顾名思义,单一媒体就是指单一信息载体组成的载体,而多媒体则是指多种信息载体的表现形式和传递方式。简单来讲,数字媒体一般就是指多媒体,是由数字技术支持的信息传输载体,其表现形式更复杂,更具视觉冲击力,更具有互动特性。

4.1.4　数字媒体技术

数字媒体技术是一项应用广泛的综合技术,主要研究文字、图像、图形、音频、视频以及动画等数字媒体的捕获、加工、存储、传递、再现及其相关技术,具有高增值、强辐射、低消耗、广就业、软渗透的属性。基于信息可视化理论的可视媒体技术还是许多重大应用需求的关键,如在军事模拟仿真与决策等形式的数字媒体(技术)产业中有强大需求。数字媒体涉及的技术范围很广,技术很新,研究内容很深,是多种学科和多种技术交叉的领域。其主要技术范畴包括以下几方面:

(1)数字声音处理。包括音频及其传统技术(记录和编辑技术)、音频的数字化技术(采样、量化和编码)、数字音频的编辑技术、语音编码技术(例如 PCM、DA 和 ADM)。数字音频技术可应用于个人娱乐、专业制作和数字广播等。

(2)数字图像处理。包括数字图像的计算机表示方法(位图和矢量图)、数字图像的获取技术、图像的编辑与创意设计。常用的图像处理软件有 Photoshop 等。数字图像处理技术可应用于家庭娱乐、数字排版、工业设计、企业徽标设计、漫画创作、动画原形设计和数字绘画创作。

(3)数字视频处理。包括数字视频及其基本编辑技术和后期特效处理技术。常用的视频处理软件有 Premiere 等。数字视频处理技术可应用于个人、家庭影像记录、电视节目制作和网络新闻。

(4)数字动画设计。包括动画的基本原理、动画设计基础(包括构思、剧本、情节链图片、模板与角色、背景、配乐)、数字二维动画技术、数字三维动画技术、数字动画的设计与创意。常用的动画设计软件有 3DS Max、Flash 等。数字动画可应用于少儿电视节目制作、动画电影制作、电视节目后期特效包装、建筑和装潢设计、工业计算机辅助设计、教学课件制作等。

(5)数字游戏设计。包括游戏设计相关软件技术(DirectX、OpenGL、Director 等)、游戏设计与创意。

(6)数字媒体压缩。包括数字媒体压缩技术及分类、通用的数据压缩技术(行程编码、字典编码、熵编码等)、数字媒体压缩标准,例如用于声音的 MP3 和 MP4,用于图像的 JPEG,用于运动图像的 MPEG。

(7)数字媒体存储。包括内存储器、外存储器和光盘存储器等。

(8)数字媒体管理与保护。包括数字媒体的数据管理、媒体存储模型及应用、数字媒体版权保护概念与框架、数字版权保护技术,例如加密技术、数字水印技术和权利描述语言等。

(9)数字媒体传输技术。包括流媒体传输技术、P2P 技术、IPTV 技术等。

4.1.5　数字媒体艺术

数字媒体艺术是随着 20 世纪末数字技术与艺术设计相结合的趋势而形成的一个跨自然科学、社会科学和人文科学的综合性学科,集中体现了科学、艺术和人文的理念。该领域目前属于交叉学科领域,涉及造型艺术、艺术设计、交互设计、数字图像处理技术、计算机语言、计算机图形学、信息与通信技术等方面的知识。这一术语中的数字反映其科技基础,媒体强调其立足于传媒行业,艺术则明确其所针对的是艺术作品创作和数字产品的艺术设计。

作为一个新的交叉学科和艺术创新领域,一般是指以“数字”作为媒介素材,通过运用数字技术来进行创作,具有一定独立审美价值的艺术形式或艺术过程,是一种在创作、承载、传播、鉴赏与批评等艺术行为方式上推陈出新的创作手段,并承载媒介和传播途径,进而在艺术审美的感觉、体验和思维等方面产生深刻变革的新型艺术形态。数字媒体艺术是一种真正的技术类艺术,是建立在技术的基础上并以技术为核心的新艺术,具有交互性和使用网络媒体为基本特征。

数字媒体艺术融合多种学科元素,并且技术与艺术的融合,使得技术与艺术间的边界逐渐消失,在数字艺术作品中技术的成分变得越来越重要。其主要特征表现如下:

(1)数字化的创作和表达方式

数字媒体艺术的创作工具或展示手段都离不开计算机技术。计算机软件是数字媒体艺术的创作工具,而计算机硬件和投影设备是数字媒体艺术的展示手段。

(2)多感官的信息传播途径

数字媒体艺术的多感官传播途径不是机械地加入人体感受,而是在融合中保留各个感官的差异性,并力图实现多种感受的同一性和多元化的审美原则。

(3)数字媒体艺术的交互性和偶发性

数字媒体艺术因其交互特征具有偶发性,这种不确定的方式不仅改变了以往静态作品一成不变的局面,增强了艺术的多样性,而且对界面上的交流与沟通给予了更多的关注。互动特征给予观众更多的自由和权力,也给人们带来切身的艺术体验和情感的满足。

(4)数字媒体艺术的沉浸特征和超越时空性

沉浸感是与交互性同等地位的数字媒体艺术特征,它使人们在欣赏数字媒体艺术时不受时间和空间的限制。在数字媒体艺术中,用虚拟的内容替代实物,依然能够使人们有身临其境的真实感受。数字化的虚拟现实技术拓宽了艺术家的视野,使艺术的创作范围更为广泛,甚至可以超越时间或空间的限制进行创作。

(5)新媒体艺术的创作走向大众化

传统的艺术家需要有扎实的艺术功底和不拘一格的创作风格,但是新媒体艺术的产生使艺术创作走向大众化。以摄影艺术为例,传统暗房技术的掌握需要经过长期训练并要求对光的运用有很好的把握,修片工作需要艺术家对前期拍摄的底片进行二次创作,这是一种具有独创性的创作方式,但随着数码摄影技术的成熟以及数码相机的普及,摄影艺术开始在大众范围内广泛传播。Photoshop 软件通过其预置模式,能够轻松实现传统暗房的效果,摄影艺术变得不再神秘。数字媒体艺术成为大众化的艺术形式使得非专业人士也可以参与艺术创作,艺术不再是少数人的舞台。

(6)数字媒体技术的重要性凸显

艺术的实现往往需要技术作为支撑,但是在传统艺术强大的感染力下,技术成了不被重视的一部分。随着科学的发展以及数字媒体艺术的诞生,两者的关系开始变得愈发密切。因此,艺术对技术的依赖性变得愈发明显,技术成为完成一件艺术作品必不可少的部分。

4.2　数字音频处理

4.2.1　声音概述

声音是数字媒体的重要要素之一,人类能听到的所有声音都统称为音频。在数字媒体系统中,通过声音可以传递大量信息、制造特殊效果和营造各种氛围。

1.声音的物理特征

从物理角度看,声音可由一条连续的随时间变化的波形来描述,该波形可看成是一系列正弦曲线的线性叠加,如图 4-1 所示。通常描述声音的三个基本参数:振幅、周期和频率。

(1)振幅:声波波形的幅度,单位是 dB(分贝),反映了声音音量的强弱程度。

(2)周期:波形中两个连续声波波峰(或波谷)之间的距离,即波峰(或波谷)重复出现的最短时间间隔,通常用符号 T 表示,单位是 s(秒)。

(3)频率:每秒钟声波振动的次数,是周期的倒数,通常用符号 f 表示,单位是 Hz(赫兹),反映了声音音调的高低。

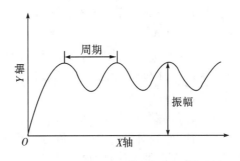

图 4-1　声音的振幅、频率和周期

2.声音的基本知识

任何声音信号都是由物体振动而产生,振动的物体称为声源,声源在弹性介质(例如空气)中以一种连续的波形进行传播而称为声波,该波形描述了空气的振动,具有一定的能量。当一定频率范围的声波到达人的耳朵,人耳所感觉到的空气分子的振动就是声音。通常组成声音的三个基本要素:音调、音色和音量。

(1)音调:是人耳分辨一个声音调子高低的程度,其与声音的频率成正比,频率越高,音调越高,通常女性音调要高于男性,男女高音歌唱家能达到较高的音调。常见声源的频带范围如

表 4-1 所示。频带范围越宽,所包含的音频信号分量越丰富,音质就越好。

表 4-1　常见声源频带范围

声源种类	频带范围
男性语音	100Hz～9kHz
女性语音	150Hz～10kHz
电话语音	200Hz～4kHz
调幅广播(AM)	50Hz～7kHz
调频广播(FM)	20Hz～15kHz
高级音响	10Hz～40kHz

值得注意的是,并非所有频率的声音人都可以听到。人耳最敏感声音频率范围是 1kHz 到 3kHz 之间的声音,人能听到的声音频率范围为 20Hz 到 20kHz。小于 20Hz 的声音是次声波,大于 20kHz 的声音是超声波。

(2)音色:又称为音品,指声音的感觉特征,是人耳对各种频率和强度的声波的综合反应,用于辨别自然界不同的声源,例如各种乐器和不同人的声音。小提琴是音色优美抒情、富于歌唱性,长笛音色明亮、活泼从而适合表现流畅的旋律,小号音色嘹亮、辉煌从而适合表现号召性的旋律。

(3)音量:又称为响度,是人耳对声音强弱的主观感受,其与发声体振动的振幅和声源的距离有关。振幅越大,音量越大,距离声源越近,音量越大。人能感知的声音音量范围在 0 到 120dB 之间。

4.2.2　数字音频处理技术

数字音频处理技术是数字媒体技术中的一项重要技术,主要包括声音信号数字化、音频文件存储、传输、播放以及数字音效处理等。

1. 声音信号的数字化

自然界中的声音信号是一种振幅随时间连续变化的模拟信号,具有抗干扰能力差、易失真、受环境影响较大等缺点。而数字音频信号是一组由不连续的、离散的二进制代码组成的数据序列,具有精度高、可靠性强、保真度好以及便于计算机处理、存储和传输等优点。

由于计算机是数字媒体技术的主要处理工具,只能存储和处理二进制的数字信号,因此在计算机处理音频信号之前,必须将模拟的声音信号转化成数字音频信号。通常对声音信号进行数字化要经过采样、量化和编码三个阶段,如图 4-2 所示。采样是对时间的计算,而量化是对采样量的计算。在音频系统中,量化则是对采样时刻的音频信号数值的计量。采样和量化是将模拟信号数字化的基础,它们分别决定了系统的带宽和分辨率两个特性参数。

(1)采样:每间隔一段时间读取一次模拟声音信号波形上的幅度值,使声音信号在时间上被离散化,将时间连续的信号变成离散点集。

(2)量化:将采样阶段获得的声音信号幅度值用若干二进制位数来表示,使声音信号在幅

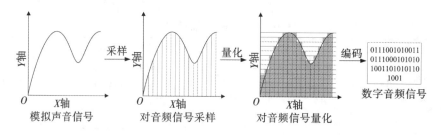

图 4-2　　模拟声音信号的数字化

度上被离散化,实现模拟信号的数字化表示。

(3)编码:采样、量化后的信号还不是数字信号,需要把它转换成相应的数制代码。将采样和量化后的信号转换成数字编码脉冲,完成模拟信号转化为数字信号,并对数字音频信号进行标准化和数据压缩的过程就是编码。

2. 数字音频的参数标准

将模拟声音信号转换成数字音频信号后,决定数字音频质量和存储容量的因素有三个:采样频率、量化精度和声道数。

(1)采样频率:是每秒钟采集声波幅度样本的次数。通常采样频率越高,采样时间间隔越短,声音样本数据越多,对声音波形的表示越精确,声音失真越小,音质越好。

采样定理又称奈奎斯特定理,如果对某一模拟信号进行采样,则采样后可还原的最高信号频率只有采样频率的一半,或者说只要采样频率高于输入信号最高频率的两倍,就能从采样信号系列重构原始信号,表达式如下:

$$f_{采样} = 2 \cdot f_{重构}$$

根据该采样定理,CD 激光唱盘采样频率为 44.1kHz,可记录的最高音频为 22.05kHz,这样的音质与原始声音相差无几,也就是我们常说的超级高保真音质(Super High Fidelity,HiFi)。常见的采样频率有 8kHz,11.025kHz,16kHz,22.05kHz,44.1kHz 和 48kHz 等,为保证声音的保真度高,采样频率应在 40kHz 左右。

(2)量化精度:又称为采样精度,是每个采样点能够表示的二进制数据位数。量化位数越高,对声音的描述越精确,声音品质越高,数据量也越大。常用的量化位数有 8 位、16 位和 24 位。常见应用量化精度表如 4-2 表所示。

表 4-2　　常见应用量化精度表

位深度	应用	量化级别	动态范围
8Bit	电话、网络	256	48dB
16Bit	CD	65 536	96dB
24Bit	DVD	16 777 216	144dB
32Bit	最优质	4 294 967 296	192dB

(3)声道数:声音通道的个数,即记录声音时,每次生成声波数据的数量,分为单声道、双声道(立体声)和多声道(环绕立体声)。通常声道数越多,声音效果越好,数据量也越大。

4.2.3　常用的音频文件格式

音频文件作为一种存储和传输声音信息的方式,能将声音由模拟信号转变为数字信号,并以数字化手段对声音进行录制、存储、编辑、压缩和播放处理。常见的声音信息载体格式可分为以下几类。

(1)CDA 格式：其音轨近似无损，基本上可完全还原原声，通常以 CD 光盘方式保存。CDA 音频文件只是一个 CD 音轨索引信息，并不真正包含声音信息。所以不论 CD 音乐的长短，在电脑上看到的"＊.cda 文件"都是 44 字节长。CDA 音频文件需要使用 Windows Media Player 或格式工厂等软件把其音频内容转换成 WAV 文件后，才可在不同的播放设备上播放。

(2)WAV 格式：由微软公司开发的一种声音文件格式，也叫波形声音文件，用于记录真实自然声波形。标准格式的 WAV 文件和 CD 格式一样，也是 44.1k 的采样频率，16 位量化数字，音质与 CDA 相差无几，是目前广为流行的音频格式，几乎所有音频编辑软件都支持。WAV 是最接近无损的音乐格式，所以文件大小相对也比较大。

(3)MP3 格式：最流行的音频格式，能够以高音质、低采样率对数字音频文件进行压缩，并大幅度地降低音频数据量。利用 MPEG Audio Layer 3 的技术，将音乐以 1：10 甚至 1：12 的压缩率，压缩成容量较小的文件，虽然是一种有损的音频文件，但对于大多数用户来说音质并没有明显的下降。由于其文件存储空间小且音质还原较好，所以易于交流和传播。

(4)MIDI 格式：即乐器数字接口，MIDI 文件不记录声音的采样数据，它只记录音符的键、音量、力度和速度等信息，记录的是演奏过程的指令，这些指令发送到合成器后合成声波进行播放。MIDI 音乐文件就相当于一份电子化的乐谱，文件相对较小。

(5)WMA 格式：微软推出的另一种音频格式，即高保真声音通频带宽，音质强于 MP3 格式，支持音频流媒体技术，适合在网络上播放，内置的版权保护技术能限制播放时间、播放次数和播放设备类型。

4.2.4　Adobe Audition 音频编辑

Adobe Audition 是一个专业音频编辑工具，其功能强大、控制灵活，可以录制、编辑、控制、提取 CD 和视频文件音乐、对音频文件格式进行转换，还通过与 Adobe 视频编辑程序 Premiere 智能集成，将音频和视频内容相结合，从而获得实时的专业级音频效果。

此外，Adobe Audition 内置了大量的音频效果，例如振幅与压限、延迟与回声、滤波与均衡、调制、降噪与恢复、混响、特殊效果、立体声声像以及时间与变调等，还支持各种音频插件。效果处理后的音频，通常可达到更好的音质效果。本节将结合具体示例介绍部分常用功能。

1. Adobe Audition 启动与工作界面

双击桌面上 Adobe Audition 应用程序的快捷方式图标，快速启动 Adobe Audition 应用程序，启动后其工作界面如图 4-3 所示。

(1)标题栏

标题栏位于 Adobe Audition 窗口的最上方，左侧显示软件的图标和名称，单击图标可弹出快捷菜单，右侧依次显示最小化、最大化/还原、关闭按钮。

(2)菜单栏

菜单栏将 Adobe Audition 的所有命令集中在文件、编辑、多轨混音、素材、效果、收藏夹、视图、窗口的下拉菜单中。

(3)工具栏

工具栏提供了用于快速访问一些常用菜单命令的工具按钮，例如查看波形编辑器按钮 ⊞ 波形、查看多轨编辑器按钮 ▦ 多轨混音、移动工具按钮 ▶⊕、滑动工具按钮 ↔、时间选

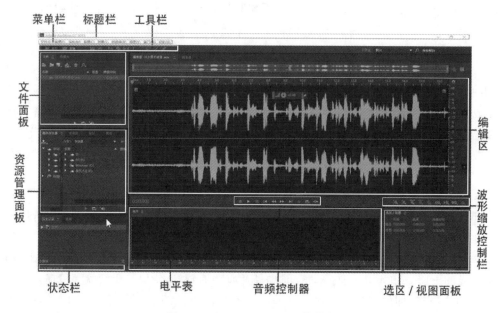

菜单栏 标题栏 工具栏

文件面板

资源管理面板

状态栏 电平表 音频控制器 选区 / 视图面板

编辑区

波形缩放控制栏

图 4-3 Adobe Audition 工作界面

取工具按钮 I 等。

(4)文件面板

文件操作窗提供了对音频文件的各种具体操作,例如对音频文件的打开、导入、新建、插入到多轨混音中以及关闭选定的文件。

(5)资源管理面板

资源管理面板包括效果组、诊断和属性,方便用户编辑素材与音轨效果、修复音频效果、查看音频与工程文件属性。

(6)编辑区

音频文件编辑区是 Adobe Audition 工作界面的主体,用于显示和编辑音频波形。在波形编辑模式和多轨混音模式两种不同的工作模式下,编辑区也分为单轨编辑区和多轨编辑区,并呈现出两种不同风格的界面如图 4-4 所示。其中多轨编辑区中每个轨道左侧均设有一个音轨控制台,如图 4-5 所示,用于对该音轨的输入/输出 、效果 fx、发送 �lʅ 和均衡 ıll 进行设置,若单击这些图标,音轨控制台将切换到相应的设置界面。

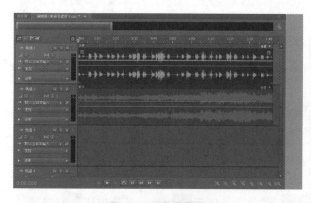

图 4-4 多轨编辑区 图 4-5 音轨控制台

（7）控制操作区

控制操作区包括音量电平表、音频控制器、选取/视图窗口、波形缩放控制栏以及时间显示区等。其中音量电平表用于监视音频播放和录音时音量电平的高低；音频控制栏提供了一系列控制音频播放、快进、倒放、暂停、停止、录制以及循环播放等按钮；选取/视图窗口通过对音频开始时间、结束时间和持续时间长度的设置来精确剪辑音频；波形缩放控制栏用于放大和缩小波形振幅和时间，以便用户更好地查看和编辑音频波形；时间显示区则显示当前音频播放的时间位置。

（8）状态栏

状态栏位于 Adobe Audition 窗口的最下方，用于显示当前工程文件的状态信息，例如音频文件的采样频率、量化精度、声道数、文件大小和持续时间等。

2. 录制声音

录制功能是 Adobe Audition 重要功能之一，分为内录和外录。其中内录是指声音录制过程中没有经过物理介质传播，只凭借电子线路方式，例如录制电脑内部音频、用音频线连接电视机与电脑实时录音；外录则是指声音录制过程中，既通过音频线路传播，又通过物理介质传播的录音方式，例如使用麦克风录音。

【示例1】使用 Adobe Audition 录制一段文字内容，具体内容为"Adobe Audition 是一个专业音频编辑工具，原名为 CoolEdit Pro，被 Adobe 公司收购后，改名为 Adobe Audition"，保存为"原始语音素材.wav"。

具体步骤如下：

（1）右键单击计算机桌面右下角声音图标，在弹出的快捷菜单中，选择"打开声音设置"命令，如图 4-6 所示，并在打开的"声音"窗口中，选择输入设备为"麦克风阵列"，如图 4-7 所示。

图 4-6　声音快捷菜单　　　　　　　　图 4-7　"声音"窗口

（2）启动 Adobe Audition，在波形编辑模式下新建文件，文件名为"原始语音素材"，文件采样率设为 44.1kHz,声道为立体声,位深度 24 位,如图 4-8 所示。

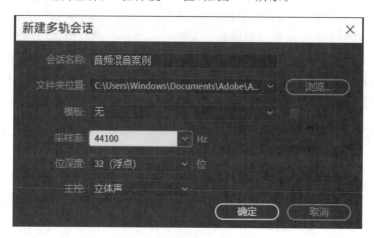

图 4-8　新建音频文件

(3)单击"音频控制器"的录制按钮 ⬤ (或使用组合键"Shift＋空格键"),过 1 秒钟左右(记录环境噪声)开始朗读语音素材文字进行声音的录制。朗读完毕后,单击"停止"按钮(停止和播放按钮的快捷键均是"空格键")即可。

(4)选择"文件"→"另存为"命令,在弹出的"存储为"对话框中,设置文件名为"原始语音素材",格式为"Wave PCM(＊.wav,＊.bwf)",单击"确定"按钮即可。

内录影音文件中的音频与外录语音的操作方法类似,只需将"声音"窗口中录制设备设为"立体声混音",并将 Audition 中"编辑"→"首选项"→"音频硬件"对话框中默认输入设为"立体声混音"。

在 Audition 中,录制声音不仅可在波形编辑模式和多轨混音模式下进行,还可在音频中进行穿插录音。通常内录能很好地避开环境噪音的干扰,录制的声音品质较高,而外录受环境噪音影响较大,录制的声音品质相对差一点。

录制声音时,新建的波形文件采样率和位深度数值越大,则声音精度越高,细节表现越丰富,相对文件也就越大。此外,要注意调节录音电平,录音电平太大,音质变得很差,录音电平太小,影响声音的质量。

3.音频降噪处理

对于普通用户而言,由于没有条件在专业的录音棚内录音,周围环境的噪声无法避免。因此通过外录方式录制的音频通常需要进行降噪处理。

【示例 2】使用 Adobe Audition 对示例 1 中录制的"原始语音素材.wav"文件进行降噪处理,并保存为"语音素材降噪.wav"。

具体步骤如下:

(1)在"文件面板"单击鼠标右键,在弹出快捷菜单中选择"导入"命令,将"原始语音素材.wav"文件导入到 Audition 中。

(2)使用鼠标左键拖动选取音频波形中的噪音片段(开始朗读前的 1 秒钟左右),选择"效果"→"降噪/恢复"→"捕捉噪声样本"命令,如图 4-9 所示,获取噪声波形特性。

(3)双击音频波形,选中整个波形,选择"效果"→"降噪/恢复"→"降噪(处理)"命令,如图 4-10 所示,在弹出"效果－降噪"对话框中,将"降噪"设为 80％、"降噪依据"设为 20dB,单击

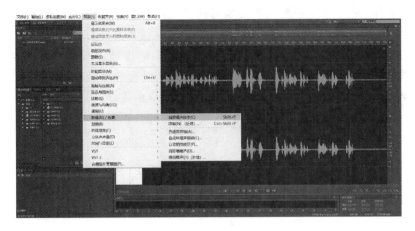

图 4-9 "捕捉噪声样本"命令

"高级"按钮,可对噪声采集样本做更精确地设置,如图 4-11 所示,单击"应用"按钮,完成音频降噪处理。

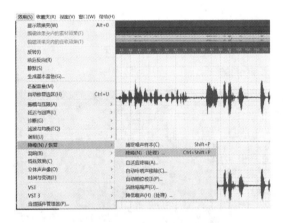

图 4-10 "降噪(处理)"命令

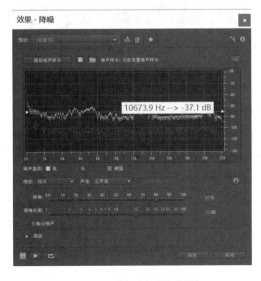

图 4-11 "效果-降噪"对话框

(4)选择"文件"→"另存为"命令,将降噪后的音频保存为"语音素材降噪.wav"。

注意,在"效果－降噪"对话框中,"降噪依据"数值不能太大(建议 70%～80%),否则在消除噪声的同时会损失原声中的特性;"噪声样本快照"是指捕捉噪声样本的数量(这里选4000),可依据电脑性能来决定,数值越大采集点越密集,处理速度越慢;"FFT 大小"指降噪处理程序所需噪声样本的数量,可依据设备好坏和录音环境来决定,一般选 4096～8192,数值越大点越多,精度越好,处理速度也越慢。若降噪不够明显,可再次执行一次降噪处理,参数不变。

4.音频增幅

录制音频时可能由于朗读者自身音量或录音设备的原因,造成录制的音频音量较小。在 Audition 中,可以通过"增幅"命令对音频波形的振幅整体设置,从而达到调整音频的音量的效果。

【示例 3】调整示例 2 结果文件"语音素材降噪.wav"左右声道音量增益 10dB。

具体步骤如下:

(1)将"语音素材降噪.wav"文件导入 Audition 中。

(2)选择"效果"→"振幅与压限"→"增幅"命令,在弹出"效果-增幅"对话框中,将"增益"设为 10dB,如图 4-12 所示,单击"应用"按钮,完成音频增幅。

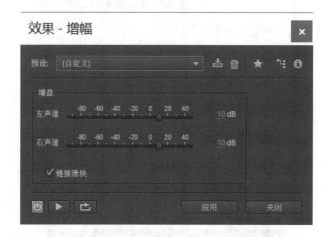

图 4-12 "效果-增幅"对话框

(3)选择"文件"→"另存为"命令,将增幅后的音频保存为"语音素材增幅.wav"。

5.音频编辑操作

音频文件通常以波形的方式出现在 Audition 编辑区中,在编辑过程中经常需要对音频进行截取、复制、粘贴、删除、静音等操作。具体操作方法为:在波形编辑模式下打开音频文件,选中要编辑的音频波形片段,单击鼠标右键,在弹出的快捷菜单中,分别选择"剪切""复制""删除""静默"等命令,可完成音频剪切、复制、删除和静音操作。复制完音频片段后,将鼠标光标定位到目标时间点,单击鼠标右键,选择"粘贴"(或"混合式粘贴")命令,可将复制的音频片段粘贴于该时间点后。

【示例 4】删除示例 3 结果文件中部分内容,并改变语序,改变后的文字内容为"Cool Edit Pro 是一个专业音频编辑工具,被 Adobe 公司收购后,改名为 Adobe Audition",保存为"语音素材修改.wav"。

具体步骤如下:

（1）将"语音素材增幅.wav"文件导入 Audition 中。

（2）根据振幅的波动可判断出语音素材各文字内容在音频波形所处的大致位置,选中最初的"Adobe Audition"和"原名为"波形片段,单击鼠标右键,在弹出的快捷菜单中,选择"删除"命令。选中"CoolEdit Pro"波形片段,选择"剪切"命令,并将鼠标光标定位到"是一个"波形片段的前面,选择"粘贴"命令即可。

（3）选择"文件"→"另存为"命令,将修改后的音频保存为"语音素材修改.wav"。

6. 延时和回声

在 Audition 中还预设了丰富的延时和回声效果,包括反弹、山谷回声、房间气氛、弹性电话、无限循环、毛骨悚然等。此外还可根据需要通过调整参数自定义延时效果。

【示例 5】对示例 3 中结果文件设置延时效果,并保存为"语音素材延时.wav"。

具体步骤如下:

（1）将"语音素材增幅.wav"文件导入 Audition 中。

（2）双击音频波形,选中整个波形,选择"效果"→"延迟与回声"→"延迟"命令,在弹出的"效果-延迟"对话框中,设置左、右声道的延迟时间为 500ms 和混合参数为 40%,单击左下方"播放"按钮,可预演播放监听效果,单击"应用"按钮,完成延迟效果处理如图 4-13 所示。

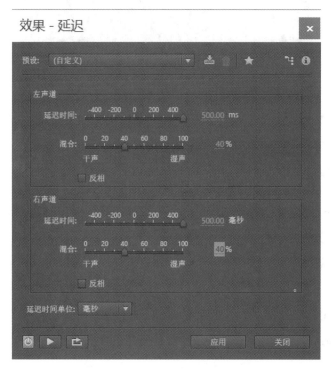

图 4-13　"效果-延迟"对话框

（3）选择"文件"→"另存为"命令,将调整后的音频保存为"语音素材延时.wav"。

7. 伸缩与变调

在 Audition 中可以使用"伸缩与变调"效果将一首歌变调到更高(更低)音调而无须更改节拍,或加快(减慢)语音段落而无须更改音调。

【示例 6】对示例 3 中结果文件,分别调整"伸缩与变调"对话框的"伸缩"和"变调"参数,播放调整后语音的效果。

具体步骤如下：

(1)将"语音素材增幅.wav"文件导入 Audition 中。

(2)双击音频波形,选中整个波形,选择"效果"→"时间与变调"→"伸缩与变调(处理)"命令,在弹出的"效果-伸缩与变调"对话框中,如图 4-14 所示,设置"伸缩"为 50％,可实现 2 倍速朗读而不改变音调。单击左下方"播放"按钮,可预演播放监听效果。

(3)重置"伸缩"为 100％,并设置"变调"为可 6.0 半音阶,可实现提高音调而不改变语速朗读。单击左下方"播放"按钮,可预演播放监听效果。

图 4-14 "效果-伸缩与变调"对话框

注意,若不勾选"锁定伸缩与变调"复选框,则可以调整伸缩和变调时互不影响;若勾选,则调整伸缩和变调两者其一,另一个参数也相应改变。

8. 淡入淡出

音频突然播放(尤其是音量较大的音频)会给人带来非常不适的感觉。同样的,如果音频戛然而止,也会让人觉得十分突兀。Audition 提供了设置音频淡入淡出的功能,给音频设置淡入淡出效果后会让人有一种听觉上的舒适感。

【示例 7】对"菊次郎的夏天.mp3"音乐片段的开始的 4 秒钟设置线性淡入效果,最后 4 秒钟设置线性淡出效果。

具体步骤如下：

(1)将"菊次郎的夏天.mp3"音乐片段文件导入 Audition 中。

(2)按住鼠标左键拖动"波形编辑器"左上角"淡入"方形小滑块■到第 4 秒钟,调整黄色线条为直线(此时线性值为 0),如图 4-15 所示,即可设置淡入效果。类似的,通过拖动"波形编辑器"右上角"淡出"方形小滑块可设置淡出效果。

对比设置淡入淡出效果前后的波形图,可发现设置后开始部分的音频波形振幅是由小逐

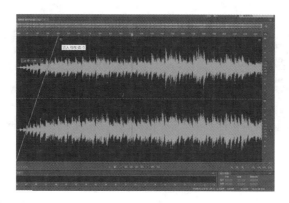

图 4-15　设置淡入效果

渐变大,而结束部分是由大逐渐变小的。因此,音频播放时音量逐渐变大,结束时音量逐渐变小,直至消失。整体上给人柔和舒适的感觉。

9. 音频混缩

音频混缩又称为音频混音,是音频后期处理的最后一个环节。它在对各个音轨中的音频进行综合效果处理和音量平衡后,将其混合成一个完整的音频文件,广泛应用于人声和配乐的混合。

【示例 8】利用"回乡偶书. wav"语音素材和"春江花月夜片段. mp3"乐曲素材合成一段带配乐的古诗朗诵。要求语音从音频的第 5 秒开始,在倒数第 5 秒结束。配乐乐曲从第 4 秒到第 6 秒音量逐渐到减少-5.1dB,从第 18.5 秒到 20.5 秒音量还原到 0dB。最后保存为"配乐古诗朗诵. wav"。

具体步骤如下:

(1)将"回乡偶书. wav"和"春江花月夜片段. mp3"文件导入 Audition 中。

(2)新建多轨混音项目文件。在"文件面板"中单击鼠标右键,在弹出快捷菜单中选择"新建"→"多轨混音项目",弹出"新建多轨会话"对话框,如图 4-16 所示,修改项目名称为"音频混音案例",采样率 44 100Hz,位深度 32,声道为立体声,其他保持默认。单击"确定"按钮。此时编辑区切换为"多轨编辑器"。

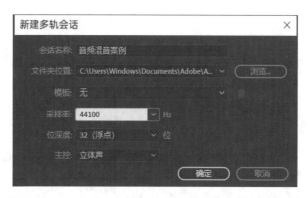

图 4-16　"新建多轨会话"对话框

(3)将素材导入多轨编辑器。在"文件面板"中,选中"回乡偶书. wav"音频文件后,按住鼠标左键,直接将音频拖动至多轨混音编辑器的轨道 1 中,开始时间为第 5 秒。类似的,将"春江花月夜片段. mp3"音频文件拖至多轨混音编辑器的轨道 2 中,开始时间为第 0 秒,如图4-17所示。

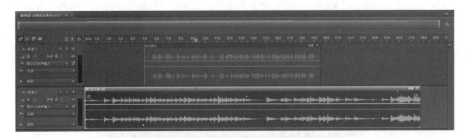

图 4-17　将素材导入多轨编辑器

(4)剪辑配乐素材。在工具栏选择"素材剃刀工具" ，在第 24.5 秒处将轨道 2 中的配乐素材切分成两段,在 24.5 秒以后的波形片段上单击鼠标右键,在弹出快捷菜单选择"删除"命令。

(5)调整配乐音量包络线。在配乐音频波形的音量包络线(黄色线条)的第 4、6、18.5、20.5 秒上增加节点,调整配乐第 6 秒的音量为−5.1dB,第 20.5 秒的音量为 0dB,如图 4-18 所示。

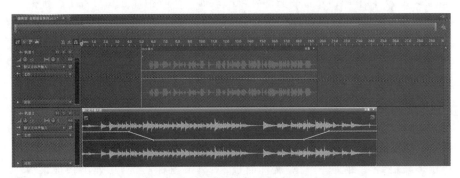

图 4-18　配乐音量包络线编辑示意图

(6)输出混音音频。选择"多轨混音"→"缩混为新文件"→"完整混音"命令,得到"音频混音案例 Mixdown1"混音文件,波形图如图 4-19 所示。再选择"文件"→"另存为"命令,将混音音频保存为"配乐古诗朗诵.wav"。

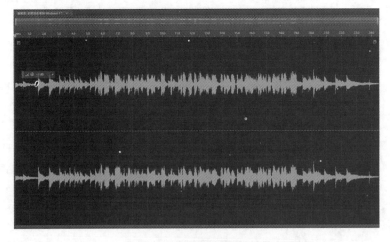

图 4-19　混音音频波形图

4.3　数字图像处理

图像是人类表达和传递信息的主要媒体之一,与文字相比,图像具有直观、生动、信息量大等特点。它在人类生产生活的各个领域都起着举足轻重的作用。

4.3.1　图形图像基础知识

使用 Photoshop 软件对数字图像进行处理之前,有必要了解一些数字图像的基本概念。

1. 图形与图像

图形与图像是一对既有联系又有区别的概念。虽然都是一幅图片,但是各自的产生、处理和存储方式不同。因此,它们各具特点。

图形是由点、线、面等几何元素组成画面,以矢量图的形式存储文件。矢量图是以数学描述的方式记录画面中线条和节点的空间位置及颜色信息等内容,其基本组成单元是锚点和路径。由于不必记录图形中每一个点的信息,它的文件通常较小。矢量图与分辨率无关,无论是放大或是缩小,都可以保持原有的清晰度,也不会出现锯齿状的边缘。图 4-20 为矢量图原图和放大后的效果。

矢量图形具有精度高,不失真,占用空间小,与分辨率无关的优点。但无法做出色调丰富和层次分明的图像,绘制的图像不逼真。矢量图适合编辑边缘轮廓清晰、色彩较为简单的画面。常见的矢量图绘图软件有 Illustrator、FreeHand、CorelDraw 等。

图 4-20　矢量图原图和放大后效果

图像本身是一种模拟信号,例如杂志上的图片。它经过数字化以后以位图的形式存储。位图也称为点阵图,是由许多点组成的,其中每一个点称为一个像素。像素是数字图像的最基本单元,每个像素点都有具体的位置和颜色信息。由于每个像素都有一个颜色,成千上万的像素点组合在一起便形成了一幅完整的图像,组成图像的像素点越多,图像就越清晰。位图的清晰度与图像中单位面积内包含的像素点数量相关。单位面积中包含的像素点数量越多则图像越清晰,所需的储存空间越大。位图放大后,图像会变得模糊失真。图 4-21 为位图原图和放大后的效果。

位图图像色彩过渡自然细腻,层次丰富,适合表现真实场景的画面,例如自然界的风景、人物、建筑物等。其缺点在于文件相对较大,放大后图像会失真。常见的位图图像编辑软件有 Photoshop、ACDsee、Windows 画图程序等。

2. 分辨率

分辨率可以分为图像分辨率和设备分辨率。

图 4-21　位图原图和放大后效果

图像分辨率是单位英寸中所包含的像素点数,其单位为 PPI,即"像素/英寸"。图像的分辨率越高,说明每英寸所包含的像素点越多,细节就越丰富,图像就越清晰。相应的图像文件占用的空间越大。

对应显示设备而言,设备分辨率就是其显示分辨率。显示器的屏幕是由许多发光的光点组成,其分辨率就是单位英寸中包含的光点数,其单位为 DPI,即"光点/英寸"。通常显示器一般不标出 DPI 值,只给出点距。利用点距可以推算出显示器的 DPI 值,常见的显示器分辨率在 90DPI 左右。而打印机的分辨率是指打印输出时横向和纵向两个方向上每英寸最多能够打印的墨点数,单位是 DPI,即"墨点/英寸"。常见的激光打印机的分辨率都在 600DPI 以上。

图像编辑时采用多大的分辨率,要以输出媒介来决定。如图像在计算机或网络上使用,由于输出在显示器上,分辨率设置为 72PPI 或者 96PPI 即可。而当图像需要打印印刷时,图像的分辨率应达到 300PPI,否则会出现锯齿边缘现象。图像分辨率应选择恰当,如不考虑输出媒介,过高的分辨率不但不能增加品质,反而会增加文件大小,降低输出的速度。

数码相机和扫描仪的分辨率取决于其内部感光元器件(CCD 或者 CMOS)上像素的多少,像素越多,分辨率越高,获取的图像质量越高。

3.色彩模式

色彩模式是将某种颜色表现为数字形式的模型,或者说是一种记录图像颜色的方式。由于成色原理的不同,显示器、投影仪、扫描仪这类靠色光直接合成颜色的颜色设备和打印机、印刷机这类靠使用颜料的印刷设备在生成颜色方式上存在区别。每一种色彩模式都有其自身特点,都有一个对应的媒介。

常见的色彩模式包括 RGB 模式、CMYK 模式、HSB 模式、Lab 颜色模式、位图模式、灰度模式、索引颜色模式、双色调模式和多通道模式。这里主要介绍最常用的 HSB、RGB 和 CMYK 色彩模式。

HSB 模式对应的媒介就是人眼的感受细胞,是基于人眼视觉接受体系的一个色彩空间描述。在这种色彩模式中,颜色有三个要素:色相、饱和度和亮度。H 表示色相,即色彩的相貌,在 0～360°的标准色轮上,色相由颜色名称标识。黑色和白色无色相。S 表示饱和度,即色彩的纯度,取值范围 0～100%,在标准色轮上从中心位置到边缘区域递增。B 表示亮度,是色彩的明亮程度。取值范围 0～100%,为 0 时即为黑色,100%时为白色。

RGB 色彩模式中 R(Red,红色)、G(Green,绿色)和 B(Blue,蓝色)是光的三原色,对应的媒介是光,即发光物体,例如显示器。在这种模式下通常使用 8bit 记录一种光的强度值,所以每种光的强度取值在 0～255,即每种颜色有 256 种强度等级。通过三种颜色不同强度的混合就可以产生 16 777 216 种不同的颜色,可以表示自然界绝大多数的色彩,所以也称为真彩色模式。当 R、G、B 三原色全部调至最亮等级时,就混合成白光。因此,RGB 彩色模式是一种加色模式。

　　CMYK 模式针对的是印刷媒介,即基于油墨的光吸收和反射特性。对于自身不发光的物体,眼睛看到颜色实际上是物体吸收白光中特定频率的光而反射其余的光的颜色。其中的 C(Cyan,青)、M(Magenta,品红)、Y(Yellow,黄)是印刷的三原色,每种颜色的浓度范围在 0～100％,通过三种颜色不同浓度的混合可以产生各种印刷颜色。理论上,当三种颜色都以100％的浓度混合就产生黑色,CMYK 是一种减色模式。但是实际生产中颜料能达到的纯度有限,通过 C(Cyan,青)、M(Magenta,品红)、Y(Yellow,黄)无法合成纯正的黑色。因此单独生产一种纯黑色的油墨,为了避免与 RGB 模式中的 B(Blue,蓝色)混淆,用 K 来表示黑色。

　　RGB 是加色模式,CMYK 是减色模式。两个加色相加得到一个减色。对立的两个颜色称之为互补色。例如:红与青,绿与品,蓝与黄。互补色会互相完全吸收对方。因此我们说看到了品红色,其实就是因为一个白光射到品红色块上的时候,绿色被完全吸收掉了,余下的红与蓝色配合形成品红。其他的同理。所以说 CMYK 是减色模式。

　　若要想印刷一个图像,在使用 Photoshop 制作的时候,要先以 RGB 模式制作,所有工作做完之后再转成 CMYK 模式出片。但是 RGB 和 CMYK 两种模式包含的颜色范围不同,如图4-22 所示,所以转化过程中会有溢色。

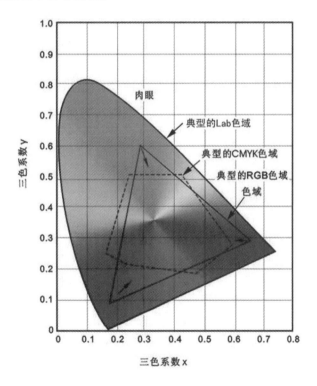

图 4-22　色域图

　　当用户选择颜色时,例如选纯红色,右边有个叹号,表示为警告打印时颜色超出色域,单击叹号 Photoshop 会自动选择一个较为接近且能打印显示出来的颜色。解决溢色问题的方法:在 Photoshop 编辑文件时,勾选菜单栏"视图"→"校样设置"→"工作中的 CMYK"。并通过是否勾选菜单栏"视图"→"校样颜色"命令设置是否校样。由此用户在 RGB 模式下工作,却是在 CMYK 模式下预览。

4.3.2 常见的数字图像文件格式

常见的图像格式包括 JPG、PSD、BMP、GIF、PNG、TIFF 等。同样一幅的画面，采用不同的文件格式保存，其图像色彩数量、图像质量以及文件大小都不尽相同。下面主要介绍这些图像格式的知识及其特点。

JPG(Joint Photographic Expert Group)格式是目前网络上最流行的图像格式，由于采用有损压缩方式，其压缩率很高。JPG 格式压缩可根据不同压缩级别获得不同质量的图像。压缩主要针对高频信息，对色彩的信息保留较好，适合应用于互联网，可减少图像的传输时间，可以支持 24bit 真彩色。

PSD(Photoshop Document)是 Photoshop 图像处理软件的专用文件格式。它可以支持图层、通道、蒙板和不同色彩模式的各种图像特征，是一种非压缩的原始文件保存格式。扫描仪、数码相机等设备不能直接生成该种格式的文件。由于可以保留所有原始图像编辑信息，PSD 文件一般较大，但在图像处理中对于尚未制作完成的图像，以 PSD 格式保存是最佳的选择。

BMP(Bitmap)是位图格式，是一种与硬件设备无关的图像文件格式。它不采用其他任何压缩，其文件所占用的空间很大。它也是 Windows 系统中最为常见的图像格式，因此在 Windows 环境中运行的图形图像软件都支持 BMP 图像格式。

GIF(Graphics Interchange Format)的原义是"图像互换格式"，是一种无损压缩格式。其颜色深度从 1bit 到 8bits，也即 GIF 最多支持 256 种色彩的图像。GIF 格式的另一个特点是其在一个 GIF 文件中可以存多幅彩色图像，如果把存于一个文件中的多幅图像数据逐幅展示并显示到屏幕上，就可构成一种最简单的动画。

PNG(Portable Network Graphics)可移植网络图形格式，支持不失真的情况下压缩保存图像。与 GIF 不同，它可以保存 24 位的真彩色图像，能够支持透明背景并具有消除锯齿边缘的功能，但文件相对较大。

TIFF(Tagged Image File Format)标记图像文件格式，是一种无损压缩格式，支持 RGB、CMYK、Lab、索引颜色、位图和灰度模式颜色，并且该格式在 RGB、CMYK 和灰度模式中还支持通道、图层和路径。因此，它具有较好的扩展性、方便性、可改性。

4.3.3 Photoshop CC 基本操作界面

2013 年 7 月，Adobe 公司推出 Photoshop CC(Creative Cloud)。在 Photoshop CS6 功能的基础上，Photoshop CC 新增相机防抖动功能、Camera RAW 功能改进、图像提升采样、属性面板改进、Behance 集成等功能，以及 Creative Cloud，即云功能。

运行 Photoshop CC 软件后，就进入其工作界面，如图 4-23 所示，主要有菜单栏、工具箱、工具属性栏、图像编辑区、面板区和状态栏组成。

1. 菜单栏

菜单栏集合了整个软件的各种应用命令，通过鼠标单击菜单项，然后在弹出的菜单中选择具体命令即可。Photoshop 的菜单栏包括文件、编辑、图像、图层、文字、选择、滤镜、视图、窗口和帮助菜单。菜单栏几乎包含了软件所有的命令。在 Photoshop 中许多菜单命令后面标注了该命令的快捷键，使用快捷键可以提高工作效率。

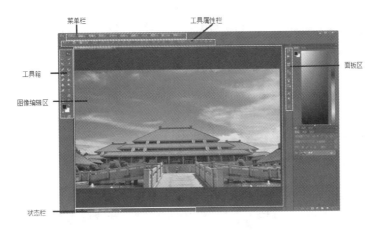

图 4-23　Photoshop CC 工作界面

2. 工具箱

工具箱中有很多工具可供选择，使用这些工具可完成绘制、编辑以及观察等操作。工具箱默认位于工作界面的左侧，在工具箱中每一个图标代表一个工具，当该工具图标背景色显示为黑色表示工具被选中。部分工具图标的右下角有个白色小三角，表示该工具是一个工具组，直接在该图标上单击鼠标右键或者长按鼠标左键，即可调出该工具组的工具列表。工具箱各工具的展开图如图 4-24 所示。

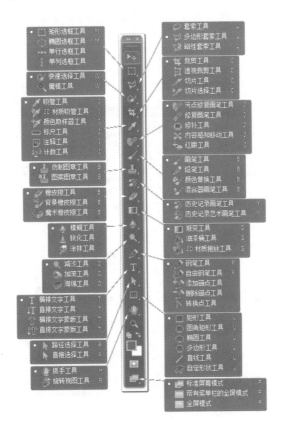

图 4-24　工具箱工具展开图

3.工具属性栏

工具属性栏位于菜单栏下方,在工具箱中选中某个工具后,工具属性栏就会改变成相应工具的属性设置选项,供用户调整该工具参数。

4.图像编辑区

图像编辑区是 Photoshop 的主要工作区,用于显示打开的所有图像文件。图像编辑区顶部的选项卡提供了打开文件的基本信息,包括文件名和文件格式、缩放比例、颜色模式等。通过单击选项卡文件名可以实现图像文件的切换。

5.面板组

面板组位于 Photoshop 工作界面的右侧,这里可以进行图像处理时的选择颜色、图层编辑、编辑路径、查看通道等操作。按 Tab 键可隐藏工具箱和所有显示的面板,再次按 Tab 键可恢复,如果仅隐藏所有面板,则可按组合键"Shift＋Tab"。默认状态下,面板组包括"导航器""信息""颜色""色板""样式""调整""图层""通道"还不"路径"等。所有面板都可以在"窗口"菜单打开或关闭。

6.状态栏

状态栏位于 Photoshop 工作界面的底部,可以显示当前图像的显示比例、文件大小以及当前操作的提示信息等。在显示比例文本框中直接输入数值,单击回车键可以改变显示比例。

4.3.4　Photoshop CC 图像处理基本操作

1.创建图像文档

通过菜单栏单击菜单栏的"文件"→"新建"命令,或者按组合键"Ctrl＋N",可以打开如图 4-25 所示的"新建"对话框。对话框中可以设置文件的名称、图像大小、分辨率、颜色模式、颜色位深度和背景颜色等信息。

2.打开图像文件

单击菜单栏的"文件"→"打开"命令,或者按组合键"Ctrl＋O",可以打开如图 4-26 所示的"打开"文件对话框。双击选择需要打开的图像或单击"打开"按钮,就可以在 Photoshop 中打开该图像了。该对话框支持一次同时打开多个图像。

图 4-25　"新建"对话框

图 4-26　"打开"对话框

3. 保存图像文件

当完成图像的处理后,需要将图像文件进行保存,可以使用菜单栏的"文件"→"存储为"命令,或者按下组合键"Ctrl+S"。然后输入文件名,根据使用范围选择适当的文件类型,单击保存按钮即可保存文件。

4. 调整图像显示

用户在编辑或设计作品的过程中,根据自身的需要可随意地改变图像显示比例,从而使操作变得更加方便。调整图像显示的方法主要有以下几种:

(1)双击工具箱的"放缩"工具,图像将以"100%"比例显示。

(2)选取工具箱中的"缩放"工具,在图像窗口中单击鼠标左键,图像按比例放大;若按下Alt 键,则鼠标指针形状改变,单击鼠标左键,图像将按比例缩小。也可使用组合键缩放图像,放大和缩小的组合键分别是"Ctrl++"和"Ctrl+-"。

(3)使用菜单栏"视图"→"放大"或"按屏幕大小缩放"等命令,可以改变图像的显示比例。

(4)当图像被放大超出图像编辑器范围后,选取工具箱中的"抓手"工具,将鼠标指针移动到图像编辑窗口区域,直接拖动鼠标区即可移动图像显示区域。

5. 修改图像大小

在新建、编辑、制作或输出图像的整个过程中,通常需要修改图像大小或分辨率,包括对图像的整体、画布以及所选的对象或图层内容等。修改图像大小的方法主要有以下几种:

(1)裁剪。如图像中多出一些自己不想要的部分,此时就需要对图像进行裁剪操作。选取工具箱中的"裁剪"工具,将鼠标指针移至裁剪边框线上,按住鼠标左键并拖动,调整裁剪框的大小,如图 4-27 所示。双击鼠标左键或按下 Enter 键确认,即可裁剪图像。

图 4-27　裁剪图像

(2)图像大小。图像大小通常使用菜单栏的"图像"→"图像大小"命令进行调整。在"图像大小"对话框中列出了图像高度和宽度包含的像素点,图像实际打印的高度和宽度以及分辨率,如图 4-28 所示。宽度和高度左侧的"小锁"标志表示调整图像时是否锁定高宽比。"重新采样"选项则会根据修改后的图像尺寸和分辨率,使用右方下拉列表中的拟合算法缩放图像,调整后的图像会出现一定的失真,且文件占用磁盘空间大小也会发生变化。若需要图像缩放后不失真,则不应勾选"重新采样"复选框。

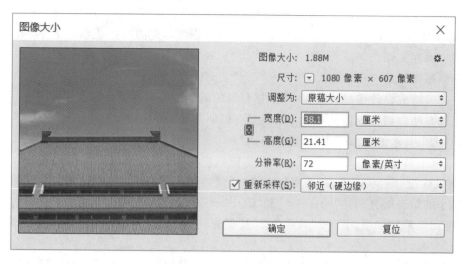

图 4-28　"图像大小"对话框

(3)画布大小。画布是指实际打印的工作区域,改变画布的大小会影响最终输出效果。选择菜单栏的"图像"→"画布大小"命令,弹出"画布大小"对话框,如图 4-29 所示,可设置画布宽度和高度,单击"确定"按钮后即可看到调整画布大小后的效果,即图像四周增加了 2.5 厘米的背景色画布区域,如图 4-30 所示。

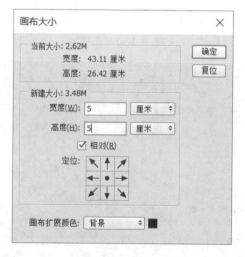

图 4-29　"画布大小"对话框

(4)自由变换。自由变换功能可以对所选像素或普通图层中的对象进行自由旋转、比例、倾斜、扭曲、透视和变形等操作。由于直接选择的对象的大小、角度、透视等通常与要合成的图像内容不匹配,需要进行适当调整,在图像合成中经常需要使用自由变换功能。选择需要变化的对象后,单击菜单栏的"编辑"→"自由变换"命令,或者使用组合键"Ctrl+T",就可以通过鼠标调整控制点的方式改变对象的大小和角度,配合键盘的 Shift、Ctrl、Alt 按键还可以实现等比例缩放、以中心点缩放、扭曲、透视等效果。此外,菜单栏的"编辑"→"变换"命令下的子命令,还提供了对所选对象进行斜切、扭曲、透视、变形、翻转等更为丰富的图像变换操作。

图 4-30　调整画布大小效果

【示例 1】裁剪、调整画布和变换应用案例——人脸镜像。

（1）运行 Photoshop CC 软件，打开"人像 1.jpg"素材文件。

（2）选择工具箱中的"裁剪"工具，裁剪人像素材，保留左边半张脸，裁剪后图像宽度为4.69厘米，如图 4-31 所示。

图 4-31　裁剪区域

（3）使用组合键"Ctrl＋J"复制背景图层，得到"图层 1"。

（4）选择菜单栏的"图像"→"画布大小"命令，打开"画布大小"对话框，如图 4-32 所示，勾选"相对"复选框，设置"宽度"为 4.69 厘米，定位为向右扩展，单击"确定"按钮即可调整画布大小,如图 4-33 所示。

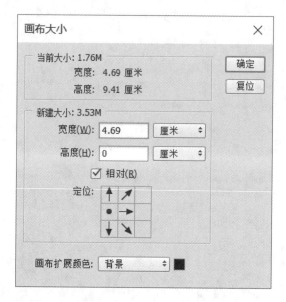

图 4-32　"画布大小"对话框

(5)在图层面板选择"图层 1",选择菜单栏"编辑"→"变换"→"水平翻转"命令,将"图层 1"水平翻转。选择工具箱中"移动工具",按住鼠标左键拖动"图层 1"中右边半张脸至画布右侧即可,如图 4-34 所示。

图 4-33　调整画布大小效果

图 4-34　人脸镜像效果

6.恢复操作

对图像处理效果不满意或者出现误操作,可以使用退出操作或恢复功能来处理这类问题。退出操作是指在完成某项操作之前中途退出该操作,从而取消该操作对图像的改变。可以在完成操作之前单击键盘 ESC 键实现退出操作。

恢复功能分为恢复到上一步操作和恢复到任意一步操作。恢复到上一步操作的执行方法是单击菜单栏的"编辑"→"还原"命令,或者使用组合键"Ctrl+Z"。而恢复到任意一步操作可以通过菜单栏的"编辑"→"后退一步"命令和组合键"Alt＋Ctrl＋Z"实现。此外,还可以执行菜单栏的"窗口"→"历史记录"命令,打开"历史记录"面板,如图 4-35 所示,在历史记录操作列表中选择需要恢复到的任意一步。

图 4-35　"历史记录"面板

4.3.5　工具箱简介

1. 选区工具的使用

在 Photoshop 中,选区是通过各种选区工具在图像中选取的部分或全部区域,以流动的虚线显示。进行局部编辑时,通常需要先建立选区。Photoshop 提供了多种选区工具供用户针对不同情况下使用,从而达到方便快捷地建立选区的目的。

矩形选框、椭圆选框工具可得到矩形和椭圆选区,若按住 Shift 键同时选择可得到正方形和圆形选区,如图 4-36 所示。默认状态下,工具属性栏中"新选区"按钮处于激活状态,此时在图像中依次绘制选区,图像文件中将始终保留最后一次绘制的选区。通过选择"新选区""添加到选区""从选区减去""与选区交叉"按钮可以实现选区的多种组合效果。

套索工具用于选取任意不规则选区。多边形套索工具用于选取有一定规则的选区,如图 4-37 所示。而磁性套索工具是选取边缘比较清晰,且与背景颜色相差比较大的图片的选区。

图 4-36　矩形选区选择效果　　　　　图 4-37　多边形套索选区选择效果

快速选择工具是一种非常直观、灵活和快捷的选取图像中面积较大的单色颜色区域的工具。其使用方法是,在需要添加选区的图像位置按住鼠标左键然后移动鼠标,鼠标光标经过的区域及与其颜色相近的区域都添加到选区。魔棒工具主要用于选择图像中大块的单色区域或相近的颜色区域。其使用方法非常简单,只需在要选择的颜色范围内单击鼠标,即可将图像中与鼠标落点相同或相近的颜色区域全部选择。如图 4-38 所示,可使用魔棒工具选择图像中连续的白色区域,再单击菜单栏的"选择"→"反向"命令,或者按组合键"Shift+Ctrl+I"选择图像中的吉他。快速选择工具和魔棒工具都可以通过调整容差值来控制所选范围的大小,容差值越大,选取的范围越大。

图 4-38　魔棒工具选择效果

建立选区后还可以利用菜单栏的"选择"→"修改"中的命令对选区进行适当调整,包括"边界""平滑""扩展""收缩"和"羽化"。还可以使用菜单栏的"选择"→"变换选区"命令显示出选区控制点,通过调节控制点改变选区大小和形状。选区使用完毕,可以单击菜单栏的"选择"→"取消选择"命令,或者按组合键"Ctrl+D"取消选区。

【示例 2】选区工具应用案例——更换天空背景。

(1)运行 Photoshop CC 软件,打开"湖北省博物馆.jpg"和"蓝天白云.jpg"素材文件。

(2)在"湖北省博物馆.jpg"文件中,选择工具箱中的"魔棒工具",并在其属性栏设置建立选区方式为"添加到选区",容差为 60,通过多次添加选区选择出图像中的天空区域,如图 4-39 所示。

图 4-39　天空区域选区

（3）在"魔棒工具"属性栏设置建立选区方式为"新选区"，此时鼠标变成右下角带虚线矩形的白色箭头，按住鼠标左键拖动选区至"蓝天白云.jpg"素材文件中，适当移动选区位置，选择一块适合的蓝天白云区域。

（4）在"蓝天白云.jpg"素材文件中，选择工具箱中的"移动工具"，按住鼠标左键拖动蓝天白云区域至"湖北省博物馆.jpg"文件中，调整蓝天白云区域与原选区对应，即实现更换天空背景效果，如图 4-40 所示。

图 4-40   更换天空背景效果

2. 绘画与修饰工具

绘画与修饰是 Photoshop 中最基本的操作。绘画工具包括画笔工具、铅笔工具、颜色替换工具、历史记录画笔工具组、油漆桶工具、渐变工具、图章工具组、橡皮擦工具组和修复画笔工具组。

画笔工具的笔尖大小和形状可以在如图 4-41 所示的"画笔选择器"中设置。此外，在如图 4-42 所示的"画笔面板"中还可以改变画笔笔尖的圆度、间距、散布、颜色动态等参数，产生各种不同的画笔效果。Photoshop 中许多工具的笔尖形态都由画笔笔尖决定。因此，掌握画笔工具的设置十分重要。

图 4-41   画笔选择器   图 4-42   画笔面板

　　橡皮擦工具若在背景层上擦除图像,则擦除的区域将被填充背景色;若在普通层上擦除图像,则擦除的区域将变成透明。而背景橡皮擦工具可直接将选定区域擦除成透明效果。魔术橡皮擦工具与魔棒工具类似,可以将图像中颜色相近的区域擦除。

　　仿制图章工具将图像中一处的像素复制到另一处,使两处的内容一致,通常可以用来复制图像中的对象。而图案图章工具可以使用系统内置的图案或者用户创建图案进行区域填充。

　　【示例3】仿制图章和变换应用案例——仿制小蜜蜂。

　　(1)运行 Photoshop CC 软件,打开"小蜜蜂.jpg"素材文件,在图层面板单击"创建新图层"按钮,在背景图层上方创建透明图层"图层1",如图 4-43 所示。

　　(2)选择工具箱中的"仿制图章"工具,并在其属性栏样本属性下拉框中选择"当前和下方图层",如图 4-44 所示。

　　　　图 4-43　创建新图层　　　　　　　图 4-44　设置"仿制图章"工具获取样本方式

　　(3)将鼠标移至图像中小蜜蜂的轮廓边缘处,按住 Alt 键同时单击鼠标左键设置仿制的基准点。

　　(4)将鼠标移至图像中适当的位置,按下鼠标左键,此时编辑区出现一个十字光标和一个圆形光标,让十字光标沿着小蜜蜂的轮廓边缘移动,即可以仿制出一个同样的小蜜蜂轮廓。然后,再按住鼠标左键在仿制出的小蜜蜂轮廓内部涂抹,可得到一个完全一样的小蜜蜂,如图 4-45 所示。

　　(5)执行菜单栏中的"编辑"→"变换"→"水平翻转"命令,将图层1中的小蜜蜂水平翻转。接下来,按组合键"Ctrl+T"打开"自由变换"功能,通过拖动或旋转小蜜蜂周围的控制点,适当调整图层1中小蜜蜂的大小和旋转角度。然后,利用"编辑"→"变换"→"透视"和"变形"功能,进一步修改图层1中小蜜蜂的外形。最后,将小蜜蜂拖动到图像的右上角融入背景图层即可,如图 4-46 所示。

　　　　图 4-45　仿制出的小蜜蜂　　　　　　图 4-46　调整仿制出的小蜜蜂

修复画笔工具组可用于清除图像中的杂质、污点及改善拍摄人物照片中的"红眼"。

修饰工具包括模糊工具、锐化工具、涂抹工具、加深工具、减淡工具和海绵工具。模糊工具和锐化工具可以分别使图像产生模糊和清晰的效果,涂抹工具的效果则可理解为用手指搅拌颜色。利用减淡工具和加深工具可以很容易地调整图像局部的亮度。利用海绵工具,则可以调整图像的饱和度。

3. 其他工具

Photoshop 中还包括裁剪与切片工具组、注释与测量工具组,与矢量相关的钢笔工具、绘图工具、文字工具、路径选择工具,与导航相关的抓手工具和缩放工具等,其具体功能用户可自行尝试。

4.3.6　图层

1. 图层的基本操作

图层就如同许多叠放在一起的透明玻璃纸,可以在这些透明的玻璃纸上作画,透过上面的玻璃纸可以看见下面纸上的内容,但是无论在上一层上如何涂画都不会影响到下面的玻璃纸,上面一层会遮挡住下面的图像。通过移动各层玻璃纸的相对位置或者添加更多的玻璃纸即可改变最后的合成效果。

图层的类型众多,包括背景图层、文字图层、调整图层、形状图层、图层蒙版等。

背景图层默认情况下是被锁定的,通过双击背景层的名称可以将其转换为普通层。

文字图层是用来编辑文本内容的,文本以矢量方式存在,缩放不失真。

调整图层提供了大量图像调整的功能,这些功能与菜单栏的"图像"→"调整"菜单下的许多功能重合。但是如果使用菜单栏的"图像"→"调整"菜单命令的方法来编辑图像,实际上是在对活动图层上的像素做永久性的修改。而调整图层则只是一个虚拟的计算图层,它位于活动图层的上方,虽然它也改变了图像的显示结果,但不对活动图层的像素做永久性修改或直接修改。删除或者隐藏调整图层,则恢复原先图像的显示结果。

对于文字图层、形状图层、矢量蒙版和填充图层之类矢量相关的图层,不能在它们的图层上使用绘画工具或滤镜进行处理。如果要在这些图层上继续操作,就必须对这些图层栅格化,栅格化后这些图层的内容就转换为普通的图像。

2. 图层样式

图层样式是 Photoshop 中制作图片特殊艺术效果的重要手段之一,图层样式可以运用于一幅图片中除背景层以外的任意一个层。在 Photoshop 中提供了斜面与浮雕、描边、内阴影、图案叠加、外发光、投影等多种效果,用户只需简单调整各种样式中的参数就可以实现不同的样式效果,如图 4-47 所示。

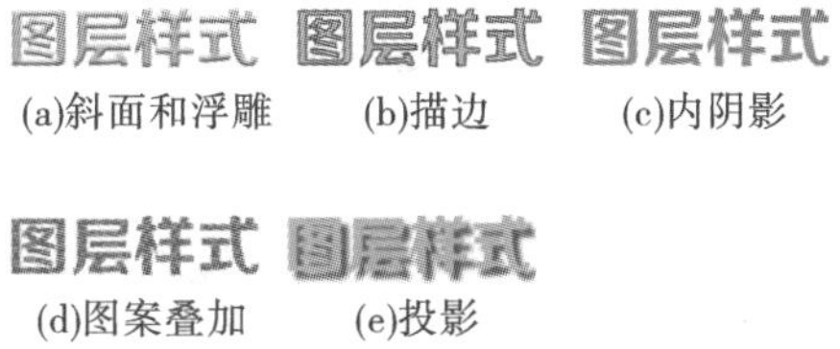

图层样式　图层样式　图层样式
(a)斜面和浮雕　　(b)描边　　(c)内阴影

图层样式　图层样式
(d)图案叠加　　(e)投影

图 4-47　图层样式效果

3. 图层混合模式

图层混合模式就是指一个层与其下图层的色彩叠加方式。默认情况下,使用的是正常模式,除了正常模式以外,还有很多种混合模式,它们可产生迥异的合成效果,如图 4-48 所示。

图层混合模式中有三个重要概念,即基色、混合色、结果色。

基色:图像中的原稿颜色,也就是下面的颜色。

混合色:通过绘画或编辑工具应用的颜色,就是在上面的颜色。

结果色:混合后得到的颜色。

例如,当用户新建一个白色背景的文档时,其实已经建立了基色,新建文档中的白色就是基色,当用户用画笔工具以红色的前景色涂抹时,这种红色就是混合色,被混合色红色涂抹到的区域的颜色是结果色。

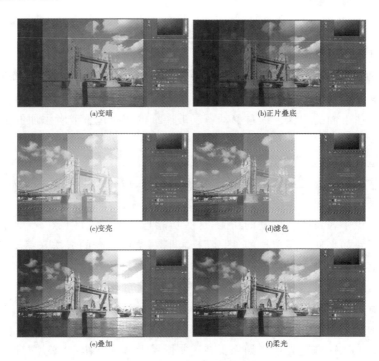

图 4-48　图层混合模式效果

注:示例中基色层为伦敦塔桥的图片,混合色层为从左至右为灰度值 0、64、128、192、255 的 5 个矩形块。

Photoshop 中的图层混合模式共有六组 27 种,下面简单介绍一下各种混合模式,并结合示例显示几种常用图层混合效果。

正常模式组:

正常:编辑或者绘制每个像素,使其成为结果色。

溶解:编辑或者绘制每个像素,使其成为结果色,但是根据像素位置的不透明度,随机将基色替换为混合色。

变暗模式组:

变暗:查看每种颜色的颜色信息,选择基色和混合色中较暗的颜色作为结果色,比混合色亮的像素被替换,比混合色暗的像素保持不变。

正片叠底:查看每种颜色的颜色信息,将基色与混合色相乘,然后再除以 255,如公式 (4-1)所示。白色灰度值为 255,因此任何颜色与白色复合保持不变;黑色灰度值为 0,与黑色复合变为黑色。根据公式 4-1 所得结果色总是较暗的颜色。正片叠底的效果比变暗模式显得更加自然和柔和,通常用于去白留黑,压暗图像。

$$C = \frac{A \cdot B}{255} \tag{4-1}$$

其中,A 是基色,B 是混合色,C 是结果色。

颜色加深:查看每种颜色的颜色信息,通过增加基色对比度的方式压暗加深。

线性加深:查看每种颜色的颜色信息,通过降低基色亮度的方式压暗图像,与颜色加深模式类似。

深色:查看基色和混合色的信息,选取其中较深的颜色作为混合色。

变亮模式组:

变亮:查看每种颜色的颜色信息,选择基色和混合色中较亮的颜色作为结果色,比混合色暗的像素被替换,比混合色亮的像素保持不变。

滤色:查看每种颜色的颜色信息,并将基色的反相和混合色反相相乘,如公式(4-2)所示。任何颜色与黑色复合保持不变,与白色复合变为白色。根据公式(4-2)所得结果色总是较亮的颜色。滤色通常用于去黑留白,提亮图像。

$$C = 255 - \frac{(255-A) \cdot (255-B)}{255} \tag{4-2}$$

其中,A 是基色,B 是混合色,C 是结果色。

颜色减淡:查看每种颜色的颜色信息,通过降低基色对比度的方式减淡图像。

线性减淡:查看每种颜色的颜色信息,中间色通过提升亮度的方式来减淡图像,与颜色减淡类似。

浅色:查看基色和混合色的信息,选取其中较浅的颜色作为混合色。

叠加模式组:

叠加:是"正片叠底"与"滤色"模式的马太效应组合,混合色比 50% 的灰色亮的应用"滤色"模色提亮,混合色比 50% 的灰色暗的用"正片叠底"压暗。

柔光:混合色比 50% 的灰色暗的加深,混合色比 50% 的灰色亮的减淡,50% 的灰色则消失不见。

强光:类似于叠加模式,也是"正片叠底"与"滤色"模式的马太效应组合,强光模式就是模拟强光照射的效果,与叠加模式区别在于叠加模式是以下层的基色为基准,强光模式是以上层的合成色为基准。

线性光:是"线性减淡"和"线性加深"的马太效应组合,混合色比 50% 的灰色亮的应用"线性减淡""变亮"模色提亮,混合色比 50% 的灰色暗的用"线性加深"压暗。

点光:是"变亮"和"变暗"的马太效应组合,混合色比 50% 的灰色亮的应用"变亮"模色提亮,混合色比 50% 的灰色暗的用"变暗"压暗。

实色混合:查看每个通道的颜色信息,根据混合色替换颜色,如果混合色比 50% 的灰色亮,则替换此混合色为白色,反之,则为黑色。

差值模式组:

差值:查看每个颜色的颜色信息,基色与混合色相减,并且取绝对值。在 RGB 模式中,黑色为 0,白色为 255,所以任何色和黑色差值没有变化,任何色和白色差值会生成反相效果。

排除:效果跟差值类似,但是对比度更低的效果。

减去:减去模式也是做减法,但是和差值不同的是没有对结果色取绝对值,所以如果结果为负值,则为 0,即为黑色。那么白色是 255,是色值中最大的,所以白色合成后是黑色,黑色依然不变色,中灰会压暗图像。

划分:查看每个通道的颜色信息,并用基色分割混合色。基色数值大于或等于混合色数值,混合出的颜色为白色。基色数值小于混合色,结果色比基色更暗。白色与基色混合得到基色,黑色与基色混合得到白色。

色相组:

色相:结果色保留混合色的色相,饱和度及明度数值保留明度数值。

饱和度模式:用混合色的饱和度以及基色的色相和明度创建结果色。

颜色模式:是用混合色的色相、饱和度以及基色的明度创建结果色。即色相和饱和度都被替换了,只保留了基色下层色的明度。

明度模式:是利用混合色的明度以及基色的色相与饱和度创建结果色。与颜色模式刚好相反,因此混合色图片只能影响图片的明暗度,不能对基色的颜色产生影响。色相组图层混合模式效果如图 4-49 所示。

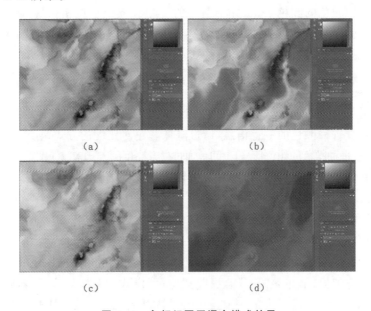

(a)　　　　　　　　　(b)

(c)　　　　　　　　　(d)

图 4-49　色相组图层混合模式效果

注:示例中基色层为彩色画,混合色层为红色(255,0,0)。

【示例 4】图层混合模式应用——纯色 T 恤添加图案。

(1)运行 Photoshop CC 软件,打开"纯色 T 恤.jpg"素材文件。

(2)选择工具箱中"快速选择"工具,选择出"纯色 T 恤.jpg"素材文件中 T 恤部分,如图 4-50 所示。

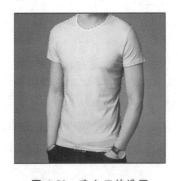

图 4-50　建立 T 恤选区

（2）在图层面板单击"创建新图层"按钮，在背景图层上方创建透明图层"图层 1"，如图 4-51 所示。

（3）打开"青花瓷图案.jpg"素材文件，执行菜单栏"编辑"→"定义图案"命令，在弹出"图案名称"对话框中单击"确定"按钮，可将"青花瓷图案.jpg"素材定义为图案。

（4）切换到"纯色 T 恤.jpg"文件，选择工具箱中的"油漆桶"工具，并在其属性栏设置填充区域源的下拉框中选择"图案"，并在右侧"图案"列表中选择"青花瓷图案"，如图 4-52 所示。运用"油漆桶"工具填充 T 恤部分选区，如图 4-53 所示。

图 4-51　新建图层

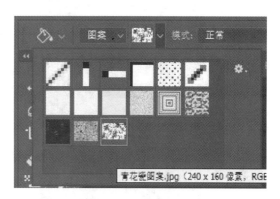

图 4-52　设置填充图案

（5）设置"图层 1"的图层混合模式为"正片叠底"，并按组合键"Ctrl＋D"取消选区，如图 4-54 所示。此时，T 恤上的褶皱可显示出来，即实现将图案添加到纯色 T 恤的效果。

图 4-53　T 恤填充图案效果

图 4-54　设置"正片叠底"效果

4.3.7　图像调整（色阶、曲线、色相饱和度）

1.调整色阶

色阶是表示图像亮度强弱的指数标准。用户可以使用"图像"→"调整"→"色阶"命令调整图像的阴影、中间调和高光的强度级别，从而校正图像的色调范围和色彩平衡。在色阶对话框中，通过直方图显示图像中各个亮度级别像素的数量。在色阶对话框中，输入色阶表示图像修改前的色阶，输出色阶则是修改后的色阶。数值 0 到 255 分别对应于暗部区域、灰部区域和亮部区域。默认状态下，输入和输出的滑块 0 对应于 0,255 对应于 255，即输入＝输出。对于图 4-55 的编钟图片，观察其色阶对话框，不难发现对话框内的直方图中缺少亮部信息，此时，通过移动输入色阶右端的白色滑块至有色彩信息的位置,可以提亮整幅图像,如图 4-56 所示。同理也可以调整整体偏亮或画面发灰的图像。

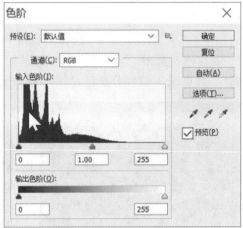

图 4-55 修改前的图像及其色阶对话框

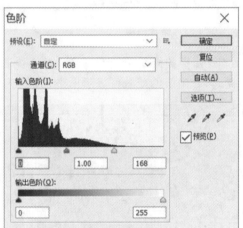

图 4-56 修改后的图像及其色阶对话框

2.调整曲线

曲线对话框里同样有输入和输出,曲线横纵轴都是表示亮度级别,横为输入纵为输出。曲线默认为对角线,即输入＝输出。上弦线(输入小于输出)是变亮,下弦线(输入大于输出)是变暗,S 型线可调对比度(即暗部更暗,亮部更亮)。曲线调整使色彩能做到更细致,它不仅可以对图像调整亮度和对比度,还可通过打点的方式针对图像中一部分特定亮度区域进行修改。例如,图像中只是暗部过暗,如图 4-57 所示,如果整个照片调亮,那么原先的亮部区域就过度曝光了。这种情况下,可以在"曲线"对话框的直线中间打点,如图 4-58 所示,只调暗部,让暗部成上弦线,就能把暗部调亮了,如图 4-59 所示。

图 4-57　暗部过暗图像

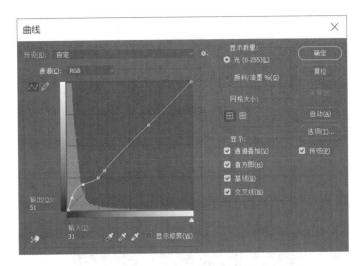

图 4-58　"曲线"对话框设置

图 4-59　调整曲线效果

3.调整色相饱和度

色相饱和度命令主要用于调整全部图像像素或者某段颜色范围像素的色相、饱和度和明度。如图 4-60 所示,通过下拉列表可以选择需要调整像素的颜色,若需要调整的像素颜色不在列表中,可以使用吸管工具直接吸取需要调整的颜色。最下面有两个色相条,上面的是输入,即图像调整前的颜色,下面的是输出,即图像调整后的颜色。因此,调整色相、饱和度和明度等参数可以改变指定色彩范围的颜色。此外,还可以勾选"着色"选项,对灰度图像重新定义其色相、饱和度和明度,使灰度图片变成彩色图片。

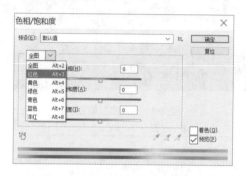

图 4-60 "色相/饱和度"对话框

【示例 5】调整色相饱和度应用——改变变色龙颜色。

(1)运行 Photoshop CC 软件,打开"变色龙.jpg"素材文件。

(2)选择工具箱"套索工具",大致框选出图像中变色龙所在区域。注意,不要将绿色树叶部分框选进来,如图 4-61 所示。

图 4-61 建立调整色相/饱和度选区

(3)执行菜单栏"图像"→"调整"→"色相/饱和度"命令,在弹出的"色相/饱和度"对话框中选择颜色列表为"绿色",此时输入和输出色相条绿色区域之间会出现由两个滑块指示的颜色调整范围,适当调整该范围,然后设置色相为"+180",饱和度"+25",即可将图像中绿色的变色龙修改成紫色,如图 4-62 所示。最后按组合键"Ctrl＋D"去掉选区即可。

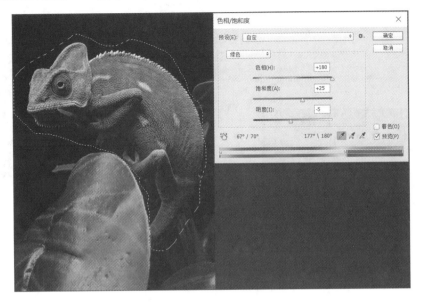

图 4-62　调整色相/饱和度效果

4.3.8　图像文字编辑

在 Photoshop 创作作品时,文字是重要的信息载体,它不仅可以辅助传递图像的相关信息,配合适当的字体还能让图像呈现出不同的意境。

1. 文字的输入与调整

在 Photoshop 中提供了文字工具组,包括横排文字工具、直排文字工具、横排文字蒙版工具和直排文字蒙版工具。横排文字工具和直排文字工具用于在图像中输入水平方向和垂直方向的文字,创建文字时会生成专门的文字图层,而横排文字蒙版工具和直排文字蒙版工具则用于在图像创建文字型选区,不生成新的图层。

2. 文字层栅格化

文字工具生成的文字层是一种特殊的图层,文字内容可编辑,文字大小、字体、间距等参数可调整。但无法对文字图层应用描边、渐变填充等操作。必须通过栅格化文字将文字层转换为普通图层才能对其进行相应的操作。转换后的文字无法再进行文本编辑。栅格化文字图层的方法有两种,一种是选择文字图层后执行"图层"→"栅格化"→"文字"命令;另一种是选择文字图层,在图层名称上单击鼠标右键,在弹出菜单中选择"栅格化文字"命令。

3. 沿路径输出文字

文字除了横排和直排输出效果以外,还可以借助路径实现文字沿开放路径输出及在闭合路径内显示文字的效果。路径是由锚点和连接锚点的曲线构成的不可打印的矢量形状。开放路径通常使用"钢笔工具"绘制,单击"横排文字工具"后,将光标移动至创建的矢量曲线上,光标下部会出现一条曲线,单击鼠标左键,则光标被吸附到路径上,定位文本插入点,输入的文字则自动围绕曲线路径输出,最后单击属性栏中"对钩"按钮,可提交当所有前编辑,如图 4-63 所示。闭合路径可以使用"钢笔工具""矩形工具""椭圆工具""多边形工具"和"自定义形状工具"等矢量图形绘制工具绘制,单击"横排文字工具"后,将光标移动至创建的闭合曲线内部,光标周围会出现一个封闭圆圈,单击鼠标左键,光标会定位在闭合路径内部,输入的文字则只会在闭合路径轮廓形状内部显示,如图 4-64 所示。

图 4-63　沿路径输出文字

图 4-64　闭合路径输出文字

4.3.9　通道

通道在 Photoshop 中占有极其重要的地位。通常初学者没有充分理解通道的工作原理,当发现红色通道中只有黑色、白色和灰色就感到十分困惑。只有明白了通道中黑色、白色和灰色分别表示什么含义,才能初步了解 Photoshop。

在 Photoshop 软件中,图像被分离成基本颜色信息,通道可以用来保存图像颜色信息。每一个通道对应一个基本颜色信息,对于不同的颜色模式,通道的数量类型有所不同。例如灰度模式只有一个"灰度"通道。RGB 颜色模式包含红、绿、蓝以及一个复合通道。CMYK 颜色模式则有五个通道,分别是青、品红、黄、黑和一个复合通道。

根据表示内容的不同,通道可分为颜色通道、Alpha 通道和专色通道。下面简单介绍着几种通道的工作原理。

1. 颜色通道

在 RGB 颜色模式下,三个原色通道,分别记录了 RGB 光的不同颜色。每个通道有 256 个颜色位置,用来记录本通道的 256 个颜色信息,从 0 到 255,0 是黑色,255 是白色,1 到 254 是黑白之间的灰色过渡,总共有 256 个级别。例如 R(红色)通道中,显示白色的应该是红色值达到 255,显示黑色的应该是红色值为 0,中间有不同级别的过渡。可以理解成一个可以调节亮度的红色灯泡,随着数值的增加,红色光越来越亮。

CMYK 颜色模式下,通道记录的是印刷油墨颜色浓度信息。与 RGB 颜色模式不同,这里采用减色模式,颜色值以百分比表示。例如 C(青色)通道中,越黑的地方表示青色油墨浓度百分比值越大,相反越白越亮的地方百分比值越小。因此,0%到 100%就表示从完全不印青色到印纯青色的过渡。

2. Alpha 通道

Alpha 通道是用来记录图像信息的。它通常是在图像处理过程中人为创建的,可以用来保存选区。使用 Photoshop 菜单栏中"选择"→"载入选区"和"存储选区"命令可方便地读取和存储选区信息。Alpha 通道中的黑色表示非选区,白色表示选区,而灰色则表示半透明羽化区域,如图 4-65 所示。支持 Alpha 通道的图片格式除了 Photoshop 文件格式 PSD 以外,还有 TIFF 和 TARGA 格式。

(a)原图　　　　　　　(b)Alpha通道　　　　(c)Alpha通道对应选区内容

图 4-65　Alpha 通道效果

3.专色通道

专色通道是一种具有特殊用途的通道,用来表示印刷中某种专色油墨的浓度信息,其表示方法与 CMYK 中各颜色通道一致。使用专色通道可以印刷 CMKY 模式印不出来的颜色,例如要印烫金的文字,需要单独建立一个烫金油墨专色通道。又或者需要在文字上有一层覆膜也可以用专色通道。此外,也并非只有印不出来的颜色才使用专色通道,例如 CMYK 中的黑色,在印刷只有黑色的内容时,可以只使用黑色印刷一遍,相比 CMYK 四色印刷可以有效节约成本。因此,黑色也可以看作一种特殊的专色。

【示例 6】通道应用——人像抠图。

(1)运行 Photoshop CC 软件,打开"人像.jpg"文件。

(2)本例中人像的头发丝较细,无法用工具箱中选区工具选择,可运用通道抠图的方法,由于 Alpha 通道中黑白灰分别表示非选区、选区和半透明羽化区域,本案例抠取的人像没有半透明区域,因此应选择黑白关系明确的通道。打开"通道"面板,观察红、绿、蓝三个通道,不难发现蓝色通道最符合黑白分明的要求,如图 4-66 所示,在"通道"面板的"蓝"通道上右击,在弹出快捷菜单中选择"复制通道",弹出"复制通道"对话框,如图 4-67 所示,单击"确定"按钮,得到"蓝 拷贝"通道。

图 4-66　蓝通道效果

(3)通过通道缩略图前是否可见的选项,设置仅"蓝 拷贝"通道可见,执行菜单栏"图像"→"调整"→"色阶"命令或按组合键"Ctrl+L",打开"色阶"对话框,拖动"阴影输入色阶""高光输

图 4-67　"复制通道"对话框

入色阶"和"Gamma 值"滑块,设置"阴影输入色阶"为 101,"高光输入色阶"为"234",Gamma 系数为"0.5",使亮部更白,暗部更黑,如图 4-68 所示。

图 4-68　蓝色通道色阶调整

(4)选择画笔工具,笔头"硬边圆",颜色"黑色",大小"80 像素",将面部和身体没有变黑的区域涂黑,涂抹过程中可以根据需要调整画笔笔头大小,效果如图 4-69 所示。

图 4-69　涂黑效果

(5)按住 Ctrl 键同时单击调整后的"蓝 拷贝"通道缩略图,载入除去人像的选区,然后按组合键"Shift+Ctrl+I",反向选择,即可得到人像选区。

(6)在"通道"面板选择"RGB"混合通道,然后返回图层面板,按组合键"Crtl+J"即可将选区内容复制到新图层中,将"背景"图层设置为"不可见",得到抠像效果,如图 4-70 所示。

图 4-70 抠像效果

用户可以使用菜单栏"选择"→"存储选区"命令,打开"存储选区"对话框,将选区以"Alpha 通道"的方式记录下来,这样下次使用素材时可以直接使用菜单栏"选择"→"载入选区"命令得到此前记录的选区。注意,将选区记录到文件中需要以 PSD 格式保存文件,并在"另存为"对话框中勾选"Alpha 通道"复选框方可。

4.3.10 蒙版

蒙版的主要功能是控制图层的显示范围。在蒙版中,白色区域表示完全透明,黑色区域表示完全不透明,而灰色部分则是半透明区域,如图 4-71 所示。不难发现蒙版也使用了黑白灰三种颜色来表示图层的透明程度,这与 Alpha 通道的表示方式十分相似。实际上,建立蒙版后,通道调板就会出现一个对应的灰度图像,它就是一个临时通道。所以,蒙板其实是通道的另一种表现形式。

(a)原图 (b)蒙版效果 (c)蒙版

图 4-71 蒙版效果对比

除了控制图层的显示范围,实现图层间图像融合。蒙版还可以对所选区域进行保护,让其不受操作影响,而操作只应用于非保护区域。此外,通过蒙版可创建图像的选区,可用于对图像抠图。Photoshop 中蒙版共分为四种,分别是快速蒙版、图层蒙版、矢量蒙版和剪贴蒙版。

1.快速蒙版

使用快速蒙版可以快速创建需要的选区。在快速蒙版中,默认设置中无色区域表示选区以内的区域,而红色半透明区域则表示选区以外的区域。退出快速蒙版编辑模式后,图像中出现蚂蚁线,原先无色区域被选中。

2.图层蒙版

图层蒙版实际上是利用黑白灰之间不同的色阶,来对创建图层蒙版的图层控制显示范围。如果把图层中每个像素理解成一个灯泡,那么,图层蒙版中黑色表示灯泡关闭,即该像素不显示。白色表示灯泡最亮,即该像素完全显示。灰色表示灯泡处于中间亮度,即该像素半透明显示。因此,图层蒙版中的黑白灰仅仅代表对应图层中相应像素的显示程度。

图层之间混合经常会用到图层蒙板,用图层蒙板来控制层与层之间的混合。用渐变工具填充图层蒙版可以产生过渡十分平滑的图层混合效果,如图 4-72 所示为 Photoshop 中乐谱图层和人物图层混合的处理效果。

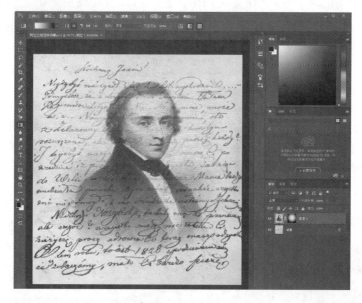

图 4-72　图层之间混合效果

3.矢量蒙版

矢量蒙版与图层蒙版类似,但是它与图像的分辨率无关,它可以由钢笔工具、形状工具或文字创建,因此矢量蒙版可以创建具有锐利边缘的蒙版。矢量蒙版是利用矢量路径来控制图层中图像的显示范围。

4.剪贴蒙版

剪贴蒙版是通过使用处于下方图层的形状来限制上方图层的显示范围,达到一种剪贴画的效果,即"下形状上显示"。其中上方图层称为剪贴图层,下方图层称为基底图层,通常基底图层比剪贴图层小。图 4-73 为 Photoshop 中以人物剪影为基底图层,以乐符图像为剪贴图层应用剪贴蒙版的处理效果。

图 4-73　剪贴蒙版效果

4.3.11　综合案例——Photoshop CC 图像合成与输出

本综合案例将利用两张钢琴图像素材和一张芭蕾舞者图像素材合成出芭蕾舞者在钢琴琴键上跳舞的效果。具体操作步骤如下：

(1)运行 Photoshop CC 软件,打开没有手指的素材"钢琴 1.jpg"和有手指的素材"钢琴 2.jpg"文件,将"钢琴 2"图像拖动到"钢琴 1"图像中,此时"钢琴 1"是背景图层,"钢琴 2"在图层 1 中,图层 1 在背景图层之上,如图 4-74 所示。

(2)选择图层 1,在图层面板中单击添加图层蒙版按钮,为图层 1 添加图层蒙版。单击图层 1 的图层蒙版缩略图,可以编辑图层蒙版。将画笔设置为颜色"黑色",笔头"柔边缘",大小 175 像素,使用画笔涂抹手指位置可以使手指不显示。接下来使用移动工具适当调整图层 1 的位置,使得图层 1 和背景图层的图像对齐。然后用裁剪工具将背景多余的区域裁掉,得到钢琴按下琴键的效果,如图 4-75 所示。注意,涂抹过程中如果需要对细节部分处理,可以使用快捷键调节画笔笔头大小。如果涂抹的区域超出手指部分,可以将画笔颜色设置成"白色",重新涂抹超出部分,从而让这一部分显示出来。

图 4-74　综合案例步骤 1

图 4-75　综合案例步骤 2

（3）打开素材"芭蕾.jpg"文件,单击工具箱"以快速蒙版编辑模式"按钮,进入快速蒙版模式。参照步骤2中,使用画笔涂抹除了人物以外的背景区域,使背景区域变成半透明红色。单击工具箱"以标准编辑模式"按钮,退出快速蒙版,此时人物区域被选中,如图4-76所示。

（4）单击工具箱中"移动工具",将步骤3中抠取的人物拖动到"钢琴1"图像中按下的琴键上,人物存放在图层2中。单击菜单栏的"编辑"→"自由变换"命令,或者使用组合键"Ctrl＋T",通过鼠标调整控制点的方式适当调整人物的大小,如图4-77所示。

图 4-76　综合案例步骤 3

图 4-77　综合案例步骤 4

（5）单击图层调板的"创建新图层"按钮,创建一个透明图层"图层3"。改变图层顺序,将"图层3"移至"图层2"下方。选择画笔工具,在属性栏设置颜色为"黑色",笔头为"柔边缘",大小为70像素。根据光源位置为芭蕾舞者绘制阴影,如图4-78所示。

（6）选择"图层3",然后单击菜单栏中"滤镜"→"模糊"→"高斯模糊"命令,弹出"高斯模糊"对话框。设置模糊半径为20像素,阴影产生模糊效果,如图4-79所示。单击"确定"按钮应用该模糊效果。

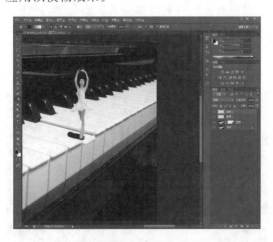
图 4-78　综合案例步骤 5

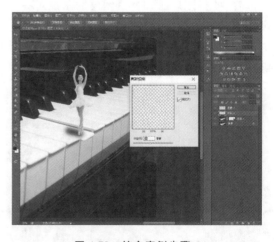
图 4-79　综合案例步骤 6

（7）选择图层3,在图层面板中单击添加图层蒙版按钮,为图层3添加图层蒙版。选择工具箱的"渐变工具",在属性栏设置渐变为黑白线性渐变。单击图层3的图层蒙版缩略图,绘制渐变,产生由芭蕾舞者脚尖向外逐渐减淡的阴影效果,如图4-80所示。

图 4-80　综合案例步骤 7

单击菜单栏的"文件"→"另存为"命令，保存文件。若文件输出只是在网络中传播或移动设备上观看，可将文件保存为 JPG 格式。若考虑到今后还要对文件进行调整修改，应记录下文件的图层和通道信息，此时应将文件保存为 PSD 格式。

至此，通过图层蒙版、快速蒙版、自由变换、高斯模糊等一系列操作实现了芭蕾舞者在钢琴琴键上跳舞的图像。根据前面所学的模糊滤镜、曲线命令等知识，还可以进一步对图像背景作虚化和压暗处理，从而突出前景的芭蕾舞者。用户可结合前面所介绍的操作方法自行尝试。

4.4　数字动画制作

数字动画是采用图形与图像的处理技术，借助于编程或动画制作软件生成一系列的景物画面。数字动画是采用连续播放静止图像的方法产生物体运动的效果。其效果来源于创意，数字动画创意是基于动画造型及运动的视觉效果创意，也是动画故事情节的创意。目前，数字动画涉及影视广告、模拟仿真、教育娱乐和虚拟现实等多个领域，具有广阔的应用前景。

4.4.1　动画概述

在遥远的旧石器时代，人类就有表现动态世界的愿望。经过考古发现，旧石器时代的人类对表现现实生活中的动态事物有浓厚的兴趣。如西班牙北部山区阿尔塔米拉山洞穴的那头"八条腿的野猪"，可以看到正在奔跑的猪有很多条腿，以描绘出野猪是运动中的形象，表现猪在飞速地奔驰，如图 4-81 所示。

图 4-81　"八条腿的野猪"

古希腊的陶瓶,如图4-82所示,巧妙地利用了旋转的方式,在固定的空间中添加了时间的概念,为静止的画面注入动画元素。当旋转到一个合适的速度时,这些画面就成了流畅的活动影像。

图 4-82　古希腊的陶瓶

从这些例子可以看出,这个时期的表现题材与形象大多是做一件事情的经过与被猎取的动画形象等。人们尽力使原来静止的形象产生视觉上的动感,尽力让图画具有动态,使其活动起来。这充分说明了古代艺术家试图通过固定的图画来再现动物或人物的活动,这就被我们认为是最早的动画萌芽状态。

随着时代的发展,科学家和艺术家们开始用一系列的连续图画来创造活动影像的实验,17世纪阿塔那斯·珂雪发明了"魔术幻灯",它是一个铁箱,里面放置一盏灯,在箱子的一边开一个小洞,在洞口安装透镜,然后把一片绘有图案的玻璃放在透镜后面,灯光透过玻璃和透镜把图案投射在墙上。1877年法国人埃米尔·雷诺发明了"多重反射镜",并申请了专利。该装置把画好的图片按照顺序放在机器的圆盘上,把一些镜片放在转动轴的边缘,围在可旋转的中心附近,这样圆盘上的长条纸卷上每张单独的画面就可以反射在每块镜片上,产生不同的形象。这被认为是动画形态的雏形。

1928年华特·迪斯尼把动画片推向了事业的顶峰,被誉为商业动画之父。在动画的初步发展时期,由于迪斯尼在技术上的努力和付出,取得了举世瞩目的成绩,也为动画产业的大发展大繁荣打下坚实的基础。

随着动画艺术的不断发展和计算机技术的介入,动画事业成为一种艺术与科技相结合的复合产品。数字动画新的制作流程相对于传统手绘动画的制作流程发生了变化,因为技术进步使数字动画需要一套合理的科学的新工艺流程,适应新的变化和需求,以保证动画制作的顺利完成。

4.4.2　数字动画基础知识

每段动画都是由一系列相似的画面组成的,每一幅画面称为一帧。画面中的人物和场景也是连续、流畅和自然变化的。实验证明,如果动画或电影的画面刷新率为 24 帧/秒,即每秒放映 24 幅画面,则人眼看到的是连续的画面效果,因为人类的眼睛具有"视觉残留"的现象。在对播放效果要求不高,而对实时性要求严格的网页动画中,可以将帧频设置为 12 帧/秒。

　　数字动画的制作方法与传统手工动画相似,它是对传统手绘动画制作技术的改进。传统手绘动画采用赛璐璐分层形式制作,工序比较复杂,其中包含了创造性劳动和非创造性劳动。数字动画制作技术主要代替传统动画中的非创造性劳动,例如描写、上色、拍摄等。这就发挥出了计算机的优势,为动画制作技术带来明显的改进。

4.4.3　Flash CC 基本界面

　　启动 Flash CC 后,进入如图 4-83 所示的初始界面,这里为用户提供了快速打开最近的项目、由模板创建文件、新建文件、Flash 简介及浏览 Adobe 公司提供的学习资料等功能,Flash CC 现改名为 Animate,其操作方式与界面基本上继承于 Flash CC。

图 4-83　Flash CC 初始界面

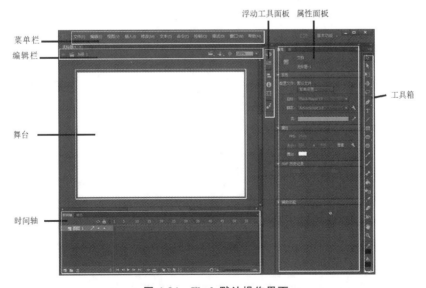

图 4-84　Flash 默认操作界面

单击"Actionscript 3.0"选项,可新建一个 Flash 文档,进入如图 4-84 所示 Flash CC 默认的操作界面。操作界面主要包括菜单栏、时间轴、工具箱、舞台、属性面板、浮动工具面板等。

1. 舞台

舞台是放置动画内容的矩形区域(默认是白色背景),这些内容可以是矢量图形、文本、按钮、导入的位图或视频等。导出的动画只显示矩形舞台区域内的对象,舞台外灰色区域内的对象不会显示出来。也就是说,动画"演员"必须在舞台上演出才能被观众看到。

2. 工具箱

工具箱是 Flash 主要操作工具的集合,它包括绘图工具组、选择工具组、颜色填充工具组、编辑查看工具组,以及 3D 工具组和 IK 骨骼工具组。具体工具图标如图 4-85 所示。

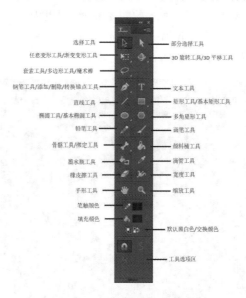

图 4-85　工具图标

3. 编辑栏

编辑栏位于舞台编辑区上方,显示当前正在编辑的场景、场景切换、元件编辑切换、显示比例。

4.4.4　Flash 面板简介

Flash 包含编辑栏、时间轴、工具、属性、库等多个工具面板。可以根据需要改变各个面板在工作区的位置和大小,也可以将面板拖动为独立面板,或者折叠和关闭。通过单击"窗口"菜单中的面板命令,可打开相应的面板。下面介绍几个 Flash 中重要的面板工具。

1. 属性面板

Flash 中各个动画对象都具有属性,在创建和编辑过程中,经常要为所选择的对象设置各种属性的参数。"属性"面板的主要功能就是对文档、各种工具、场景、帧、时间轴、ActionScript 组件以及元件进行参数设置,如图 4-86 所示。

2. 时间轴

"时间轴"面板是 Flash 动画制作最关键的工具,当"时间轴"中的帧在不同的图层中快速播放时,就形成了连续的动画效果。"时间轴"面板(如图 4-87 所示)的主要组件包括图层区面板、帧面板、播放头标记等,时间轴状态显示在"时间轴"面板的底部,它指示所选择的帧编号、

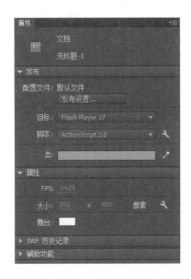

图 4-86　"属性"面板

当前帧频以及当前帧的播放时间等。

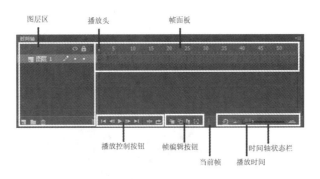

图 4-87　"时间轴"面板

(1)时间轴

也叫时间线,是一条贯穿时间的轴,用于表示场景中的元件或图形对象在不同时间存在的不同状态,利用时间轴可以创建各种动态效果。时间轴用于组织和控制一定时间内的图层和帧中的内容。与胶片一样,Flash 文档也将时长分为帧。

(2)图层

与 Photoshop 中的图层一致,Flash 中的图层就像堆叠在一起的多种幻灯片一样,每个图层都包含一个显示在场景中的不同图像。

(3)帧

帧是 Flash 影片的基本组成部分,Flash 影片播放的过程就是每一帧的内容按顺序呈现的过程。帧放置在图层上,Flash 按照从左到右的顺序来播放帧。在图层和帧编号对应的位置上单击鼠标右键,在弹出的快捷菜单中选择"插入帧"选项或者按 F5 键可以插入帧。

(4)空白关键帧

空白关键帧在时间轴上显示为空心圆点,为了在帧中插入对象,首先必须创建空白关键帧。在图层和帧编号对应的位置上单击鼠标右键,在弹出的快捷菜单中选择"插入空白关键帧"选项或者按 F7 键可以插入一个空白关键帧。

（5）关键帧

关键帧在时间轴上显示为实心圆点，是用来定义动画变化、更变状态的帧，即编辑场景中存在的示例对象并可对其进行编辑的帧。在空白关键帧中插入对象后，该帧就变成了关键帧。在图层和帧编号对应的位置上单击鼠标右键，在弹出的快捷菜单中选择"插入关键帧"选项或者按 F6 键可以插入一个关键帧。

（6）普通帧

普通帧在时间轴上显示为灰色填充或白色填充的小方格，在时间轴上能显示实例对象，但不能对实例对象进行编辑操作。插入的普通帧是延续前一个关键帧上的内容，不可对其进行编辑操作。在图层和帧编号对应的位置上单击鼠标右键，在弹出的快捷菜单中选择"插入帧"选项或者按 F5 键可以插入一个普通帧。

（7）属性关键帧

属性关键帧在时间轴显示为黑色菱形，是在补间动画的补间范围的某一帧，是编辑补间对象的某一属性时产生的。属性关键帧里的对象仍然是前一个关键帧里的内容，只是属性发生了的变化。

3. 库、元件和实例

库可以存放元件、图片、视频和声音等元素，使用库面板可以对库中的元素进行有效的管理。

选择舞台右方"库"选项卡，可以切换到库面板，如图 4-88 所示。

项目预览区

项目列表

图 4-88　"库"面板

（1）所有存储于库的元素都会在"项目列表"中列出，在"项目列表"中单击每一个项目，"项目预览区"中就会显示该项目的预览效果，当项目为"影片剪辑"动画时，单击预览区右上角"播放"按钮即可播放该动画。

（2）双击项目的名称可以修改项目名，双击项目名称前面的图标可以进入相应的项目进行编辑。

（3）执行菜单栏"文件"→"导入"→"导入到库"命令，可以将文档外的元素导入到库中，例如图片、音频、视频等。

元件是一种可重复使用的对象,Flash 将创建的元件添加到库中。实例是指位于场景中或嵌套在另一个元件内的元件副本。实例是元件在舞台上的一次具体使用,重复使用实例不会增加文件的大小。元件的类型主要分为图形元件、按钮元件和影片剪辑元件,不同类型有不同的功能。

(1)图形元件可用于静态图像。交互式控件和声音的图形元件在动画序列中不起作用。

(2)影片剪辑元件可用于创建一个动画,并在主场景中重复使用,影片剪辑的时间轴与场景中的时间轴是相互独立的,可以将图形、按钮实例放在影片剪辑中,也可以将影片剪辑实例放在按钮元件中创建动画按钮。影片剪辑是一个多帧、多图层的动画,但其实例在主时间轴中只占一帧,并且只能在测试或发布影片后才能看到动画效果。

(3)按钮元件可以创建用于响应鼠标单击、滑过或其他动作的交互按钮。按钮元件在 Flash 动画制作中作用很大,要想实现用户和动画之间的交互功能,可以通过按钮元件进行。

元件简化了文档的编辑,当编辑元件时,该元件的所有实例都相应地更新以反映编辑。如果仅仅修改单个实例的属性,可在舞台中选择该实例,在"属性"面板中修改其位置、放缩比例、旋转、亮度、色调、Alpha 透明度和其他高级效果等具体参数,该操作不会影响其他实例或原始元件。

4.4.5　Flash CC 工具箱简介

1. 规则形状工具

规则形状工具主要包括矩形工具、基本矩形工具、椭圆工具、基本椭圆工具、多角星形工具和线条工具。

使用矩形工具、椭圆工具、多角星形工具和线条工具绘制图形时,单击工具箱下"选项区"中的"对象绘制"按钮 ，可选择合并绘制模式或对象绘制模式。单击"对象绘制"按钮后,绘图工具处于对象绘制模式。

合并绘制模式绘制的图形是形状,对象绘制模式绘制的图形是绘制对象,如图 4-89 所示。形状可使用"选择工具"实现交互或编辑,两个相同颜色的形状叠放在一起会合并成一个形状,不同颜色的形状叠放在一起会产生相互裁剪的效果。绘制对象会根据图层颜色沿形状区域显示一个细细的轮廓,使用"部分选择工具"可选取轮廓线并对轮廓线上小圆圈表示锚点并进行编辑,如果要对多个绘制对象进行合并需要使用菜单栏"修改"→"合并对象"下的子命令,如图 4-90 所示。此外,对绘制对象使用菜单栏"修改"→"分离"命令或按组合键"Ctrl＋B"键可以转化为形状;对形状使用菜单栏"修改"→"合并对象"→"联合"命令可以转化为绘制对象。

图 4-89　形状和绘制对象

图 4-90　合并对象操作

使用"基本矩形"或"基本椭圆"工具创建矩形或椭圆时,Flash CC 会将形状作为单独的对象来绘制。这些形状与使用"对象绘制"模式创建的形状不同。基本形状工具允许用户使用属性控制点或属性面板的相应参数来指定矩形的角半径,还可以指定椭圆的开始角度和结束角度以及内径。创建基本形状后,可以选择舞台上的形状,然后调整属性控制点来更改半径和尺寸。

2. 不规则形状工具

不规则形状工具主要包括钢笔工具、铅笔工具、笔刷工具和文本工具。

"钢笔工具"使用节点的连接绘制图形。可增加节点达到调整图形的目的。同时配合锚点工具或选择工具可对图形进行进一步调整。

"铅笔工具"可以任意的绘制连续线段,和"刷子工具"的最大区别就是刷子绘制的是色块,而"铅笔工具"绘制的是线条。在工具箱"选项区"中可以选择"铅笔工具"的三种类型,分别是"伸直""平滑"和"墨水",可以根据需要选择不同的铅笔类型,如果配合手写板进行绘制,更能体现出"铅笔工具"快速准确的特点。

3. 形状修改工具

形状修改工具主要包括选择工具、部分选择工具、套索工具和任意变形工具。

使用"选择工具"将鼠标指针移动到直线附近,当鼠标指针下方出现弧线,表示此时通过按住鼠标左键拖动可以将临近的直线变成弧线;此时如果按住 Crtl 键并按住鼠标左键拖动,鼠标指针下方会出现折线,被拖动的直线将变成折线。改变直线形状效果如图 4-91 所示。

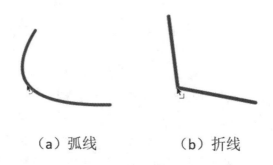

（a）弧线　　　　　　（b）折线

图 4-91　选择工具改变直线形状效果

任意变形工具可用来对绘制的对象进行缩放、旋转与倾斜、扭曲、封套等变形操作。

其中,"扭曲"和"封套"功能只能对形状对象使用。对四角星形状对象进行任意变形工具的各种操作效果如图 4-92 所示。

在使用"任意变形工具"调整对象大小时,对象上会以空心小圆点的方式显示该对象的变换中心点,此时,使用按住鼠标左键拖动该小圆点可以修改该对象的变换中心点。按住 Alt 键能够使对象以中心点为基准缩小或放大。按住 Shift 键,能够使对象按照原来的长宽比缩小或放大。按住组合键"Alt＋Shift"可使对象按照原来的长宽比以中心点为基准缩小或放大。

4. 颜色修改工具

颜色修改工具主要包括墨水瓶工具、颜料桶工具、滴管工具、橡皮擦工具、颜色工具和渐变变形工具。

墨水瓶工具是用来调整形状图形笔触的粗细、颜色、样式等参数,也可以给没有笔触的形状图形添加笔触效果。

颜料桶工具是对封闭图形内部进行颜色填充的。

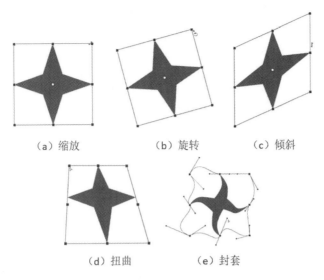

（a）缩放　　　　　（b）旋转　　　　　（c）倾斜

（d）扭曲　　　　　（e）封套

图 4-92　任意变形工具操作效果

滴管工具可以吸取颜色信息。

5. 视图调整工具

视图调整工具主要包括手形工具和缩放工具。

6. 动画辅助工具

动画辅助工具主要包括骨骼工具、绑定工具、3D 旋转工具和 3D 平移工具。

【示例 1】绘制风车元件。

（1）打开 Flash CC 软件，新建 ActionScript 3.0 文件，将文件命名为"风车元件"并保存。

（2）执行"插入"→"新建元件"命令，或者按组合键"Ctrl＋F8"新建一个元件，在弹出"创建新元件"对话框中，名称命名为"1 片风车叶片"，类型为"图形"，单击确定按钮，进入"1 片风车叶片"编辑界面。

（3）选择"矩形工具"并在"属性"面板中设置矩形的笔触为"无颜色"，填充为"蓝色"（颜色代码♯0000FF），如图 4-93 所示。首先绘制一个矩形，然后选择"选择工具"，将鼠标指针移动到矩形顶点，拖动顶点使原先的矩形变为平行四边形，最后将鼠标指针移动到平行四边形边的附近，依次拖动每条边使直线边变为弧线，得到如图 4-94 所示形状。

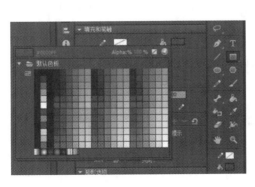

图 4-93　设置矩形笔触和填充颜色

图 4-94　1 片风车叶片图形

（4）按第2步的方法创建风车叶片元件，在弹出"创建新元件"对话框中，命名为"风车叶片"，类型为"图形"，单击确定按钮，进入"风车叶片"编辑界面。拖动"1片风车叶片"元件到"风车叶片"编辑界面，此时创建了1个"1片风车叶片"元件的实例。使用"任意变形工具"，将该实例的变换中心点修改为左下角的顶点（可打开工具选项区"贴紧至对象"功能方便吸附到顶点），如图4-95所示。按组合键"Crtl＋T"，打开"变形"面板，如图4-96所示，在旋转参数编辑框输入60，然后连续单击右下角"重置选区和变形"按钮5次，可得到6片叶片。选择重置生成的叶片实例，在其"属性"面板的"色彩效果"组的"样式"列表选择"色调"，如图4-97所示，修改新生成的5个叶片实例颜色，颜色代码顺时针方向依次为"♯FF0033""♯FF3399""♯FFCC00""♯33FF33""♯0099FF"，如图4-98所示。

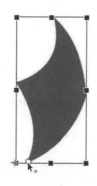

图 4-95　修改变换中心点

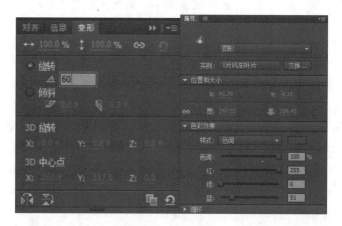

图 4-96　变形面板　　　　**图 4-97　设置叶片实例颜色**

图 4-98　风车叶片

　　(5)按第 2 步的方法创建风车元件,在弹出"创建新元件"对话框中,命名为"风车",类型为"影片剪辑",单击确定按钮,进入"风车"编辑界面。在"时间轴"图层区建立 3 个图层,图层名称从上到下依次为"风车叶片""轴心""手柄"。将"风车叶片"元件拖动到"风车叶片"层,在"轴心"层使用"椭圆工具"绘制一个高和宽均为 30 的黑色无边框颜色的圆形,使用"任意变形工具"适当调整"风车叶片"实例大小。同时选择"风车叶片"实例和"轴心"层的圆形,按下组合键"Crtl+K",打开"对齐"面板,如图 4-99 所示,单击"水平对齐"和"垂直对齐"按钮,使圆形处于"风车叶片"实例的中心,最后在"手柄"层使用"直线工具",以"轴心"层圆形的圆心为端点绘制一宽度为 10,长度为 200 的黑色垂直直线。风车元件如图 4-100 所示。

图 4-99　对齐面板

图 4-100　风车元件

4.4.6　动画的测试、保存与发布

1. 动画的测试

在发布 Flash 动画作品之前需要对作品进行测试。执行"控制"→"测试影片"或"控制"→"测试场景"命令。"测试场景"只测试当前场景,"测试影片"可以测试所有场景,可以选择在 Flash Professional 中的 Flash Player 或通过网页浏览器播放动画效果。或者直接按组合键"Ctrl+Enter"在 Flash Player 中测试动画效果。

2. 保存与发布

Flash 制作的影片的源文件都是 fla 格式,它可以在 Flash 中打开、编辑和保存,所有的原始素材都保存在 fla 文件中,由于它包含全部原始信息,所以体积较大。为了方便下次编辑,应保留 fla 文件。

测试动画后会在 fla 格式文件所在文件夹生成同名的 swf 格式文件,swf 格式文件只能播放动画,不能编辑修改动画效果。swf 格式文件是 Flash 默认发布的文件格式。此外,通过执行"文件"→"发布设置"命令和"文件"→"导出"→"导出影片"命令,还可以选择多种格式输出。

4.4.7　动画制作

1.逐帧动画

逐帧动画就是一帧一帧地设定动画的内容,像传统的动画制作一样,虽然这样的动画制作比较麻烦,但是动画效果相当细腻而且灵活。逐帧动画中每个帧都是关键帧(用于表现运动节奏变化的普通帧除外),它适合于图像在每一帧中都在变化而不仅是在舞台上移动的复杂动画。逐帧动画通常通过一个具有一系列连续关键帧的图层来表示,如图 4-101 所示。

图 4-101　猫走路动作分解

【示例 2】导入图像文件序列创建逐帧动画——猫走路。

(1)打开 Flash CC 软件,新建 ActionScript 3.0 文件,将文件命名为"猫走路"并保存。

(2)执行菜单栏"文件"→"导入"→"舞台"命令,在弹出"导入"对话框中选择猫走路图像序列素材所在文件夹,如图 4-102 所示,选择"猫走路 01.jpg"文件,并单击"打开"按钮。弹出对话框,如图 4-103 所示,单击"是"按钮。即可将图像文件序列以逐帧的方式快速导入到时间轴中,连续的 24 张图片对应 24 个关键帧。

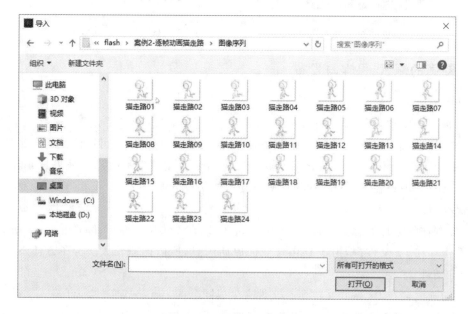

图 4-102　图像序列文件夹

图 4-103 图像序列导入对话框

（3）执行菜单栏"控制"→"测试"命令，测试动画效果如图 4-104 所示。

图 4-104 测试动画效果

【示例 3】逐帧动画——制作火柴人跳舞动画。

（1）打开 Flash CC 软件，新建 ActionScript 3.0 文件，将文件命名为"火柴人跳舞"并保存。

（2）修改"时间轴"面板"图层 1"名称为"头"，并新建 5 个图层，分别命名为"身体""左手""右手""左脚"和"右脚"，如图 4-105 所示。

图 4-105 火柴人图层

（3）在各个图层的第 1 帧，使用"椭圆工具"和"线条工具"绘制出简单的火柴人身体的各个部分。

（4）选择所有图层的第 2 帧，创建关键帧，使用"选择工具"和"任意变形工具"在各个图层适当移动和选择火柴人的各部分改变其动作。类似的，依次在第 3 到第 10 帧重复本操作。得到如图 4-106 所示从第 1 帧到第 10 帧共 10 帧火柴人跳舞的动作。

第1帧 　　第2帧 　　第3帧 　　第4帧 　　第5帧

第6帧 　　第7帧 　　第8帧 　　第9帧 　　第10帧

图 4-106 逐帧动作

(5)测试动画效果,此时火柴人动作过快。在"属性"面板修改文档 FPS(帧频)为 6 即可。

2.传统补间动画

在 Flash 早期的版本中制作补间动画分两类:一类是动画补间,用于元件的动画;另一类是形状补间,用于形状变化的动画。从 Flash CS4 开始,补间动画的类型变为传统补间动画、补间动画和补间形状动画。

传统补间动画形式与早期的动画补间是一样的,在起始帧和结束帧两个关键帧中定义,这两个关键帧中的内容必须是同一个实例、文字、位图或组合,两个关键帧的实例可以有大小、位置、颜色、透明度等区别。执行创建传统补间操作后,Flash 会自动计算出两个关键帧之间的运动变化过程,从而产生沿着直线路径的补间动画。补间动画的插补帧显示为浅蓝色,并会在关键帧之间绘制一个箭头。在传统补间中,只有关键帧是可编辑的。可以查看补间帧,但无法直接编辑它们。Flash 文档会保存每一个关键帧中的内容,因此应只在内容有变化的点处创建关键帧。

【示例 4】传统补间——制作风车叶片旋转动画。

(1)打开案例 1 中保存的"风车元件.fla"文件。

(2)双击"风车"元件图标,进入"风车"元件编辑界面,在时间轴"风吹叶片"层第 24 针插入关键帧,并在第 1 帧到 24 帧右击鼠标,在弹出菜单中选择"创建传统补间"命令,然后在如图 4-107 所示补间"属性"面板中设置补间参数为顺时针旋转 1 周。

图 4-107 补间"属性"面板

（3）在时间轴"轴心"层和"手柄"层第 24 帧插入普通帧。此时，风车影片剪辑元件由静态图形变为动画，单击"库"面板预览区右上角"播放"按钮即可播放该动画。

【示例 5】传统补间——龙猫过河。

（1）打开"龙猫过河素材.fla"文件，素材的库中包含一个"龙猫走路"影片剪辑元件。设置舞台大小，宽为 1500，高为 930。

（2）修改图层 1 名称为"背景"，并在第 1 帧将"森林.jpg"导入舞台，执行菜单栏"窗口"→"对齐"，或按组合键"Ctrl＋K"打开如图 4-108 所示"对齐"面板，勾选"与舞台对齐"复选框，单击"水平中齐"和"垂直中齐"按钮，可将导入的图片与舞台对齐。

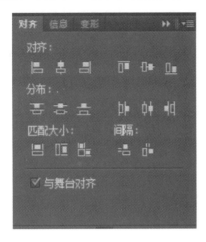

图 4-108　对齐面板

（3）在时间轴面板新建 1 个图层，命名为"龙猫"。将"龙猫走路"元件拖动到"龙猫"层的第 1 帧舞台右侧外部，使用"任意变形工具"适当调整龙猫实例的大小。

（4）在"背景"层第 100 帧创建普通帧。

（5）在"龙猫"层，第 40 帧创建关键帧，将龙猫实例移动到小河右侧岸边；第 50 帧创建关键帧，将龙猫实例移动到小河的正上方，适当调整高度，如图 4-109 所示；第 60 帧创建关键帧，将龙猫实例移动到小河左侧岸边；第 100 帧创建关键帧，将龙猫实例移动到舞台左侧外部。

图 4-109　编辑关键帧

（6）在"龙猫"层第1帧到第100帧之间创建传统补间，并在第40帧到第50帧之间任选一帧，在补间"属性"面板设置补间参数为逆时针旋转1周。测试动画效果，可得到龙猫从舞台右侧入画，从右侧走到岸边，并跳跃空翻到河对岸，最后从左侧出画的效果。

（7）将文件另存为"传统补间龙猫过河.fla"。

3. 补间动画

补间动画用于在 Flash 中创建动画运动路径。补间动画是通过为第一帧和最后一帧之间的某个对象属性指定不同的值来创建的。对象属性包括位置、大小、颜色、效果、滤镜及旋转。在创建补间动画时，可以选择补间中的任一帧，然后在该帧上修改补间对象的属性。此时，该帧会转换成属性关键帧。由于每个帧中未使用新的资源，补间动画会最大限度地降低文件大小和文档中资源的使用。不同于传统补间和形状补间，Flash 会自动构建一条补间路径，补间路径是一条表示所补间对象空间运动的连续折线，可使用各种绘图工具调整补间路径以改变补间对象的运动路径。

【示例6】补间动画——冲浪。

（1）打开 Flash CC 软件，新建 ActionScript 3.0 文件，将文件命名为"冲浪"并保存。

（2）修改图层1名称为"背景"，并在第1帧将"海浪.jpg"素材导入舞台，执行菜单栏"窗口"→"对齐"命令，勾选"与舞台对齐"，单击"水平中齐"和"垂直中齐"按钮，可将导入的图片与舞台对齐。

（3）在时间轴面板新建1个图层，命名为"人物"。在第1帧将"人物.png"素材导入舞台，适当调整人物大小，并将人物移动到舞台外右下方。然后，右击鼠标在弹出菜单中执行"创建补间动画"命令，弹出如图 4-110 所示"将所选的内容转换为元件以进行补间"对话框，单击确定按钮，补间动画创建完成。默认生成的动画持续1秒钟，本文档帧频24，则包含24帧。

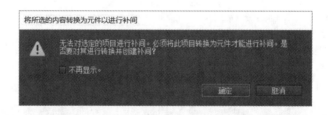

图 4-110 "将所选的内容转换为元件以进行补间"对话框

（4）在"背景"和"人物"层第48帧创建普通帧。将播放头定位到"人物"层第12帧，移动人物实例至舞台右下角波浪上，旋转人物使其与波浪的角度一直。类似的，在第24帧、36帧和48帧，调整人物实例的位置和角度。

（5）确定人物实例在舞台上的位置时，会看到该动画在舞台上显示的一条运动路径。使用"选择工具"调整补间路径，如图 4-111 所示，使人物冲浪的轨迹基本符合运动规律。测试动画效果，可实现人物从右侧舞台外入画，沿着海浪的冲浪，最后从舞台左侧出画的效果。

注意，补间路径上圆点有时称为"补间点"或"帧点"，表示时间轴中目标对象沿路径的位置。这些圆点与时间轴的帧一一对应，编辑补间路径后，原先平均分布在路径上圆点，可能会出现疏密程度的变化。圆点的疏密程度决定了该段动画的播放速度，较为稀疏的部分较快，而较为稠密的部分较慢。如果希望编辑补间路径后动画依然能按照匀速播放，可以右击时间轴中的补间范围，然后在弹出菜单中选择"运动路径"→"将关键帧切换为浮动"选项。

图 4-111　编辑补间路径

4. 补间形状动画

补间形状动画是在时间轴中的一个特定帧(起始帧)上绘制矢量形状,然后在另一个特定帧(结束帧)上更改形状或绘制另一个形状。执行创建补间形状操作后,Flash 将自动根据两者之间帧的值或形状来创建动画,它可以实现两个图形之间颜色、形状、大小和位置的相互变化。

创建补间形状动画时,关键帧的对象必须是形状。如果要对组、实例或位图应用补间形状动画,必须分离这些元素。方法是选择待分离的对象,执行菜单栏"修改"→"分离"命令,或按组合键"Ctrl＋B"。如果要对文本字符串应用补间形状,需要将文本进行两次分离,第一次分离得到的是单个的文字,第二次分离才能得到形状对象。

【示例 7】补间形状——剪影变形。

(1)打开 Flash CC 软件,新建 ActionScript 3.0 文件,将文件命名为"剪影变形"并保存。

(2)将"人物剪影.png"素材导入舞台,并与舞台垂直水平居中对齐。执行菜单栏"修改"→"位图"→"转换位图为矢量图"命令,在弹出如图 4-112 所示的"转换位图为矢量图"对话框中修改曲线拟合选项为"紧密",素材被转化为矢量形状。

图 4-112　"转换位图为矢量图"对话框

（3）在"图层1"第30帧创建空白关键帧，使用"文字工具"在舞台中央输入"人"字，在"属性"面板设置字体为华文楷体，大小400磅，黑色。使用"分离"命令将文本转换为形状。

（4）在第1帧到第30帧之间创建补间形状。测试动画效果，此时形状变换的过程非常突兀。

（5）在第1帧选择剪影，执行菜单栏"修改"→"形状"→"增加形状提示"命令，共增加3个形状提示点，如图4-113所示适当调整提示点位置。

（6）如图4-114所示，在第30帧适当调整文字上对应提示点的位置。

图 4-113　第 1 帧提示点位置　　　　图 4-114　第 30 帧提示点位置

（7）在"图层1"第40帧创建普通帧，使得剪影变成文字后可以停留10帧，便于观看文字。测试动画效果，可实现剪影慢慢变成汉字的动画效果。

5.遮罩层动画

创建遮罩动画时，遮罩层和被遮罩层将成组出现（一个遮罩层可以对应多个被遮罩层），遮罩层位于上方，是用于设置待显示区域的图层，被遮罩层位于遮罩层的下方，是用来插入待显示区域对象的图层。最终效果为下方被遮罩层中被上方遮罩层遮住的区域显示，没有被遮住的区域不显示。

注意，将图层设置为遮罩层后，Flash默认会将该遮罩层和被遮罩层标志为锁定状态，并且在舞台区域显示遮罩效果，如图4-115所示。此时，如果需要修改遮罩层和被遮罩层上的内容，必须先解除锁定，解除锁定后遮罩效果随之消失，如图4-116所示，各层对象以可编辑的正常方式显示。

图 4-115　遮罩预览效果　　　　　　图 4-116　遮罩层解除锁定效果

【示例8】遮罩动画——探照灯效果。

（1）打开Flash CC软件，新建ActionScript 3.0文件，将文件命名为"探照灯效果"并保存。设置舞台大小，高为600，宽为1024。

（2）修改图层 1 名称为"背景"，在第 1 帧将"夜景.jpg"导入舞台。执行菜单栏"窗口"→"对齐"命令，勾选"与舞台对齐"，单击"水平中齐"和"垂直中齐"按钮，可将导入的图片与舞台对齐。

（3）在时间轴面板新建 1 个图层，命名为"遮罩图形"。在该图层第 1 帧舞台左下方外部绘制 1 个正六边形，宽为 200，无笔触颜色，填充颜色为红色（可以是任意颜色，但最好与背景反差较大，方便查看）。选择该六边形，执行按下快捷键 F8，弹出如图 4-117 所示"转换为元件"对话框，名称为"六边形"，类型为"图形"，单击确定按钮可将六边形形状对象转换为图形元件。

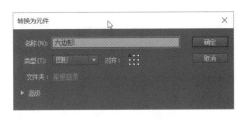

图 4-117　"转化为元件"对话框

（4）在"遮罩图形"层，第 30 帧创建关键帧，将六边形实例移动到夜景右上角；第 50 帧创建关键帧，将六边形实例移动到夜景右下角；第 70 帧创建关键帧，将六边形实例移动到夜景左上角；第 85 帧创建关键帧，将六边形实例移动到夜景正中央（可使用对齐面板）；第 100 帧创建关键帧，将保存六边形实例在夜景正中央不变；第 140 帧创建关键帧，将六边形实例放大 8 倍（可使用变形面板），将整个舞台遮盖。

（5）在"遮罩图形"层第 1 帧到第 140 帧之间创建传统补间，并在第 100 帧到第 140 帧之间置补间参数为顺时针旋转 2 周。

（6）右击"遮罩图形"层，在弹出菜单中选择"遮罩层"命令，可将"遮罩图形"层设置为遮罩层，如图 4-118 所示，此时，"背景"层被遮罩。测试动画效果，可得到类似探照灯在夜晚移动照射的效果。

图 4-118　设置遮罩层

6.引导层动画

在 Flash 中可以绘制路径，与传统补间动画相结合，使实例沿设定好的路径进行运动。在

Flash 中创建引导层的方法有两种,除了将现有的图层转换为"引导层"外,还可以在当前图层的上方添加传统运动引导层,在添加的引导层中绘制所需的路径,使传统补间动画层中的元件实例沿路径运动。

制作引导线动画时,元件实例的中心点一定要紧贴至引导层中的路径上,否则将不能沿路径运动。

【示例 9】引导层动画——过山车。

(1)打开 Flash CC 软件,新建 ActionScript 3.0 文件,将文件命名为"过山车"并保存。设置舞台大小,宽为 1000,高为 600。

(2)修改图层 1 名称为"背景",并在第 1 帧将"过山车轨道.jpg"素材导入舞台,执行菜单栏"窗口"→"对齐"命令,勾选"与舞台对齐"选项,单击"水平中齐"和"垂直中齐"按钮,可将导入的图片与舞台对齐。

(3)在时间轴面板新建 1 个图层,命名为"过山车"。在第 1 帧将"过山车.png"素材导入舞台,将过山车对象转换为图形元件,命名为"过山车"。适当调整过山车实例大小和方向,修改其变换中心点到车底端中间,再将它移动到舞台左侧轨道开始处,如图 4-119 所示。

图 4-119　调整过山车实例

(4)在"背景"层第 80 帧创建普通帧。

(5)在"过山车"层,第 60 帧创建关键帧,将过山车实例移动到舞台右侧轨道结束处,并旋转过山车实例,使其与轨道方向一致。

(6)在"过山车"层第 1 帧到第 60 帧之间创建传统补间。

(7)右击"过山车"层,在弹出菜单中选择"添加传统运动引导层"选项,创建 1 个名为"引导层:过山车"的图层,在该图层第 1 帧,选择"铅笔工具"并设置为"平滑模式",使用"铅笔工具"沿着过山车轨道的路径绘制一条连续曲线,如图 4-120 所示。

(8)在"过山车"层的第 1 帧和第 60 帧调整过山车实例的位置和方向,确保其变换中心点都在"引导层:过山车"层所绘制的运动引导线上,方向与运动引导线的切线方向一致。

(9)选择"过山车"层的第 1 帧到第 60 帧之间任一普通帧,在"属性"面板设置补间参数,勾选"调整到路径"项。测试动画效果,可实现过山车沿着轨道飞驰的效果。

图 4-120　运动引导线

4.4.8　综合案例——蝴蝶飞入展开古画

(1)打开 Flash CC 软件,新建 ActionScript 3.0 文件,将文件命名为"蝴蝶飞入展开古画"并保存。设置舞台大小,宽为 1000,高为 600。

(2)将所需的图片和音乐素材导入"库"中,如图 4-121 所示。

图 4-121　导入素材

(3)修改图层 1 名称为"底纹",在第 1 帧将"底纹.jpg"和"轴.png"拖动到舞台,适当调整大小。在舞台中选中"底纹.jpg"对象,使用"对齐"面板功能将其设置为与舞台"水平中齐"和"垂直中齐"。移动"轴.png"对象,使其右边与"底纹.jpg"左边连接,如图 4-122 所示。

(4)在时间轴面板新建 1 个图层,命名为"古画"。在该图层第 1 帧舞台将"古画.jpg"拖动

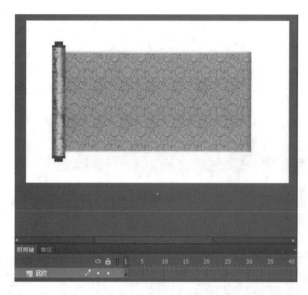

图 4-122 编辑底纹层

到舞台。在舞台中选中"古画.jpg"对象,使用"对齐"面板功能将其设置为与舞台"水平中齐"和"垂直中齐"。

（5）在时间轴面板新建 1 个图层,命名为"右卷轴"。选中"底纹"层的"轴.png"对象,将其转换为元件,命令为"卷轴",类型为"图形"。在"右卷轴"层第 1 帧,将"卷轴"元件拖动到"底纹"层的卷轴对象右侧并对齐,如图 4-123 所示。

图 4-123 编辑右卷轴层第 1 帧

（6）在"右卷轴"层第 72 帧创建关键帧,将右侧的卷轴移动到底纹的右边,在第 1 帧到第 72 帧之间创建传统补间。在所有图层的第 300 帧插入普通帧。可实现右卷轴从左移动到右侧并停止的动画效果。

（7）在时间轴面板新建 1 个图层，命名为"遮罩图形"。在该图层第 1 帧绘制 1 个矩形形状，调整其大小和位置，使矩形正好覆盖左右两个卷轴。帧第 72 帧创建关键帧，调整矩形大小使其覆盖整个展开后的卷轴。第 1 帧到第 72 帧之间创建补间形状。将"遮罩图形"层设置为遮罩层，并遮罩"右卷轴"层、"古画"层和"底纹"层，如图 4-124 所示。可实现古画卷轴从左至右逐渐展开的动画效果。

图 4-124　创建遮罩层动画

（8）新建 1 个元件，名称为"蝴蝶飞舞"，类型为"影片剪辑"。单击确定按钮进入"蝴蝶飞舞"元件编辑界面。将"蝴蝶.gif"素材拖动到元件编辑区中央，然后将其分离成形状。在时间轴面板"图层 1"层的第 6 帧和第 12 帧分别插入关键帧，在第 6 帧使用"任意变形工具"将蝴蝶形状横向适当缩小，在第 1 帧到第 12 帧之间创建补间形状动画，创建出蝴蝶挥动翅膀的效果。

（9）在时间轴面板"遮罩图形"层上方创建"蝴蝶"图层。在第 73 帧插入空白关键帧，将"蝴蝶飞舞"元件拖动到舞台左侧外部，使用"任意变形工具"适当调整蝴蝶飞舞实例的大小，如图 4-125 所示。然后在第 264 帧插入关键帧，将蝴蝶飞舞实例移动至古画右侧的花朵上，如图 4-126 所示。接下来在第 73 帧到第 264 帧之间创建传统补间。

图 4-125　第 73 帧蝴蝶飞舞实例的位置

（10）右击"蝴蝶"层标，在弹出菜单中选择"添加传统运动引导层"选项，创建 1 个名为"引导层：蝴蝶"的图层，在第 73 帧插入空白关键帧，选择"铅笔工具"并设置为"平滑模式"，使用"铅笔工具"第 73 帧从舞台外蝴蝶飞舞实例到古画花朵之间绘制一条连续曲线，如图 4-127 所示。

图 4-126　第 264 帧蝴蝶飞舞实例的位置

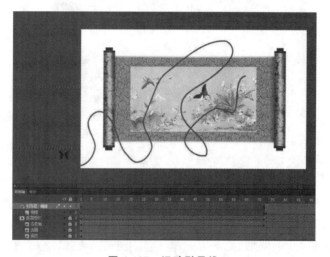

图 4-127　运动引导线

　　(11)在"蝴蝶"层的第 72 帧和第 264 帧调整蝴蝶飞舞实例的位置和方向,确保其变换中心点都在"引导层:蝴蝶"层所绘制的运动引导线上,方向与运动引导线的切线方向一致。

　　(12)选择"蝴蝶"层的第 72 帧到第 264 帧之间任一普通帧,在"属性"面板设置补间参数,勾选"调整到路径"项。

　　(13)在时间轴面板"引导层:蝴蝶"层上方创建"音乐"图层。在第 1 帧,将"背景音乐"拖动到舞台。选择"音乐"层的第 1 帧到第 300 帧之间任一普通帧,在"属性"面板设置声音参数,同步设置为"开始"和"循环",使背景音乐循环播放。测试动画效果,可实现画卷随着音乐声缓缓展开,蝴蝶从画面外慢慢飞到古画中,并最终停留在古画花朵上的效果。

4.5　数字视频处理

　　视觉是人类感知外部世界的重要途径之一,人们接受的所有信息中绝大部分来自视觉,其中以视频为代表的媒体,更是以最直观、生动的方式传播了大量丰富的信息。数字视频技术的出现与普及,给影视制作方式和视觉媒体都带来了深刻的变化。随着计算机技术特别是数字媒体技术的发展,数字视频处理技术有了极大的提高。

　　根据视频信息的存储与处理方式的不同,视频可分为模拟视频和数字视频两种。

1. 模拟视频

模拟视频(Analog Video)是一种用于传输图像和声音的随时间连续变化的电信号。传统视频(例如电视录像节目)的记录、存储和传输都是采用模拟方式,视频图像和声音是以模拟信号的形式记录在磁带上,它依靠模拟调幅的手段在空间传播。早期使用录像带作为记录视频载体的摄像机所拍摄的视频就属于模拟视频。

模拟视频信号的缺点是:视频信号随存储时间、复制次数和传输距离的增加而衰减,产生信号的损失,不适合网络传输,也不便于分类、检索和编辑。

模拟信号对应的播放设备是传统电视机。电视视频信号在发射广播时,采用的传输视频图像信号的频率不同、颜色编码系统不同、行频场频不同,就形成了几种不同的彩色电视制式标准,也称为广播视频标准,世界上现行的彩色电视制式最常用的有三种:NTSC 制式、PAL 制式和 SECAM 制式。

(1)NTSC 制式

NTSC(National Television System Committee)制式是 1952 年美国国家电视标准委员会定义的彩色电视广播标准,也称为正交平衡调幅制。美国、加拿大、日本、韩国、菲律宾等国家采用这种制式。NTSC 制式规定水平扫描 525 行、隔行扫描、30 帧/秒或 60 场/秒。

(2)PAL 制式

PAL(Phase Alternation Line)制式称为逐行倒相正交平衡调幅。德国、英国等一些欧洲国家,以及中国、朝鲜等亚洲国家都采用这种制式。PAL 制式规定水平扫描 625 行、隔行扫描、25 帧/秒或 50 场/秒。

(3)SECAM 制式

SECAM(Sequential Color and Memory)制式是法国制定的彩色电视广播标准,称为顺序传送彩色与存储制式。1959 年由法国研究,1966 年形成 SECAM-b 制式。法国、俄罗斯及非洲国家采用这种制式。SECAM 制式规定水平扫描 625 行、隔行扫描、25 帧/秒或 50 场/秒。

2. 数字视频

数字视频(Digital Video)就是以离散的数字信号方式表示的视频。数字视频有不同的产生方式、存储方式和播出方式。例如可以通过数字摄像机将外界影像的颜色和亮度信息直接转变为数字视频信号,存储在闪存卡、光盘或者磁盘上,从而得到不同格式的数字视频。最后可在 PC 端使用特定的播放器播放出来。随着数字技术的不断普及,生活中使用手机和数码摄像机所拍摄的视频、计算机接收与播放的视频以及使用数字化设备存储的视频信息等都属于数字视频。

相对于模拟视频,数字视频的优点如下:

(1)再现性好。模拟信号由于是连续变化的,所以不管复制时采用的精确度有多高,失真总是不可避免的,经过多次复制以后,误差积累较大。而数字视频可以不失真地进行无限次复制,它不会因存储、传输和复制而产生图像质量的退化,从而能够准确地再现图像。

(2)便于编辑处理。模拟信号只能简单调整亮度、对比度和颜色等,从而限制了处理手段和应用范围。而数字视频信号可以传送到计算机内进行存储、处理,易于编辑与合成创作,并进行动态交互。

(3)适合不同网络应用。在网络环境中,数字视频信息可以通过网线、光纤很方便地实现资源的共享。在传输过程中,随着传输距离的增加,传统模拟视频信号会产生不同程度的信号衰减,而数字视频信号不会因传输距离长而产生任何不良影响。

当然,数字视频也存在缺点,主要是数据量大、需要进行数据压缩后才能使用一般设备处理。此外,由于播放数字视频时需要解压缩还原视频信息,因而对硬件性能要求较高。

数字视频根据其分辨率不同,大致可分为标清、高清和超高清。其中标清视频(Standard Definition Video,SDV)是指垂直分辨率在 720p 以下的视频格式。高清视频(High Definition Video,HDV)则是指垂直分辨率在 720p 以上的视频格式。主要包括 720p、1080i 与 1080p 三种标准形式,而 1080p 又被称作全高清(Full High Definition)。超高清(Ultra High Definition Video,Ultra HDV)用于表示达到 4K(3840×2160 像素)以上分辨率的视频。这个名称也适用于 8K(7680×4320 像素)分辨率的视频。

4.5.1　视频处理概述

电视是根据人眼的视觉暂留特性以一定的信号形式实时传送活动图像,电视图像数字化采用彩色电视图像数字化标准,通过彩色空间转换、采样频率统一定义、有效分辨率定义、输出格式标准化等实现数字化。数字视频的获取通常采用从现成的数字视频库中截取、利用计算机软件制作视频、用数字摄像机直接摄录和视频数字化等多种方法。常用的设备包括摄像机、录像机、视频采集卡和数码摄像机。获取到的数字视频可以通过画面拼接或影视特效制作进行数字化编辑与处理,涉及镜头、组合和转场过渡等基本概念。影视特效主要处理电影或其他影视作品中特殊镜头和画面效果。后期特效处理通常包括抠像、动画特效和其他一些视频特效。

视频处理技术是多媒体技术中的一项重要技术,主要包括视频信息采集、视频编辑方式、数字编辑与合成、视频输出与文件格式转换等。

1. 视频信息采集

视频信息采集是视频信息处理的基础,只有将视频信息采集到多媒体计算机中,才能对其进行数字化编辑与处理,通常分为模拟视频采集和数字视频采集两种。其中模拟视频采集需先将模拟视频源与装有视频采集卡的多媒体计算机相连接,然后在视频源设备中播放视频,由视频采集应用软件完成视频采集;数字视频采集则利用可连接 DV 视频信号的 IEEE 1394 接口,将数码摄像机所拍摄的 DV 信号采集到多媒体计算机中。需要注意的是,由于 DV 质量高于一般的视频质量,采集过程中数据量非常大,这对计算机硬件性能的要求也相对更高。

2. 视频编辑方式

根据视频信息存储与处理方式的不同,可将视频编辑方式分为线性编辑和非线性编辑两种。

(1)线性编辑:是一种利用电子手段依据节目内容的要求,将素材连接成新的连续画面的技术,主要针对记录在磁带上的模拟视频。它是传统电视节目的编辑方式,其编辑工作要按照素材时间的先后顺序进行,若要修改录制好的节目中的某段素材,需以同样的时间、长度进行替换,而无法删除、缩短和加长该段素材,除非将该段素材以后的画面抹去重录。

(2)非线性编辑:是一种借助计算机对素材进行数字化制作与编辑的技术,主要针对记录在硬盘、光盘和存储卡上的数字视频。与线性编辑相比,它突破了单一的时间顺序编辑限制,可按照素材对应的时间地址直接存取,将素材以各种顺序排列,且上传一次能进行多次编辑,信号质量不变,操作快捷简便,是现今绝大多数电视电影的编辑方式。

3. 数字视频编辑与合成

数字视频编辑主要涉及视频内容和视频效果两个方面。其中视频内容包括文字、图形、图像、声音、视频和动画等多媒体素材,并对这些素材进行剪辑、排列和衔接等处理;视频效果则是指为这些素材所添加的艺术效果和特技镜头,例如摇动、缩放、气泡、油画、涟漪、色彩校正、马赛克、3D 彩屑、旋转和交叉淡化等。

数字视频合成是指将两个或多个原始视频素材拼合为单一复合素材的处理过程。通常数字视频合成包含了对素材画面内的调整、不同画面间的拼合、文字声音动画的添加以及各种特殊效果的渲染等处理。目前,以非线性编辑为代表的视频编辑方式兼备了数字视频编辑与合成双重功能,是数字视频后期处理的主要手段。

4. 视频输出与文件格式转换

视频输出是视频信息处理的最后一个环节,它将编辑后所需的视频效果以指定的格式进行存储。常用的视频输出方式是直接输出压缩的视频文件,例如 AVI、MPEG、MKV 和 MOV 等格式,再利用这些压缩的视频文件制作成光盘或网络流媒体视频。

由于视频文件格式存在多样化,而为适应不同网络带宽的要求、不同编辑软件输入的要求以及不同介质播放的需求,往往要将某种格式的视频文件以特定的形式表现出来,这就需要对现有视频格式进行转换。可使用《格式工厂》等视频转换软件进行格式转换。

4.5.2　常见的视频文件格式

1. AVI 格式

AVI(音频视频交错)格式是一种可以将视频和音频交织在一起进行同步播放的数字视频文件格式。AVI 格式由 Microsoft 公司于 1992 年推出,它采用的压缩算法没有统一的标准,除 Microsoft 公司之外,其他公司也推出自己的压缩算法,只要把该算法的驱动加到 Windows 系统中,就可以播放该算法压缩的 AVI 文件。AVI 格式的优点是图像质量好,可以跨平台使用,但缺点是体积过于庞大。

2. MPEG 格式

MPEG(动态图像专家组)是 1988 年成立的一个专家组,其任务是负责制定有关运动图像和声音的压缩、解压缩、处理以及编码表示的国际标准。MPEG 格式是采用了有损压缩方法从而减少运动图像中的冗余信息的数字视频文件格式。目前 MPEG 格式有 3 个压缩标准,分别是 MPEG-1、MPEG-2 和 MPEG-4。

MPEG-4 制定于 1998 年,是为播放流媒体的高质量视频而专门设计的,它可利用很窄的带度,通过帧重建技术压缩和传输数据,以求使用最小的数据获得最佳的图像质量。MPEG-4 能够保存接近于 DVD 画质的小体积视频文件,还包括了以前 MPEG 压缩标准所不具备的比特率的可伸缩性、动画精灵、交互性甚至版权保护等一些特殊功能。使用 MPEG-4 的压缩算法的 ASF 格式可以把一部 120 分钟的电影(视频文件)压缩到 300MB 左右,可供在线观看。这种视频文件扩展名包括 asf、mpg 和 mp4。

3. WMV 格式

WMV(Windows Media Video)格式是 Microsoft 公司将其名下的 ASF(Advanced Stream Format)格式升级延伸出的一种流媒体格式。WMV 格式的主要优点包括本地或网络回放、可扩充的媒体类型、可伸缩的媒体类型、多语言支持、环境独立性以及扩展性等。其文件扩展名为 wmv。

4. MOV 格式

MOV 格式是美国 Apple 公司开发的一种视频格式,默认的播放器是 Apple 公司的 QuickTime Player。MOV 格式不仅可以支持 macOS,同样也支持 Windows 系列计算机操作系统,有较高的压缩率和较完美的视频清晰度。MOV 格式定义了存储数字媒体内容的标准方法,使用这种文件格式不仅可以存储单个的媒体内容,例如视频帧或音频采样数据,而且还能保存对该媒体作品的完整描述,因为这种文件格式能用来描述几乎所有的媒体结构,所以它是不同系统的应用程序间交换数据的理想格式。其文件扩展名包括 qt、mov 等。

5.FLV 格式

FLV 流媒体格式是随着 Flash MX 的推出发展而来的视频格式。由于它形成的文件极小、加载速度极快,使得网络观看视频文件成为可能,它的出现有效地解决了视频文件导入 Flash 后,使导出的 swf 文件体积庞大,不能在网络上很好地使用等问题。FLV 文件体积极小,1 分钟清晰的 FLV 视频大小在 1MB 左右,加上 CPU 占有率低、视频质量良好等特点使其在网络上盛行。目前多数视频网站使用的都是这种格式的视频。其文件扩展名为 flv。

6.F4V 格式

F4V 是 Adobe 公司为了迎接高清时代而推出继 FLV 格式后的支持 H.264 的流媒体格式。它和 FLV 主要的区别在于,FLV 格式采用的是 H.263 编码,而 F4V 则支持 H.264 编码的高清晰视频,码率最高可达 50Mbps。主流的视频网站(爱奇艺、优酷、腾讯视频)等网站都开始用 H.264 编码的 F4V 文件,H.264 编码的 F4V 文件,相同文件大小情况下,清晰度明显比 H.263 编码的 FLV 要好。

4.5.3　Premiere CC 视频编辑

启动 Premiere CC 后,打开一个已有的项目文件其工作界面,如图 4-128 所示。工作界面由菜单栏和若干窗口面板组成,包括时间轴窗口、工具箱面板、节目监视器窗口、项目面板、项目效果面板和效果控制面板等。

图 4-128　Premiere CC 工作界面

1.时间轴窗口

时间轴窗口在 Premiere 众多的窗口中处于核心地位,用户可以把大量的音视频素材拖动到时间轴上,镜头的前后组接顺序可以任意改变。在时间轴中,用户可以把视频片段、静止图像、音频等组合起来,并添加各种特效,如图 4-129 所示。

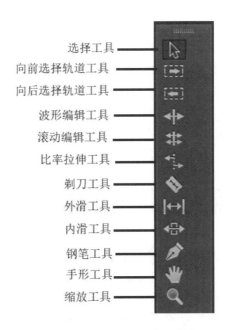

图 4-129　时间轴窗口

时间轴窗口是视频编辑的核心工作区,默认位置在编辑界面的下边。在时间轴上可以设置多条视频轨道和音频轨道,用来组合视频和声音,系统默认设置为三条。视频轨由下向上依次编号为 V1、V2、V3,音频轨由上向下一次编号为 A1、A2、A3。类似于 Flash 时间轴窗口中的图层,视频轨道存在遮挡关系,按照从上到下排列,轨道编号数大的素材将覆盖轨道数小的素材,即当不同视频轨道上同时有重复排列的素材时,位于偏上位置的素材将覆盖下面的素材。如果某一时刻所有视频轨道上都没有素材,则显示为黑场。

2.工具箱面板

在 Premiere 中的工具面板中包含了许多工具,这些工具主要用于编辑时间轴上的素材,如图 4-130 所示。各个工具的功能如下:

选择工具 ———————————→
向前选择轨道工具 ————→
向后选择轨道工具 ————→
波形编辑工具 ——————→
滚动编辑工具 ——————→
比率拉伸工具 ——————→
剃刀工具 ———————————→
外滑工具 ———————————→
内滑工具 ———————————→
钢笔工具 ———————————→
手形工具 ———————————→
缩放工具 ———————————→

图 4-130　工具箱面板

(1)选择工具,通常用于在时间轴上选取和移动素材。

(2)向前选择轨道工具,可以选中当前时间位置右侧所有轨道上的所有元素。选择轨道时同时按下 Shift 键,可以只选择一条轨道。

(3)向后选择轨道工具,可以选中当前时间位置左侧所有轨道上的所有元素。选择轨道时同时按下 Shift 键,可以只选择一条轨道。

(4)波纹编辑工具,可以在不影响相邻素材的情况下编辑素材。当单击并拖动以延长一个素材的出点时,Premiere 会将下一个素材向右推动以避免改变其入点,从而延长了作品的总时间。如果单击并向左拖动以收缩出点,Premiere 不会改变下一个素材的入点。为了补偿这种改变,Premiere 会缩短序列的时间。

(5)滚动编辑工具,可以单击并拖动一个素材的编辑线,并同时更改编辑线前后一个素材的入点或者出点。当单击或拖动编辑线时,后一个素材的持续时间将自动进行编辑,以配合前一个素材的改动。例如,如果在前一个素材中增加了 2 秒,则将从下一个素材中减去 2 秒。因此,滚动编辑使用户可以编辑一个剪辑,而不改变被编辑影片的总时间。

(6)比率拉伸工具,可以通过拖动素材的边缘,调整剪辑的播放速度。

(7)剃刀工具,用于对素材的裁剪。同时按下 Shift 键时,使用剃刀工具可以在多个轨道中同时裁剪剪辑。

(8)外滑工具,可以更改两个素材之间的素材的入点和出点,并保持该素材原来的持续时间。在拖动素材时,素材左右两边的相邻素材不会改变。因此,序列的持续时间也不会改变。

(9)内滑工具,可以对位于序列中两个其他素材中间的素材进行编辑。内滑编辑维持了正在拖动的剪辑的入点和出点,同时改变了与选中素材相邻的素材的持续时间。进行滑动编辑时,向右拖动,将延长前面素材的出点,同时也延长了后一个素材的入点。向左拖动,将缩短前一个素材的出点,同时也缩短了后一个素材的入点。因此,被编辑素材和整个被编辑影片的持续时间不会改变。

(10)钢笔工具,在调整视频和音频素材的时候,可以在时间轴上创建关键帧。

(11)手形工具,可以在不改变时间间隔的情况下,滚动时间轴,查看素材的各个部分。

(12)缩放工具,是另一个改变时间轴时间间隔的方式。选中缩放工具,直接单击可以放大时间间隔,按下 Alt 键同时单击可以缩小时间间隔。

3.节目监视器窗口

节目监视器窗口主要用来预览作品的效果,如图 4-131 所示。要预览效果,可以在节目监视器窗口中单击"播放"按钮。在监视器窗口中,还可以设定素材的入点和出点。入点和出点将决定素材中的哪一部分会出现在项目中。

图 4-131 监视器窗口

4.项目面板

项目面板可用于导入媒体素材,例如视频剪辑、音频文件、图形、静止图像和序列等,并对素材进行组织和管理。通过视图切换,可以列表视图和图标视图的方式显示素材。Premiere CC 中,可在图标视图中用鼠标拖动进度条指针方式直接预览视频剪辑素材。

5.效果面板

效果面板为用户提供了大量有用的音视频特效,所有的特效都以文件夹的形式进行了分类排放,如图 4-132 所示。用户可以在音频和视频的编辑过程中使用并实现相应的效果,如效果中的裁剪和调整色相,过渡中的划像和页面剥落等。效果和过渡的使用方法很简单,只要拖动相应的特效到时间轴上某个素材中就可以了。过渡通常应用于两段剪辑之间,此时,需要将特效拖动到使用该过渡效果的两段素材之间。如果需要进一步编辑调整,可以在时间轴上单击该特效,进入到效果控制面板,在其中调节相应的参数以改变效果。

图 4-132　效果面板

4.5.4　综合案例——利用素材制作视频短片

运用 Premiere CC 软件,制作主题为"江南三大名楼"的视频短片(所需的文字、图片、音频和视频素材已准备好)。

1.创建一个新的项目

启动 Premiere Pro CC,在如图 4-133 所示欢迎界面中单击"新建项目"选项,程序将打开如图 4-134 所示"新建项目"对话框。在该对话框中修改文件名为"综合案例",单击"确定"按钮,新建项目完毕。

图 4-133　欢迎界面

图 4-134　"新建项目"对话框

　　执行菜单栏"文件"→"新建"→"序列"命令,可打开如图 4-135 所示"新建序列"对话框。在"可用预设"列表中选择"DV-PAL"文件夹中的"宽屏 48kHz",单击"确定"按钮,完成序列的建立。

图 4-135　"新建序列"对话框

2.导入素材

　　执行菜单栏"文件"→"导入"命令,或按组合键"Ctrl+I",可打开"导入"对话框,找到所需的素材并选中,单击"打开"按钮,将素材导入当前项目中;或者直接将所需的素材用鼠标拖动至 Premiere 项目面板中。导入后的素材将显示在项目面板中,如图 4-136 所示。

图 4-136 项目面板

3.组合素材片段

准备工作完成后,在时间轴窗口组合各个素材,对它们在影片中出现的时间点位置和时间长度进行编排,这是制作完整影片的关键步骤。

(1)将项目面板中的素材拖动到时间轴窗口中的 V1(视频 1)轨道上,素材"片头.jpg"的入点在"00:00:00:00"的位置,右击 V1 轨道中的"片头.jpg"素材,在弹出菜单中执行"速度/持续时间"命令,打开如图 4-137 所示"剪辑速度/持续时间"对话框,将持续时间修改为 2 秒,单击"确定"按钮。此时,"片头.jpg"素材持续播放时间为 2 秒。

图 4-137 "剪辑速度/持续时间"对话框

(2)依次将项目面板中"滕王阁.mp4""黄鹤楼.mp4"和"岳阳楼.mp4"视频素材拖动到时间轴窗口中的 V1 轨道,如图 4-138 所示。

4.添加视频过渡效果

视频编辑过程中,为了凸显素材间的切换可以使用视频过渡效果。使用视频过渡效果连接镜头是影视视听语言的基本表现手法之一。用于影片情节段落之间的转换,强调观众心理的隔断性,使观众有明确的段落感觉。不同的视频过渡效果会产生不同的视觉心理效果,它直接关系到画面的时空变幻、场景转换的力度和画面内涵的拓展,会对观众的视觉感受、审美感

图 4-138 组合素材

知等产生影响。

（1）执行菜单栏"窗口"→"效果"命令，在打开的"效果"面板中单击"视频过渡"文件夹前的三角形按钮，将其展开，如图 4-139 所示。

图 4-139 展开视频过渡文件夹

（2）单击"3D 运动"文件夹前的三角形按钮将其展开，选择"立方体旋转"过渡效果。将"立方体旋转"过渡效果拖动到时间轴窗口"滕王阁.mp4"素材结尾处。

（3）在时间轴窗口中，单击"滕王阁.mp4"和"黄鹤楼.mp4"间视频过渡效果的图标。在打开的"效果控件"窗口中，将过渡效果的持续时间修改为 2 秒。对齐方式设置为"中心切入"，如图 4-140 所示。

（4）使用同样的方法，为"黄鹤楼.mp4"和"岳阳楼.mp4"间设置"页面剥落"文件夹中"页面剥落"视频过渡效果，将过渡效果的持续时间修改为 2 秒。对齐方式设置为"中心切入"。

5.应用视频效果

视频效果是非线性编辑系统中很重要的一个功能，对素材使用视频效果可以使一个影视片段更加丰富多彩。为素材应用视频效果的方法与添加过渡效果的方法类似，把所需要的视频效果拖动到时间轴中相应的素材中即可。

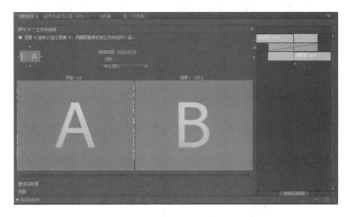

图 4-140　设置视频过渡效果参数

（1）将项目面板中"文本.tif"素材拖动到时间轴的 V2 轨道中，将其入点放置在"00：00：02：00"位置，并将持续时间延长到"00：00：46：24"，如图 4-141 所示。

图 4-151　修改持续时间

（2）在"效果"面板中，单击"视频效果"文件夹前面的三角形按钮将其展开，然后展开"颜色校正"文件夹，选择其中的"色彩平衡（HLS）"视频效果，将其拖动到时间轴窗口"文本.tif"素材上。

（3）在"效果控制"面板中，单击视频效果列表中"色彩平衡（HLS）"选项前面的三角形按钮，将其展开。然后将时间轴移动到 00：00：02：00 的位置，单击"色相"前面的"切换动画"按钮，在该时间位置为"色相"选项添加一个关键帧，如图 4-142 所示。

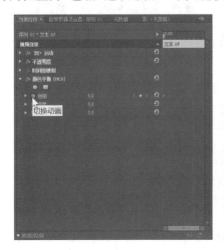
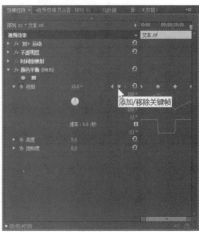

图 4-142　效果控制面板　　　　　　　图 4-143　设置关键帧及其参数

(4)将时间轴移动到"00:00:17:00"的位置,然后单击"色相"后面的"添加/移除关键帧"按钮,在该时间位置添加一个关键帧,并将值改为90,如图4-143所示。

(5)将时间轴移动到"00:00:32:00"的位置,然后为"色相"添加一个关键帧,并将值改为80,如图4-143所示。

(6)将时间轴移动到"00:00:47:00"的位置,然后为"色相"添加一个关键帧并将值改为10,如图4-143所示。

6.添加字幕

字幕是影视制作中常用的信息说明方式。本案例中使用字幕的游动效果。

(1)执行菜单栏"文件"→"新建"→"字幕"命令,打开如图4-144所示"新建字幕"对话框,设置名称为"滕王阁字幕",单击"确定"按钮可打开字幕设计窗口,如图4-145所示。单击"文字工具"按钮,然后在视频中单击以指定字幕文本出现的位置并输入相关字幕内容。在字幕设计窗口右侧的"字幕属性"列表中修改 Y 轴位置为"475",字体系列为"楷体",字体大小为"30",如图4-146所示。

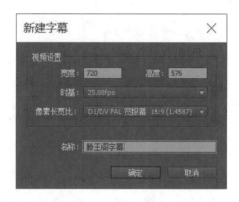

图 4-144 "新建字幕"对话框

图 4-145 字幕设计窗口

图 4-146　编辑文本

（2）单击字幕设计窗口左上角的"滚动/游动选项"按钮，打开"滚动/游动选项"对话框，如图 4-147 所示。选择"向左游动"字幕类型，并勾选"开始于屏幕外"和"结束于屏幕外"复选框，单击"确定"按钮。

（3）关闭字幕设计窗口后，字幕文件会自动出现在项目面板中。运用同样的方法可以制作"黄鹤楼字幕"和"岳阳楼字幕"素材。

（4）执行菜单栏"文件"→"新建"→"颜色遮罩"命令，打开"新建颜色遮罩"对话框，单击"确定"按钮，在打开的"拾色器"对话框中，如图 4-148 所示选择黑色。

图 4-147　"滚动/游动选项"对话框

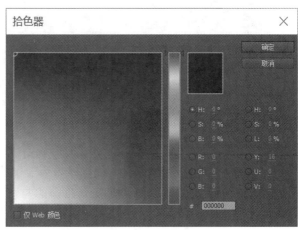

图 4-148　"拾色器"对话框

（5）单击"确定"按钮，在弹出"选择名称"对话框中设置遮罩名称为"字幕背景"，如图 4-149 所示。再次单击"确定"按钮，项目面板中自动生成"字幕背景"素材。

(6)执行菜单栏"序列"→"添加轨道"命令,打开"添加轨道"对话框,如图 4-150 所示设置添加视频轨道值为 1,音频轨道值为 0,然后单击"确定"按钮,在时间轴窗口添加一个视频轨道。

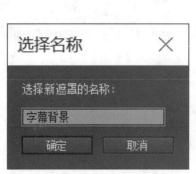

图 4-149　设置名称

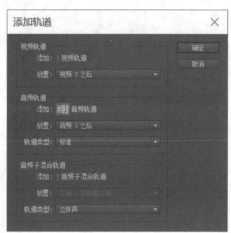

图 4-150　添加视频轨道

(7)将"字幕背景"素材拖动到时间轴窗口 V3 轨道中,将其入点放置到"00:00:02:00"位置,将持续时间延长到"00:00:46:24"。将"滕王阁字幕"素材拖动到时间轴窗口 V4 轨道"00:00:02:00"位置,将持续时间延长到"00:00:16:24"。将"黄鹤楼字幕"素材拖动到时间轴窗口 V4 轨道"00:00:17:00"位置,将持续时间延长到"00:00:31:24"将"岳阳楼字幕"素材拖动到时间轴窗口 V4 轨道"00:00:32:00"位置,将持续时间延长到"00:00:46:24"。时间轴窗口中各个素材位置如图 4-151 所示。

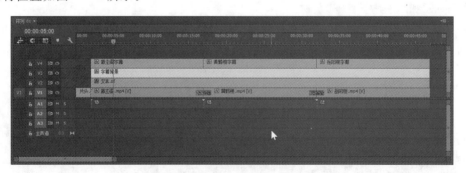

图 4-151　添加字幕背景到时间轴

(8)将时间轴移动到"00:00:05:00"的位置,在时间轴窗口中选择 V3 轨道中的"字幕背景"素材,然后在"效果控件"面板的视觉效果列表中单击"fx 运动"选项前面的三角形,将其展开,如图 4-152 所示去掉"等比缩放"复选框前的勾,根据字幕的大小和位置修改"字幕背景素材"的缩放高度值为 10,位置的 Y 坐标值为"475"。调整"字幕背景"素材后效果如图 4-153 所示。

7.添加音频效果

视频素材编辑完毕后,通常需要为影片添加音频效果,以丰富视频的表现力,提升观看者的观感。Premiere 中音频素材的编辑方法与视频素材类似。

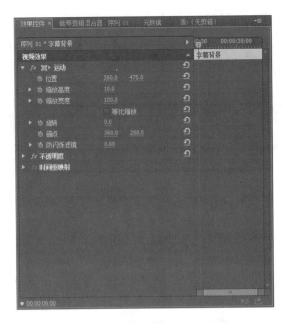

图 4-152　设置"字幕背景"素材参数

图 4-153　预览效果

　　(1)获取的视频素材通常都包含 1 条音轨内容,添加统一的音频效果前,可先将原先包含在视频素材中的音频内容清除。在时间轴窗口 A1(音频 1)轨道上,右击"滕王阁.mp4"素材,在弹出菜单中选择"取消链接"命令,取消"滕王阁.mp4"素材中 V1 轨道和 A1 轨道的视频和音频的链接关系。再次右击"滕王阁.mp4"素材,在弹出菜单中选择"清除"命令,将音频内容从音轨中清除。使用同样的方法,将"黄鹤楼.mp4"和"岳阳楼.mp4"视频素材中的原有音频内容清除。

　　(2)将项目面板中的音频素材"背景音乐.mp3"拖动到时间轴窗口的 A2 轨道中,将其入点放置到"00:00:02:00"位置。

　　(3)选择工具箱中"剃刀工具",在 A2 轨道的"00:00:46:24"位置单击鼠标左键,将分割后多余部分波形删除,如图 4-154 所示。

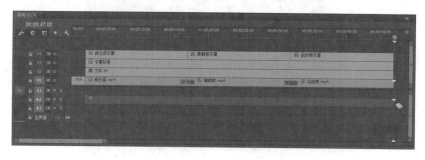

图 4-154　添加音频效果

8.制作音频淡入淡出效果

背景音乐作为影片的伴奏,如果突然播放或者戛然而止都会给观者带来突兀感,影响观影感受。因此,通常需要在音频播放时设置淡入效果,而在音频结束时是设置淡出效果。

(1)将时间轴移动到"00:00:05:00"的位置,在时间轴窗口中,单击 A2 轨道中"背景音乐. mp3",然后在的"效果控件"面板中,单击"音频效果"列表中"音量"前面的三角形按钮,将其展开,接着展开"级别"选项。单击"级别"选项后面的"添加/移除关键帧"按钮,在该时间位置添加一个关键帧。

(2)使用同样的方法,在"00:00:02:00"位置为"背景音乐.mp3"素材的"级别"属性再添加一个关键帧,并修改级别参数为负无穷大,如图 4-155 所示。可制作出音频淡入效果。

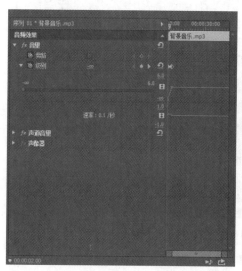

图 4-155　制作音频淡入效果

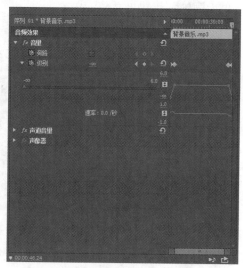

图 4-156　制作音频淡出效果

(3)在"00:00:44:00"位置为"级别"属性再添加一个关键帧。在"00:00:46:24"位置为"级别"属性再添加一个关键帧,并修改级别参数为负无穷大,如图 4-156 所示。可制作出音频淡出效果。

9.制作视频淡入淡出效果

在影片的开始和结束处,对素材使用淡入和淡出效果,可以使场景内容转变更加自然。Premiere 中可以通过修改关键帧透明度的方法实现淡入淡出效果。

(1)将时间轴移动到"00:00:00:00",在时间轴窗口中,单击 V1 轨道中"片头.jpg"。在"效果控件"面板中,单击"视频效果"列表中"fx 不透明度"前面的三角形按钮,将其展开,接着展开"不透明度"选项。单击"不透明度"选项后面的"添加/移除关键帧"按钮,在该时间位置添加一个关键帧。

　　(2)使用同样的方法,在"00:00:01:24"位置为"片头.jpg"素材的"不透明度"属性再添加一个关键帧,并修改不透明度参数为 0,如图 4-157 所示。可制作出片头淡出效果。

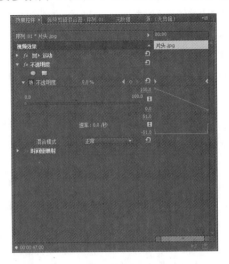

图 4-157　设置片头淡出

　　(3)执行菜单栏"文件"→"新建"→"黑场视频"命令,打开"新建黑场视频"对话框,保留默认参数,单击"确定"按钮可新建一个黑场视频素材。在时间轴窗口添加一个视频轨道 V5,将"黑场视频"素材拖动到 V5 轨道,将其入点放置在"00:00:45:00"位置,将该素材持续时间修改为 2 秒。

　　(4)将时间轴移动到"00:00:46:24",在时间轴窗口中,单击 V5 轨道中"黑场视频"。在"效果控制"面板中单击"不透明度"选项后面的"添加/移除关键帧"按钮,在该时间位置添加一个关键帧。

　　(5)使用同样的方法,在"00:00:45:00"位置为"黑场视频"的"不透明度"属性再添加一个关键帧,并修改不透明度参数为 0,如图 4-158 所示。可制作出"黑场视频"淡入效果。

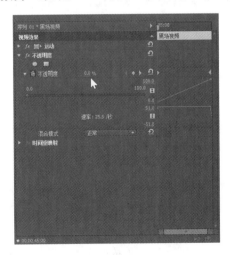

图 4-158　设置黑场视频淡入

10. 预览和输出影片

所有素材的编辑工作完成后,应对编辑好的影片预览,若对影片效果不满意,可进行进一步的修改调整工作,然后保存项目文件,准备进行影片输出。

输出影片是编辑好的项目文件以视频格式输出,输出的效果通常是动态且带有音频效果的。在输出影片时,应根据视频播放需要选择一种适合的视频输出格式。

(1)执行菜单栏"文件"→"导出"→"媒体"命令,打开"导出设置"对话框,在"格式"下拉列表中选择"H.264",在"预设"下拉列表中选择"匹配源-中等比特率",单击"输出名称"后面的链接,可打开"另存为"对话框,在对话框中设置保存的位置和文件名,如图 4-159 所示。

图 4-159 "导出设置"对话框

(2)单击"导出",打开导出视频的进度窗口,开始导出视频处理。

(3)导出完毕后,使用视频播放器播放视频,查看视频效果。

习题 4

一、单选题

1. 数字媒体技术的基本特征不包括(   )。

A. 集成性   B. 交互性   C. 数字化   D. 创新性

2. 按时间属性,数字媒体可分成(   )。

A. 单一媒体和多媒体   B. 自然媒体和合成媒体

C. 静止媒体和连续媒体   D. 静止媒体和可交互媒体

3. 数字音频属性中的音频量化精度和(   )有关。

A. 采样位数   B. 采样频率   C. 音频通道   D. 音频旋律

4. 以下文件类型中,(   )不属于数字音频格式。

A. WAV   B. MP3   C. TIF   D. MID

5. Photoshop 软件保存文件的格式中,能保留图层进行再编辑的是( )格式。

A. JPG   B. BMP   C. PSD   D. PNG

6. Photoshop 软件保存文件的格式中,能够支持透明背景的是( )格式。

A. JPG   B. BMP   C. GIF   D. PNG

7. Photoshop 中"取消选区"的组合键是( )。

A. Ctrl+D   B. Ctrl+T   C. Esc   D. BackSpace

8. Photoshop 中"自由变换"功能的组合键是( )。

A. Ctrl+D   B. Ctrl+T   C. Ctrl+J   D. Ctrl+B

9. Photoshop 中利用仿制图章工具操作时,首先要按( )键进行取样。

A. Ctrl   B. Alt   C. Shift   D. Tab

10. Photoshop 中( )工具可以返回到图像初始状态。

A. 画笔   B. 仿制图章   C. 魔术橡皮擦   D. 历史记录画笔

11. 在 Flash 生成的文件类型中,我们常说源文件是指( )。

A. SWF   B. FLA   C. EXE   D. HTML

12. 测试整个 Flash 影片的组合键是( )。

A. Ctrl+Alt+Enter   B. Ctrl+Enter

C. Ctrl+Shift+Enter   D. Alt+Shift+Enter

13. 使用 Flash 制作地球绕太阳转的动画效果,应该使用( )较为适合。

A. 遮罩层动画   B 引导层动画   C. 3D 动画   D. 骨骼动画

14. 使用 Flash 制作风车旋转的动画效果,应该使用( )较为适合。

A. 补间动画   B. 补间形状   C. 两种都可以   D. 两种都不可以

15. 在第 1 帧画一个圆,第 10 帧处按下 F6 键,则第 5 帧上显示的内容是( )。

A. 一个圆   B. 空白没东西   C. 不能确定   D. 一个半圆

16. 在 Flash 软件中,设置舞台背景可以使用( )面板。

A. 对齐   B. 颜色   C. 动作   D. 属性

17. 对( )参数进行改动可以让动画播放的速度更快。

A. alpha 值   B. 帧频   C. 填充色   D. 边框色

18. 一个 Flash 动画中包含两个图层,图层 1 是一幅风景画,图层 2 是一个红色五角星形,图层 2 为遮罩层,图层 1 为被遮罩层,则最终看到的效果是( )。

A. 看到红色的五角星   B. 看到里边是风景画的五角星形

C. 看到整个风景画   D. 看到被挖去五角星形的风景画

二、填空题

1. 声音在数字化过程中,需要经过_____两个主要环节。

2. 人能听到的声音频率范围为_____。

3. 在 Audition 中,使用_____效果可加快(减慢)语音段落而无须更改音调。

4. 利用"视觉残留"现象要想看到连续的画面效果,画面刷新率每秒至少要_____帧。

5. 在 RGB 颜色模式中,RGB 表示_____三种颜色。

6. 印刷领域采用_____颜色模式,图片使用_____四种颜色的油墨进行印刷。

7. 数据压缩分为有损压缩和无损压缩。JPG 格式的图像文件属于_____压缩。

8. 在 Flash 的时间轴上用小黑点表示的是_____帧。

9. 在 Flash 的时间轴上插入关键帧的快捷键是_____。

10. 在 Flash 中创建补间形状,关键帧的对象必须是_____。

三、简答题

1. 什么是数字媒体技术? 请列举出四个常用的数字媒体相关软件?

2. 模拟音频是如何转换成数字音频的?

3. 在 Photoshop 中常见的色彩模式有哪几种? 简述这些色彩模式是如何表示颜色的?

4. 简述在 Flash 中动画类型分为哪几类? 各有什么特点?

第5章　计算机网络基础

计算机网络是计算机技术和通信技术紧密结合的产物,它的诞生使计算机体系结构发生了巨大变化,在当今社会经济中起着非常重要的作用,它对人类社会的进步作出了巨大的贡献。现在,计算机网络技术的迅速发展和互联网的普及,使人们更深刻地体会到计算机网络无所不在,如今迅猛发展的移动互联网技术更是如此,它的各类应用彻底改变了人们的生活习惯、工作方法甚至思考方式。

5.1　计算机网络概述

计算机诞生之初,只能被单个用户使用,随着批处理系统和分时系统的出现,一台计算机可以同时为多个用户服务,但分时系统仍然没有解决远距离共用计算机难题。为了解决这一难题,计算机网络技术应运而生,作为计算机技术与通信技术相结合的产物,它从产生到发展,总体来说可以分成四个阶段。

第一阶段,网络是以单台计算机为中心的联机系统。这种系统中除了中心计算机以外,其余的终端不具备自主处理的功能,中心计算机既要承担数据处理任务,又要承担与各终端之间的通信工作。随着所连接的终端个数的增多,主机负担必然增加,致使工作效率降低。

第二阶段,计算机网络实现了多台计算机的互联。20 世纪 60 年代末到 20 世纪 70 年代初为计算机网络发展的萌芽阶段。其主要特征是为了增加系统的计算能力和资源共享,把小型计算机连成实验性的网络。第一个远程分组交换网叫阿帕网(ARPANET),是由美国国防部高级研究计划署于 1969 年建成的,第一次实现了由通信网络和资源网络复合构成计算机网络系统,标志计算机网络的真正产生。阿帕网是这一阶段的典型代表。

第三阶段,网络体系结构进入标准化。经过前期的发展,人们对网络的技术方法和理论研究日趋成熟,各大计算机公司制定了自己的网络技术标准,最终促成了国际标准的制定。1983年 ISO 组织正式制定并颁布了开放系统互联参考模型的国际标准 ISO 7498 。标准化的建立使得第三代网络对不同计算机系统都是开放的,能够方便的互联不同类型计算机和异类网络。

第四阶段,计算机网络发展成为以 Internet 为代表的互联网。20 世纪 90 年代初至今是计算机网络飞速发展的阶段,大量的计算机采用标准化的网络连接方式加入到全球网络中,形成了一个计算机的世界,计算机的发展已经完全与网络融为一体,整个网络就像一个庞大的对用户透明的计算机系统。

5.1.1　计算机网络的构成

计算机网络完整的定义是指将地理位置不同的具有独立功能的多台计算机及其外部设备,通过通信线路连接起来,在网络操作系统、网络管理软件及网络通信协议的管理和协调下,实现资源共享和信息传递的计算机系统。其结构如图 5-1 所示。

目前计算机网络提供的主要功能有三个:

资源共享:硬件资源的共享,共享其他计算机的硬件设备,例如大容量硬盘、高速打印机、

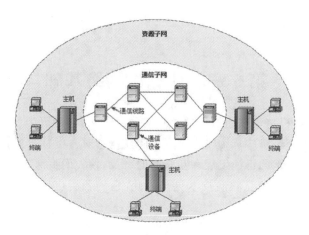

图 5-1　计算机网络构成

绘图仪、扫描仪等;软件资源的共享,通过远程登录使用网络上其他计算机的软件,通过网络服务器使用一些公用的软件,通过网络下载使用网络上的一些公用程序等;数据信息资源的共享,网络上各计算机上的数据库和文件中的大量信息资源,例如科技动态、医药信息、股票行情、图书资料、新闻、政府法令、人才需求信息等,可以被网络用户查询和利用。

数据通信:计算机网络可以高速地在计算机之间传送信息,并根据需要对信息进行分散或集中处理。

分布式协同处理:对于较复杂的综合性问题,用户可以将任务分散到网上的多台计算机上进行分布式协同处理。

1.计算机网络的基本组成

计算机网络要完成数据处理与数据通信两大基本功能,那么它的结构相应的也可以分为两层:面向数据处理的计算机和终端,以及负责数据通信的通信控制处理和通信线路。典型的计算机网络从逻辑功能上可以分成两个子网:资源子网和通信子网。

(1)资源子网

资源子网由主机、终端、终端控制器、联网外设、网络软件与数据资源组成。资源子网负责全网的数据处理业务,向网络用户提供各种网络资源与网络服务。主机主要为本地访问网络的用户提供服务,响应各类信息请求。终端既包括简单的输入输出终端,也包括具备存储和处理信息能力的智能终端,主要通过主机连入网络。网络软件主要包括协议软件、通信软件、网络操作系统、网络管理软件和应用软件等。其中网络操作系统用以协调网络资源分配,提供网络服务,是最主要的网络软件。

(2)通信子网

通信子网由通信控制处理机、通信线路和其他通信设备组成。通信控制处理机是一种在网络中负责数据通信、传输和控制的专用计算机,一般由小型机、微型机或带有 CPU 的专门设备承担。通信控制处理机一方面作为资源子网的主机和终端的接口节点,将它们联入网中,另一方面又实现通信子网中报文分组的接收、校验、存储、转发等功能,并且起着将源主机报文准确地发送到目的主机的作用。

通信线路即通信介质,为通信控制处理机与主机之间提供数据通信的通道。通信线路和网络上的各种通信设备一起组成了通信信道。计算机网络中采用的通信线路的种类很多。可以使用双绞线、同轴电缆、光纤等有线通信线路组成通信信道,也可以使用微波通信和卫星通信等无线通信线路组成通信信道。

2.计算机网络硬件系统

组建一个计算机网络硬件系统主要包括连接到网络的计算机和服务器以及将它们连接成网络的网卡、调制解调器、中继器、集线器、交换机和路由器等传输介质。

(1)传输介质

双绞线是目前搭建网络最常用的一种传输介质,把两根绝缘的铜导线按一定密度互相绞在一起,在一定程度上可以降低信号干扰,故称为"双绞线",如图 5-2 所示。双绞线一般由两根 22～26 号绝缘铜导线相互缠绕而成。实际使用时,双绞线是由多对双绞线一起包在一个绝缘电缆套管里的。常见的双绞线包括 5 类和超 5 类双绞线。常见的以太网通常使用 5 类双绞线,其最高传输率为 100Mbps,最大网段长为 100 米。而超 5 类双绞线具有信号衰减小,串扰少的优点,其性能得到很大提高,主要用于千兆位以太网。

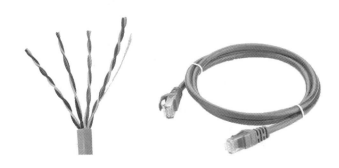

图 5-2 双绞线

同轴电缆是指有两个同心导体,而导体和屏蔽层又共用同一轴心的电缆,如图 5-3 所示。最常见的同轴电缆由绝缘材料隔离的铜线导体组成,在里层绝缘材料的外部是另一层环形导体及其绝缘体,然后整个电缆由聚氯乙烯或特氟纶材料的护套包住。同轴电缆分为细缆和粗缆线,其中粗缆的最大传输距离为 500 米。

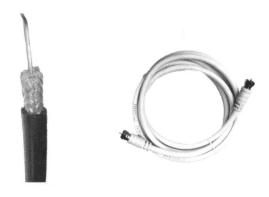

图 5-3　同轴电缆

光缆由多条光纤组成,光纤是用石英玻璃制成的横截面积很小的双层同心圆柱体,由三个同心圆部分组成了纤芯、包层和护套,每一路光纤包括两根,一根用于接收,另一根用于发送,如图 5-4 所示。光缆的优点是可以传输更长的距离,缺点是质地脆,切断和连接技术要求高。按传输模式分类,可以将光纤分为单模光纤和多模光纤,其中单模光纤传输距离 20 公里至 120 公里,多模光纤传输距离 2 公里到 5 公里。

图 5-4　光纤

此外,无线传输介质也被广泛使用。最常用的无线传输介质包括无线电波、微波和红外线。

(2)网卡

网卡是网络系统中的一个关键硬件,又称为网络适配器。它是局域网中连接计算机和传输介质的接口,不仅能实现与局域网传输介质之间的物理连接和电信号匹配,还涉及帧的发送与接收、帧的封装与拆封、介质访问控制、数据的编码与解码以及数据缓存的功能等。根据所连接的传输介质不同,可分为有线网卡和无线网卡,如图 5-5 所示。随着硬件技术的发展,如今大多数网卡都已经集成在计算机主板上。

图 5-5　有线网卡和无线网卡

(3)调制解调器

调制解调器(Modem)俗称"猫",如图 5-6 所示。调制解调器的作用是对信号进行数模转换,当计算机发送信息时,将计算机内部使用的数字信号转换成可以用电话线传输的模拟信号,通过电话线发送出去。接收信息时,把电话线上传来的模拟信号转换成数字信号传送给计算机,供其接收和处理。

(4)中继器

中继器(Repeater)是连接网络线路的一种装置,它对通过的物理传输介质受到干扰或衰

图 5-6　调制解调器

减的信号进行再生和放大,如图 5-7 所示。其主要作用是延长网络的传输距离,因为不同的传输介质的最大传输距离都是有极限的,例如双绞线的传输距离是 100 米,为了延长网络的传输距离,就需要使用中继器。

图 5-7　中继器

(5)集线器

集线器(Hub)是将多条以太网双绞线或光纤集合连接在同一段物理介质下的设备,如图 5-8 所示。其工作原理与中继器基本相同,实质上是一种多端口的中继器。二者的主要区别是,中继器一般只有两个端口,一个数据输入端口,一个放大转发端口。而集线器有多个端口,数据到达一个端口后被转发到其他端口。智能型集线器还能够处理数据、监视数据传输并提供故障排除信息。

图 5-8　集线器

(6)交换机

交换机(Switch)意为“开关”,是一种用于电(光)信号转发的网络设备,如图 5-9 所示。它可以为接入交换机的任意两个网络节点提供独享的电信号通路。局域网交换机与集线器的区别在于每一台连接到交换机上的计算机都可以独享网络带宽,而集线器连接的计算机共享网络带宽。

图 5-9　交换机

(7) 路由器

路由器是连接两个或多个网络的硬件设备，如图 5-10 所示。在网络间起网关的作用，是读取每一个数据包中的地址然后决定如何传送的专用智能型的网络设备。它能够理解不同的网络传输协议，能将不同网络或网段之间的数据信息进行翻译，使他们能够相互读懂对方的数据，从而形成一个更大的网络，例如某个局域网使用的以太网协议，因特网使用的 TCP/IP 协议，将这个局域网连接到因特网就需要路由器。

图 5-10　无线路由器

3. 计算机网络软件系统

组成计算机网络系统的软件包括网络系统软件和网络应用软件两大类。

(1) 网络系统软件

网络系统软件包括网络操作系统、网络协议软件、通信控制软件和管理软件等。网络操作系统 (NOS) 是计算机网络的心脏和灵魂，是向网络上的计算机提供服务的特殊操作系统，它在计算机操作系统下工作，使计算机操作系统增加了网络操作所需要的能力。现在常用的NOS 有 Windows NT、UNIX 和 LINUX 等。

(2) 网络应用软件

网络应用软件是指为某一应用目的而开发的网络软件，为用户提供访问网络的手段及网络服务、资源共享和信息传输。常用的网络应用软件有即时通信（聊天）程序、网页浏览器程序、网络下载程序、Internet 信息服务软件等。此外，随着计算机网络化的发展，如今绝大多数应用软件都集成了网络相关的功能。

5.1.2　计算机网络的分类

计算机网络的分类标准多种多样。分类标准不同，得到的计算机网络类型不同。下面分别从网络覆盖地理范围、网络拓扑结构、数据交换方式三种分类方式介绍网络的分类。

1. 按网络覆盖地理范围可分为局域网、城域网和广域网

(1)局域网

局域网是指将有限范围内的各种计算机、终端和外部设备所组成的网络。其作用距离为几米到几公里。局域网传输速率为 10Mbit/s～10Gbit/s,局域网通常在一个园区、一座大楼,甚至在一个办公室内,主要用来构造一个单位的内部网、学校的校园网、企业的企业网,局域网属于该单位所有,并自主管理,以资源共享为主要目的。

局域网的特点是结构相对简单,连接范围窄、用户数少、配置容易、连接速率高,延迟比较短,通常是几个毫秒数量级。目前局域网速率最高的为 10Gbit/s。

(2)城域网

城域网是介于广域网和局域网之间的一种高速网络。其作用距离为几公里到上百公里。它采用的是 IEEE802.6 标准,在地理范围上可以说是局域网的延伸。城域网通常应用于一个城市内大量企业、机关、医院、公司等多个局域网的互联。由于光纤连接的引入,使城域网中高速的局域网互联成为可能。城域网传输速率从 64Kbit/s 到 10Gbit/s,通常是将一个地区或一座城市内的局域网连接起来构成城域网。

城域网是城市通信的主干网,它充当不同的局域网之间通信的桥梁,并向外连入广域网。城域网提供高速综合业务服务,既可支持数据和语音传输,也可以与有线电视相连。它一般采用简单、规则的网络拓扑结构和高效的介质访问期间控制方法,避免复杂的路由选择和流量控制,以达到高传输率和低差错率。

城域网与局域网的区别首先是网络覆盖范围的不同。其次是两者的归属和管理不同。局域网通常专属于某个单位,属于专用网。而城域网是面向公众开放的,属于公用网,这点与广域网一致。最后是两者的业务不同,局域网主要是用于单位内部的数据通信,而城域网可用于单位之间的数据、语音、图像、视频通信等,这点与广域网相同。

(3)广域网

顾名思义,广域网是指覆盖范围广的网络,又称远程网,其覆盖范围从几十公里到几千公里,广域网可以跨越一个国家、地区、或跨越几个大洲。过去传输速率比较低,一般为 64Kbit/s～2Mbit/s,而现在以光纤为传输介质的新型高速广域网可提供高达几十 Gbit/s 的传输速率。广域网通常由国家委托电信部门建造、管理和经营,以数据通信为主要目的。

广域网由终端主机和通信子网组成。主机用于运行用户程序,通信子网用于将用户主机连接起来,一般由交换机和传输线路组成。传输线路用于连接交换机,而交换机负责在不同的传输线路之间转发数据。

(4)互联网

互联网是目前世界上影响最大的国际性计算机网络,它以 TCP/IP 协议将各种不同类型、不同规模、位于不同地理位置的物理网络连接成一个整体。它也是一个国际性的通信网络集合体,融合了现代通信技术和现代计算机技术,集各个部门、领域的各种信息资源为一体,从而构成网络用户共享的信息资源网。

在计算机网络飞速发展的今天,互联网已是我们每天都要打交道的一种网络,无论从地理范围,还是从网络规模来讲它都是最大的一种网络。从地理范围来说,它可以是全球计算机的互联,这种网络的最大特点就是整个网络的计算机每时每刻随着新的网络接入在不停地变化。当你连在互联网上的时候,你的计算机可以算是互联网的一部分,但一旦当你断开互联网的连接时,你的计算机就不属于互联网了。它的优点也非常明显,信息量大、传播广,无论你身处何

地,只要连上互联网就可以对任何联网用户发出你的信函和广告。因为这种网络的复杂性,所以这种网络实现的技术也是非常复杂的。

2. 按网络拓扑结构可分为总线型网络、星形网络、环形网络和树形网络

(1)总线型网络

总线型网络采用广播通信方式,即由一个节点发出的信息可以被网络上的多个节点所接收,如图 5-11 所示。由于多个节点连接到一条公用总线上,因此必须采取某种介质访问控制规程来分配信息,以保证在一段时间内,只允许一个节点传送信息,以免发生冲突。总线型网络是局域网技术中使用最普遍的一种。

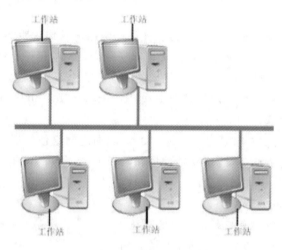

图 5-11 总线型网络示意图

总线型网络的主要优点是结构简单、布线容易、可靠性较高、易于扩充;主要缺点是所有数据都经过总线传送,总线成为整个网络的瓶颈,出现故障时诊断较为困难。

(2)星形网络

星形网络有两类:一类是中心节点设备仅起到与各从节点连通的作用,如图 5-12 所示。另一类的中心节点设备是一台功能很强的设备,从节点是性能的一般计算机或终端,这时中心节点设备有转接和数据处理的双重功能。功能强大的中心节点设备既能作为各从节点共享的资源,也可以按存储转发方式进行通信工作。

星形网络的主要优点是建网容易,控制相对简单;主要缺点是属于集中控制,对中心节点依赖性大,一旦中心节点出现故障,就会造成整个网络瘫痪。而且由于每个节点都与中心节点直接连接,需要耗费大量电缆。家庭局域网就是一种典型的星形网络。

(3)环形网络

环形网络中各节点计算机通过一条通信线路连接形成一个闭合环路,如图 5-13 所示。在环路中,信道是按一定方向从一个节点传输到下一个节点的,形成一个闭合的环流。在环形拓扑网络中,所有节点共享同一个环形信道,环上传输的任何数据都必须经过所有节点。

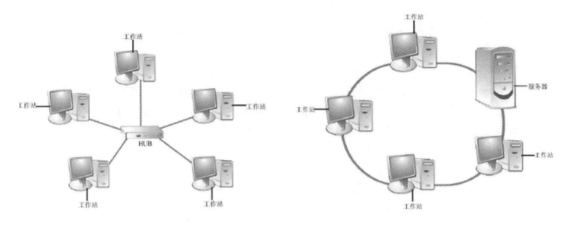

图 5-12　星形网络示意图　　　　　　　　　图 5-13　环形网络示意图

环形网络主要优点是结构简单,实时性强,节点之间发送消息不冲突;主要缺点是可靠性差,当环路上的任何一个节点发生故障时,将导致整个网络瘫痪,增删节点复杂,组网灵活性差。目前主要用于光纤网络中。

(4)树形网络

树形网络是由多个层次的星形网络连接而成,树的每个节点都是计算机或网络连接设备,如图 5-14 所示。一般来说,越靠近树的根部,要求节点设备的性能就越高。与星形网络相比,树形网络线路总长度短,成本较低,节点易于扩充,但网络较复杂,传输延迟长。学校实验室机房局域网就是一种典型的树形网络。

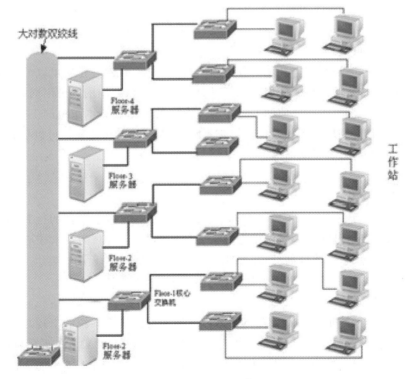

图 5-14　树形网络示意图

3. 按数据交换方式可分为电路交换、报文交换和分组交换

数据交换技术用来解决两台计算机通过通信子网实现数据交换的问题,下面介绍几种主要的数据交换技术。

(1)线路交换

线路交换方式和电话交换方式类似。两个网络节点在进行数据交换前,必须建立起专用的通信信道,也就是在节点之间建立起一个实际的物理线路连接,然后在这条通道上实现信息传输。线路交换的外部表现是通信双方一旦接通,便独占一条物理线路。线路交换的实质是在交换设备内部由硬件开关接通输入线与输出线。

(2)报文交换

线路交换用在传输实时交互式信息的场合,但是计算机网络中经常要传送非实时性的数据,例如电子邮件,这时采用线路交换并不合适。在报文交换方式中,两个节点之间无须建立专用线路。当发送方有数据块要发送时,它把数据块作为一个整体(称为报文)交给交换节点。报文是在发送的数据上加上目的地址、源地址和控制信息,按一定的格式打包后形成的。交换节点可先把待传输的报文存储起来,等到信道空闲时,再根据报文的目的地址,选择一条合适的信道把信息转发给下一节点,如果下一节点仍为交换节点,则仍存储信息并继续往目标节点方向转发。与线路交换一样,报文在传输过程中,也可能经过若干交换节点。在每一个交换节点都设置缓冲存储器,到达的报文先送入相应的缓冲区中暂存,然后再转发出去。所以报文交换技术是一种存储转发技术。

(3)分组交换

分组交换类似报文交换,都是按存储转发原理传送数据,差别是两者的数据传输单位不同。分组交换是把长的报文分成若干个较短的报文分组,以报文分组为单位进行交换。报文分组中各个分组可独立选择路径进行传输。当各个分组都到达目的节点后,目的节点按报文分组号重新组装成报文。

此外,计算机网络还有许多其他的分类方法,按照网络的传输介质可以分为铜线网络、光纤网络和无线网络;按照网络的使用角色可以分为公用网和专用网。公用网是指电信公司出资建造的大型网络,例如中国电信网。专用网是指以某个单位为本单位的工作需要而建立的网络,一般不对外提供服务,例如银行内部业务网;按照网络的传输技术可以分为广播式网络、点对点式网络和点到多点式网络等。

5.1.3 移动网络

移动网络即 Mobile Web 的中文名称,专指以移动设备连接互联网的行为,常见的移动设备主要有手机、掌上电脑或其他便携式工具。它是一个以宽带 IP 为技术核心,可同时提供语音、传真、数据、图像、多媒体等高品质网络服务,是国家信息化建设的重要组成部分。

移动网络的发展共经历了以下六代:

(1)第一代:模拟移动通信系统

20 世纪 80 年代中期,随着蜂窝组网技术的完善和移动操作系统的出现,移动通信发展进入高峰阶段。模拟蜂窝移动通信系统首先发展起来,是以美国的 AMPS 系统和欧洲的 TACS 系统为代表。主要特点是采用频分复用(FDMA)多址方式,语音信号为模拟调制。

(2)第二代:数字移动通信系统

20 世纪 80 年代后期,欧洲、美国、日本都着手开发数字蜂窝系统。与模拟系统相比,数字

系统是指移动台与基站间传送的是无线数字信号。比较成熟的数字移动通信制式主要有欧洲的 GSM、美国的 ADC 和日本的 PDC。其中 GSM 是世界上用得最多的一种制式，也是最成熟的数字通信技术。主要特点是采用时分复用(TDMA)多址方式，GSM 工作在 900MHz，每载频支持 8 个信道，信号带宽为 200kHz。

(3)第 2.5 代：2G 向 3G 过渡的系统

典型代表是 GPRS，引入目的是提供中速率数据业务，为 3G 培育市场。

(4)第三代移动通信系统

能提供多种类型、高质量的多媒体业务，实现全球漫游，保密性、安全性较高。工作在 2GHz 频段，最高业务速率可达 2Mbp/s；主要技术体制有 WCDMA、CDMA 2000 和 TD-SCDMA。

(5)第四代移动通信系统

4G 是第四代移动通信技术的简称。中国移动采用 4G LTE 标准中的 TD-LTE，TD-LTE 是由中国主导的 4G 网络标准，技术成熟，具有信号稳定、干扰少等优势。

(6)第五代移动通信系统

5G 的性能目标是高数据速率、减少延迟、节省能源、降低成本、提高系统容量和大规模设备连接。5G 网络的主要优势在于，数据传输速率远远高于以前的蜂窝网络，最高可达 10Gbit/s，比当前的有线互联网要快，比先前的 4G LTE 网络快 100 倍。另一个优点是较低的网络延迟(更快的响应时间)，低于 1 毫秒，而 4G LTE 网络为 30~70 毫秒。

5.2　Internet 基础

从表面上看，Internet 与广域网差不多，但实际应用上差别很大。广域网是比较独立的网络，有着非常紧密的结构，并且有一个专门的机构对整个网络进行维护。而 Internet 是由成千上万个网络松散的连接而成的，它不属于任何一个国家、部门、单位、团体，也没有一个专门的机构对其进行维护。任何一台计算机、任何一个网络，只要遵守共同的 TCP/IP 这一协议，就可以与它连接在一起，其结构如图 5-15 所示。

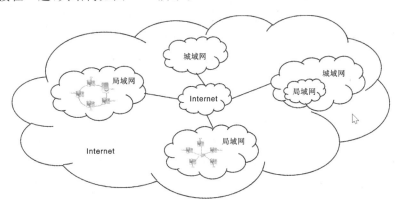

图 5-15　Internet 结构示意图

5.2.1　Internet 使用的协议

协议是指计算机相互通信时使用的标准、规则或约定，Internet 采用 TCP/IP 协议簇作为通信规则。TCP/IP 协议也称传输控制协议/网际协议，是 Internet 的基础协议，它提供了不同网络系统之间的连接技术,使用 TCP/IP 协议可以将完全不同类型的计算机和使用不同操作系统的计算机方便地互联起来,从而实现世界范围内的网络互联。下面简单介绍 TCP/IP 协议簇的主要协议。

IP(Internet Protocol)协议:网际协议,是 TCP/IP 协议的核心。它负责 Internet 上网络之间的通信,并规定了将数据报文从一个网络传输到另一个网络所应遵循的规则。具体来说,IP 协议不但定义了数据传输时的基本单元和格式,还定义了数据报文的递交方法和路由选择。

TCP(Transmission Control Protocol)协议:传输控制协议,通过超时重传等机制,确保数据端到端的可靠传输,同时有流量控制和阻塞控制策略。

UDP(User Datagram Protocol)协议:用户数据包协议,提供端到端的用户的不可靠数据传输,可用于实时通信,减少等待延时。

FTP(File Transfer Protocol)协议:文件传输协议,用于实现文件的传输服务。

Telnet 协议:远程登录协议,它为用户提供了在本地计算机上完成远程主机工作的能力。

HTTP(Hyper Text Transfer Protocol)协议:超文本传输协议,用来实现万维网文档的传输服务。

SMTP (Simple Mail Transfer Protocol)协议:简单邮件传输协议,可实现邮件传输服务。

POP3(Post Office Protocol-Version 3)协议:邮局协议,主要用于支持使用客户端远程管理在服务器上的电子邮件。

DHCP(Dynamic Host Configuration Protocol)协议:动态主机配置协议,该协议集中地管理、分配 IP 地址,使网络环境中的主机动态地获得 IP 地址、网关地址、DNS 服务器地址等信息,并能够提升地址的使用率。

5.2.2　Internet 地址

连接在互联网上的主机相互通信,需要在网络中定位标识,给每一台主机分配一个唯一的地址,即 IP 地址。通信时需利用 IP 地址来指定目的主机的地址,就像电话网络中每台电话机必须有自己的电话号码一样。IP 地址由 Internet 注册管理机构进行管理和分配。IP 协议主要有 IPv4 和 IPv6 协议两个版本,前者的 IP 地址为 32 位,后者为 128 位。目前,Internet 正处在由 IPv4 向 IPv6 过渡的时期。

1. IPv4

基于 IPv4 编制方案的 IP 地址由 32 位二进制数组成,每 8 位为一段。例如某个 IP 地址为:11011100101101010010011011111011。显然,使用二进制表示的 IP 由于位数较多,不便于记忆。因此,通常将每段二进制数转换为对应的十进制数,这样每个 IP 地址由 4 部分十进制数组成,每部分间用“.”分隔,这就是所谓的“点分十进制”计数法。前例中的 IP 地址使用“点分十进制”计数法可表示为 220.181.38.251。

(1)IP 地址的结构

每个 IP 地址由两部分组成,即网络地址和主机地址。网络地址也称为网络编号或网络ID,网络地址用于标示计算机所处的网络。主机地址又称为主机编号或主机 ID,主机地址用于标示网络中的主机,同一网络中的主机,其网络地址是相同的,但主机地址不同。

(2)IP 地址的分类

TCP/IP 网络的 IP 地址分为 A、B、C、D、E 五类。IP 地址的类型定义了网络地址的位数和主机地址的位数,如表 5-1 所示。例如某主机 IP 地址为:11011100101101010010011011111011,由于是以"110"开头,所以属于 C 类地址。其网络地址为前 3 段,主机地址为第 4 段。同时也定义了每类网络包含的网络数目和每类网络中可能包含的主机数目,如表 5-2 所示。在配置和使用 IP 地址时应注意 IP 地址必须是唯一的,同时不能用全"0"和全"1"作为网络地址和主机地址。

表 5-1　五类 IP 地址结构

	第 1 段								第 2 段								第 3 段								第 4 段							
	0	1	2	3	4	5	6	7	8	9	10	11	12	13	14	15	16	17	18	19	20	21	22	23	24	25	26	27	28	29	30	31
A 类	0	网络地址(7 位)							主机地址(24 位)																							
B 类	1	0	网络地址(14 位)														主机地址(16 位)															
C 类	1	1	0	网络地址(21 位)																					主机地址(8 位)							
D 类	1	1	1	0	多点广播地址(28 位)																											
E 类	1	1	1	1	0	实验保留																										

表 5-2　IP 地址分类

地址类型	二进制网络地址范围	十进制网络地址范围	网络个数	主机个数
A 类	00000001～01111110	1～126	126	1700 多万
B 类	100000000000000～ 1011111111111111	128.0～191.255	16 384	65 000
C 类	110000000000000000000000～ 110111111111111111111111	192.0.0～223.255.255	200 多万	254

(3)公有地址和私有地址

在现在的网络中,IP 地址分为公有 IP 地址和私有 IP 地址。公有 IP 是在 Internet 使用的 IP 地址,而私有 IP 地址则是在局域网内部使用的 IP 地址,只使用在局域网中,无法在 Internet 上使用。互联网地址和域名分配机构 ICANN(Internet Corporation for Assigned Names and Numbers)保留了以下三个 IP 地址块用于私有网络,如表 5-3 所示。

表 5-3　私有地址表

地址类型	保留的私有地址块	网络个数
A 类	10.0.0.0～10.255.255.255	1
B 类	172.16.0.0～172.31.255.255	16
C 类	192.168.0.0～192.168.255.255	256

在搭建局域网时使用的路由器内置地址通常都是以 192.168 开始,这正是由于其搭建的是一个 C 类局域网,所以使用了保留的 C 类地址块中的某个网络。

(4)子网掩码

在实际的应用中,子网规模从几台到几万台都有可能,如果只能按照 A、B、C 三类子网划分,例如一个只包含 300 台机器的小型网络,就需要分配一个 B 类的网段,必然会造成 IP 地址的浪费。为了提高 IP 地址的利用率,可在基本网络结构划分的基础上,通过对 IP 地址进行标识来灵活地限制子网大小,这就是子网掩码。

子网掩码的前一部分全为 1,表示 IP 地址中对应的网络地址部分;后一部分全为 0,表示 IP 地址中对应的主机地址部分。A、B、C 三类网络默认的子网掩码分别为:

A 类为 11111111000000000000000000000000,即 255.0.0.0。

B 类为 11111111111111110000000000000000,即 255.255.0.0。

C 类为 11111111111111111111111100000000,即 255.255.255.0。

默认的子网掩码不具备划分子网的功能,如果需要划分子网,可以通过借用主机地址段部分的若干位作为子网地址段使用,从而实现把一个大的网络划分为几个子网。例如某子网掩码 11111111111111111111111110000000,即 255.255.255.128,可以将一个网络地址为 220.181.38 的 C 类网络划分为主机地址范围分别为 220.181.38.1~220.181.38.126 和 220.181.38.129~220.181.38.254 的两个独立的子网。

(5)默认网关

网关(Gateway)又称网间连接器、协议转换器。其主要作用是将数据包从一个网段转发到另外一个网段。只有设置好网关的 IP 地址,TCP/IP 协议才能实现不同网络之间的相互通信。那么网关的 IP 地址是哪台机器的 IP 地址呢?网关的 IP 地址是具有路由功能的设备的 IP 地址,即路由器、启用了路由协议的服务器(实质上相当于一台路由器)或代理服务器(也相当于一台路由器)。

如同一个房间可以有很多扇门与另一个房间连接。一台主机也可以有多个网关,如果该主机找不到可用的网关,就把数据包发给默认指定的网关地址,由这个网关将数据包发送到另一个网络,这里默认指定的网关地址就是我们通常所说的默认网关(Default Gateway)。

2. IPv6 地址

目前 Internet 中广泛使用的 IPv4 协议,已经有近 20 年的历史了。随着 Internet 技术的迅猛发展和网络规模的不断扩大,IPv4 已经暴露出了许多问题,而其中最重要的一个问题就是 IPv4 地址资源早已于 2019 年 11 月消耗殆尽。

为了彻底解决 IPv4 分配完毕的问题,IETF 从 1995 年开始就着手研究开发下一代 IP 协议,即 IPv6。IPv6 具有长达 128 位的地址空间,可以彻底解决 IPv4 地址不足的问题,除此之外,IPv6 还采用了分级地址模式、高效 IP 包头、服务质量、主机地址自动配置、认证和加密等许多技术。

5.2.3　域名服务系统(DNS)

用数字表示的 IP 地址不便于记忆,也看不出拥有该地址的组织名称或性质,同时也不能根据公司或组织名称(或组织类型)来确定其 IP 地址。因此在 IP 地址的基础上,又发展出一种符号化的地址方案,来代替数字型的 IP 地址,每一个符号化的地址都与特定的 IP 地址相对应。这种与网络上的数字型 IP 地址相对应的字符型地址,就被称作域名(Domain name)。

(1)域名结构

域名采用层次结构表示,各层次之间用点号作为分隔符,其层次从左到右逐级升高。其一般格式为"……. 三级域名. 二级域名. 顶级域名"。顶级域名可分为国家或地区顶级域名和通用类别顶级域名两类,几种常见的域名字符如表 5-4 和表 5-5 所示。

表 5-4　常用的国家或地区顶级域名

国家或地区名	域名字符	国家或地区名	域名字符
中国	cn	美国	us
英国	uk	法国	fr

表 5-5　常用的通用类别顶级域名

类别	域名字符	类别	域名字符
商业公司	com	教育	edu
政府机构	gov	民间团体或组织	org

例如湖北美术学院的学校域名为 hifa. edu. cn。其中,cn 表示中国的顶级域名。edu 表示 cn 下的一个子域名,这里是教育网。hifa 表示湖北美术学院。在表示一台计算机时把主机名放在其所属域名之前,用圆点分隔开,形成主机域名地址,便可在 Internet 上区分不同的计算机了,例如 jwc. hifa. edu. cn 表示 hifa. edu. cn 域内名为 jwc 的计算机。

(2)域名解析

域名是一个逻辑名称,只是为了方便记忆,它并不能反映出计算所在物理地点,在通信过程中,还是要通过 IP 地址来识别计算机的位置,因此,必须提供一套机制实现域名到 IP 地址的转换,实现域名到 IP 地址转换的计算机称为域名服务器,实现域名到 IP 地址转换的过程称为域名解析。域名解析的过程如下:当一个应用进程需要将域名转换为 IP 地址时,该进程就会向本地域名服务器发送请求报文,本地域名服务器在找到域名对应的 IP 地址后,将 IP 地址放到应答报文中返回,应用进程获得目的主机的 IP 地址后就可以通信了。

5.3　综合案例——小型网络组建及其设置

随着计算机网络的不断发展,以及计算机和智能手机的广泛普及,人们的日常生活与工作学习早已离不开计算机网络,于是必须解决在家庭、办公或学习环境下如何上网。这类应用场景中只需要组建小型局域网,就可以满足用户数据通信和资源共享的需求。本节将以家庭网络为例从网络组建、资源共享和故障检测等方面简单介绍小型网络的组建及其设置。

5.3.1　网络组建

家庭网络中的主要上网设备包括台式计算机、笔记本、平板电脑、智能手机、智能电视等,可将这些设备组建成一个小型局域网,该局域网的拓扑结构可采用星形网络,所有设备通过中心设备连接到 Internet。由于需要接入笔记本、平板电脑、智能手机等,所以该网络的中心设备应选择无线路由器。此外,通常电信、移动、联通等网络运营商提供的宽带服务还需要调制解调器对传输的数据进行调制和解调,因此需要将路由器与调试解调器连接,并进行相应的上网设置,才能使家庭局域网连接到互联网。

1.连接路由器

家庭局域网中接入设备的连接方式主要分为有线接入和无线接入。有线接入可以通过网线连接路由器的 LAN 端口,而无线接入则只需要设备在无线路由器信号覆盖区域以内即可。家庭局域网路由器连接示意图如图 5-16 所示。

启动路由器后,打开计算机操作系统中的浏览器,根据路由器说明书信息输入路由器的 IP 地址(一般是 192.168.X.1,X 的值根据不同品牌型号的路由器可能不相同),在登录页面根据说明书给出的帐号密码信息输入路由器的登录帐号和密码(一般都是 admin),大部分家用或小型商用路由器管理界面类似。本案例以小米路由器为例,如图 5-17 所示。

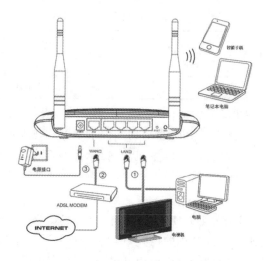

图 5-16　家庭局域网路由器连接示意图

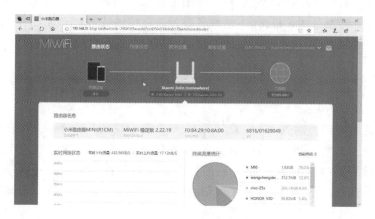

图 5-17　路由状态页面

2.设置路由器

在路由器登录页面中,单击"常用设置"按钮可以切换到常用设置页面,如图 5-18 所示。该页面包括 Wi-Fi 设置、上网设置、安全中心、局域网设置和系统状态等功能。下面简单介绍其中的几个常用功能。

图 5-18　常用设置页面

(1)Wi-Fi 设置

Wi-Fi 设置可以修改路由器的名称、密码、频段带宽等基本信息,如图 5-19 所示。对于同时支持 2.4GHz 和 5GHz 两个频段发射信号的路由器还可以设置是否打开"双频合一"功能。

(2)上网设置

上网设置中可以设置路由器访问 Internet 的上网方式以及切换路由器工作模式。

上网设置的上网方式包括 PPPoE、DHCP 和静态 IP 三种,如图 5-20 所示。

图 5-19　Wi-Fi 设置　　　　　　　　　　　　图 5-20　上网方式设置

　　PPPoE 模式是一种以太网的点对点协议，以这种方式上网需要填写网络运营商分配的帐号密码信息，通过路由器拨号上网。

　　DHCP 模式是由上一级设备自动分配 IP 给路由器上网的方式。例如中国电信的光纤宽带入户后可能既要连接路由器满足用户的上网需求，又要连接数字机顶盒设备实现数字电视播放，此时，通常勾选光猫的 DHCP 地址分配功能"启用 DHCP Server"的复选框。这样光猫可以自动为路由器和数字机顶盒分配 IP 地址，实现它们与 Internet 的连接。

　　静态 IP 模式就是为路由器指定固定的 IP 地址。静态 IP 一般是网络运营商或企业网络部门提供的固定的 IP 地址，其优点是便于管理，可根据 IP 地址限制网络流量。

　　工作模式切换功能可以使路由器在路由器工作模式和中继工作模式之间进行切换。切换为中继工作模式后，路由器在网络连接中起到中继的作用，能实现信号的中继和放大，从而延伸无线网络的覆盖范围。当无线局域网需要覆盖的范围超出一台无线路由器所能覆盖的范围时，一般在主路由器设置上网方式、路由器密码等信息，将第二个路由器也就是副路由器切换到中继工作模式即可。

　　（3）局域网设置

　　如图 5-21 所示，局域网设置中可以设置是否开启路由器 DHCP 服务，当开启该服务时，可以设置自动分配给局域网内终端设备的起始 IP 地址和结束 IP 地址，路由器会在这段地址范围给接入的终端设备分配 IP 地址。此外，还可以修改路由器在局域网中的 IP 地址。通常选择开启 DHCP 服务。

图 5-21　局域网设置

3.设置 IP 地址和 DNS 服务器地址

如果要通过 TCP/IP 协议进行主机之间的通信,则需要为每台主机配置有效的 IP 地址。IP 地址同计算机名一样,在同一个局域网里也不能重复。在同一个局域网里配置的 IP 地址必须属于同一个子网。属于不同网络的计算机间如果需要通信,则必须通过路由器转发。

在 Windows 10 中配置 IP 地址,可在"控制面板"窗口单击"网络和共享中心",执行"更改适配器设置"命令,在打开的"网络连接"窗口选择本机用于连接到路由器的网卡图标(笔记本通常包含有线和无线两个网卡),右击鼠标,在弹出的菜单中选择"属性"命令,打开该网卡的"属性"对话框。在列表框中选中"Internet 协议版本 4(TCP/IPv4)",即可打开如图 5-22 所示"Internet 协议版本 4(TCP/IPv4)属性"对话框。

图 5-22　"Internet 协议版本 4(TCP/IPv4)属性"对话框

此前,在局域网路由器设置中启用了 DHCP 服务,它可以为局域网中连接到该路由器的计算机自动分配动态 IP 地址。因此,本例中局域网内主机都只需在图 5-22 对话框选中"自动获得 IP 地址"和"自动获得 DNS 服务器地址"即可,这样就省去为每台机器手动配置静态 IP 地址的麻烦。

如果需要对主机指定静态 IP 地址,也可以手动配置。默认网关通常为局域网中的路由器地址,因此网关地址为路由器说明书标明的"192.168.31.1"。本例中使用默认 C 类子网掩码"255.255.255.0"。由于主机 IP 地址必须和默认网关地址在同一网段,才能保证主机和网关间的通信。所以该局域网中的主机 IP 地址应设置为"192.168.31.X",其中 X 代表 2 到 254 之间任意不重复的整数,本例中使用"192.168.31.2"。DNS 服务器地址通常由网络运营商提供,将网络运营商给出的地址信息,本例中在"首选 DNS 服务器"和"备用 DNS

服务器"位置分别填入"202.103.24.68"和"202.103.0.117"即可。手动配置 IP 地址信息如图 5-23 所示。

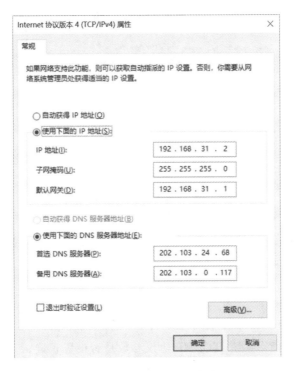

图 5-23　手动配置 IP 地址

5.3.2　网络故障检测

当配置好的网络出现了问题时,可以利用 Windows 操作系统提供的一些网络测试命令来检测网络配置信息。

1. ipconfig 命令

ipconfig 命令的功能是显示网络适配器的 TCP/IP 网络属性值,包括 IP 地址、子网掩码、默认网关、DHCP 服务器地址和 DNS 服务器地址等信息。使用不带参数的 ipconfig 只显示所有网络适配器的主要 IP 参数信息,包括 IP 地址、子网掩码和默认网关。ipconfig /all 则显示所有网络适配器完整的 TCP/IP 配置信息。

在 Windows 10 的命令提示符窗口中输入 ipconfig /all 就可以看到如图 5-24 所示信息。在局域网连接中,只需注意以下信息是否正确即可。

如果局域网中的机器配置的是静态 IP 地址,上述与 IP 相关的信息可以从"Internet 协议版本 4(TCP/IP)属性"对话框中查看到,但是如果是通过"自动获得 IP 地址"方式配置的动态 IP,则必须使用 ipconfig 命令才可看到本机当前分配到的 IP 地址。需要说明的是,DHCP 服务器为客户机每次分配的 IP 地址可能不相同。

2. ping 命令

ping 是最常用的检测网络故障的命令,用于检查网络是否通畅或者测试网络连接速度的命令。它所利用的原理是:网络上的机器都有唯一指定的 IP 地址,给目标 IP 地址发送一个数据包,对方就要返回一个同样大小的数据包,根据返回的数据包可以确定目标主机的存在,可

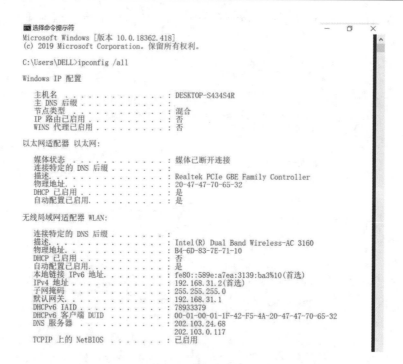

图 5-24　网络配置信息

以初步判断目标主机的操作系统、TCP/IP 协议参数是否设置正确、目标网络能否到达以及目标主机是否正常工作。

　　ping 命令的基本格式为：ping 目标名，其中目标名可以是 Windows 主机名、IP 地址或域名地址，"ping 14.215.177.38"命令结果如图 5-25 所示。如果 ping 命令收到目标主机的应答，则表示本机与目标主机已连通，可以进行数据交换；如果 ping 命令的显示结果为"请求超时"，则表示请求超时，目标主机不可达。不过，因为 ping 命令采用的是 ICMP（Internet Control Message Protocol）报文进行测试，如果对方装有防火墙，过滤掉 ICMP 报文，则 ping 命令无法收到正确的应答信息，从而造成目的主机没有正常工作的假象。

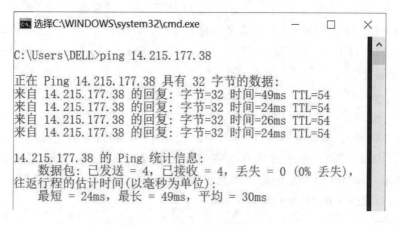

图 5-25　ping 命令运行结果

　　当网络不能正常工作时，通常按以下顺序使用 ping 命令来测试网络的连通性（前提是 ping 命令未被屏蔽）。

(1)ping 127.0.0.1

127.0.0.1 是一个环回地址,代表本地计算机。这个 ping 命令被送到本地计算机的 IP 协议进程,如果 ping 不通,就表示 TCP/IP 协议的安装或运行存在问题。

(2)ping 本地 IP 地址

ping 本地 IP 地址可以检测本地网卡及本地 IP 地址配置的正确性,用户计算机始终应该对该 ping 命令做出应答。如果 ping 不通,则表示本地配置或网卡存在问题。

(3)ping 局域网内其他 IP 地址

该 ping 命令从用户计算机发出 ICMP 报文,经过网卡及网络电缆到达目标计算机,再返回相同的信息给源站。源站收到应答表明源站和目的站 IP 地址和子网掩码配置正确,目标计算机可达。

(4)ping 默认网关

ping 默认网关可以检查用户计算机是否可能访问本地局域网以外的地址,因为当访问与用户计算机不在同一个子网的机器时,需要通过默认网关来进行路由转发,将报文转发至外网。

(5)ping 一个外网的域名地址

ping 一个外网的域名地址,例如:ping www.baidu.com。如果不能 ping 通,首先观查一下测试结果是否成功将域名地址解析为 IP 地址,如果显示"ping 请求找不到主机 www.baidu.com,请检查该名称,然后重试。",则表示 DNS 服务器出现问题,没有将域名地址转换成对应的 IP 地址。

5.3.3　共享资源

资源共享是计算机网络最主要的功能之一,可共享的资源包括软件和硬件,用户可在网络中共享文件夹和打印机供其他用户访问。在 Windows 7 系统中,可以创建一个家庭组,通过设置家庭组密码,家庭组内的主机之间可以实现资源的共享。当计算机操作系统由 Windows 7 更新到 Windows 10(版本 1803)之后,家庭组被从 Windows 10 中删除,用户无法使用家庭组共享资源。下面介绍一种 Windows 系统中通用的共享和访问文件夹及打印机的方法。

1.设置共享文件夹

找到需要共享的文件夹,单击鼠标右键,在弹出菜单中选择"属性"命令,打开属性对话框,选择"共享"选项卡,如图 5-26 所示。单击"高级共享"按钮,弹出"高级共享"对话框,如图 5-27 所示,勾选"共享此文件夹"复选框,并设置"共享名",然后依次单击"应用"→"确定"按钮即可完成文件夹共享设置。如果需要设置用户权限,可单击如图 5-27 所示"高级共享"对话框中的"权限"按钮,打开该共享文件夹的权限设置对话框,如图 5-28 所示。其中"添加"和"删除"按钮可以添加和删除访问该文件夹的组或用户名,权限控制列表可以配置相应用户的"完全控制""更改"和"读取"权限。

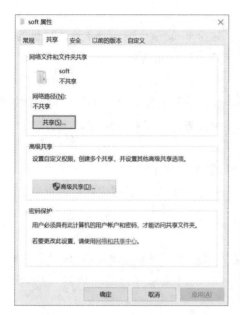

图 5-26 文件夹属性共享选项卡

图 5-27 "高级共享"对话框

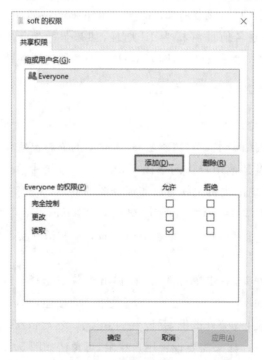

图 5-28 权限设置

2.设置打印机共享

打开 Windows 10 的"控制面板",单击"设备和打印机"按钮,打开"设备和打印机"窗口,选中想要共享的打印机(前提是打印机已正确连接,驱动已正确安装),如图 5-29 所示在该打印机图标上单击鼠标右击,选择"打印机属性",弹出打印机属性对话框,切换到"共享"选项卡,如图 5-30 所示勾选"共享这台打印机"复选框,并且设置一个共享名,本例为 Samsung M2020,单击"确定"按钮,即可完成打印机共享。

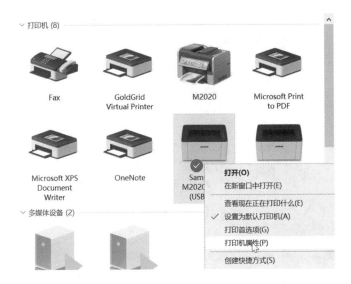

图 5-29　设备和打印机窗口

图 5-30　打印机共享设置

3.访问共享文件夹

　　直接在该网络中的其他主机的运行窗口或浏览器地址栏输入需要访问共享的"\\主机名"或"\\主机 IP 地址",本例为"\\DELLNOTEBOOK"或"\\192.168.31.2"。或者通过双击主机桌面"网络"图标,显示网络中共享的设备,在显示的共享设备中双击 DELLNOTEBOOK,打开帐号登录对话框,如图 5-31 所示输入 DELLNOTEBOOK 主机的管理员帐户"dell"及其密码,单击"确认"按钮,则可以显示 DELLNOTEBOOK 主机共享的文件夹"soft"及打印机"Samsung M2020",如图 5-32 所示。

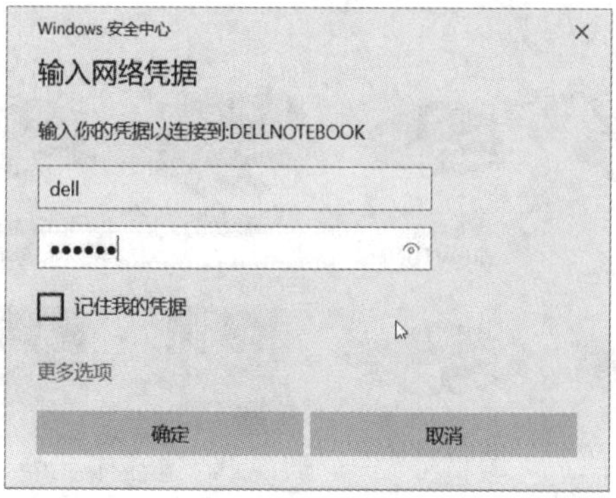

图 5-31　帐号登录对话框

图 5-32　共享的文件夹和打印机

4. 连接共享打印机

连接共享打印机的方法与访问共享文件夹的方法类似,只是在共享资源中选择需要连接的打印机图标,单击鼠标右键,如图 5-33 所示选择"连接"命令,开始安装打印机驱动程序,如图 5-34 所示。驱动安装完成后,可以打印测试页,测试打印机连接情况。

图 5-33　连接共享打印机

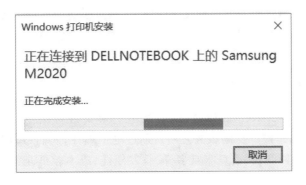

图 5-34　安装打印机驱动程序

5.4　Internet 应用服务

5.4.1　万维网服务

　　万维网以 C/S(客户/服务器)方式工作。运行浏览器(例如 IE、Microsoft Edge、Chrome 等)的用户主机称为万维网客户机。万维网文档所存放的主机称为万维网服务器。浏览器的主要功能是从网上获取所需的文档,文档中包含的解释文本和格式化命令,并按照预定的格式显示在屏幕上。客户机向服务器发出文档请求,服务器向客户机送回用户所要的万维网文档。

　　1. 统一资源定位符 URL

　　为了标志分布在整个 Internet 上的万维网文档,通常采用统一资源定位符 URL(Uniform Resource Locator),使用 URL 可以为整个 Internet 范围内的每个文档给定一个唯一识别的标识。URL 至少包含两个部分,例如湖北美术学院的网站的 URL 是"http://www.hifa.edu.cn",其中"http://"为访问网站采用的协议,"www.hifa.edu.cn"为湖北美术学院网站的域名。此外,完整的 URL 还包含附加端口号和文档的路径。例如"http://ggkb.hifa.edu.cn:80/xwkx/65375.htm",其中"80"是附加端口号,HTTP 协议的默认端口号是 80 ,通常可以省略,"/xwkx/65375.htm"是文档在服务器上的虚拟路径。

　　2.超文本传输协议 HTTP

　　超文本传输协议 HTTP(Hyper Text Transport Protocol)是访问万维网网站使用的协议。HTTP 协议定义了浏览器向服务器请求文档以及服务器把文档传送给浏览器的交互所必须遵循的格式和规则。当浏览器上输入某个 URL 或单击链接以后,即 HTTP 客户端向 Web 服务器发送请求,服务器收到请求以后,按照 HTTP 规定的格式提供相应文档返回给浏览器,最终用户在自己的计算机浏览器上看到了返回的文档内容。

　　3. 超文本标记语言 HTML

　　为了使不同风格的万维网文档都能在 Internet 上的各种主机上显示,并能识别链接存在的位置,万维网采用了制作网页的标准语言,即超文本标记语言 HTML(Hyper Text Mark-Up Language)。需要注意的是,HTML 制作的是静态网页,所生成的页面内容和显示效果基本上是固定不变的,静态网页不能满足用户对信息交互的需求。与静态网页相对的是动态网页,动态网页是通过结合 HTML 以外的高级程序设计语言和数据库技术的网页编程技术而生成的。在动态网页页面代码不发生变化的情况下,网页显示内容可以随着时间、环境或者数据库操作的结果而发生改变。因此,动态网页较好地实现了对网站内容和风格的高效、动态和交互式的管理。

5.4.2　电子邮件服务

电子邮件 E-mail(Electronic Mail),是通过电子形式进行信息交换的通信方式,它是 Internet 提供的最早,也是最广泛的服务之一。通过电子邮件,人们可以与世界上任何地方的人进行信息交流。发送速度快、信息丰富多样、收发便捷、成本较低是人们愿意使用电子邮件服务的主要原因。

电子邮件在 Internet 上发送和接收的原理可以用我们日常生活中邮寄包裹来形容,当我们要寄一个包裹时,我们首先要找到任何一个有这项业务的快递公司,在填写完收件人姓名、地址等信息之后包裹就寄出了。而到了收件人所在地的快递公司,那么对方取包裹的时候就必须去这个快递公司才能取出。同样的,当我们发送电子邮件时,这封邮件是由邮件发送服务器(任何一个都可以)发出,并根据收信人的地址判断对方的邮件接收服务器而将这封信发送到该服务器上,收信人要收取邮件也只能访问这个服务器才能完成。

电子邮件和普通邮件一样,要有通信地址,即 E-mail 地址,E-mail 地址由两部分组成:用户名和域名,中间用“@”分隔,例如 xiaoming2019@163.com,“xiaoming2019”为用户名,“163.com”是域名。字母“@”发音为英文单词“at”。

电子邮件的收发方式主要有两种。一种是利用 Webmail(基于万维网的电子邮件服务),即因特网上一种主要使用网页浏览器来阅读或发送电子邮件的服务;另一种是使用邮件客户端软件方式。因特网上的许多公司,诸如 Google、新浪、163 等,都提供有 Webmail 服务。而常用的邮件客户端软件包括 Microsoft Outlook、Mozilla Thunderbirds、FoxMail 以及 Windows Live Mail 等。邮件客户端软件具有以下四点优势:

(1)可以不用登录 Web,即可从客户端收邮件。

(2)客户端可以设置为自动登录,实时查收邮件。

(3)如果用户有多个 Web 邮箱,可以集中到同一个客户端下,省掉了逐个登录邮箱的麻烦。

(4)结合计算机中安装的杀毒软件,可以在收邮件时进行杀毒。

5.4.3　远程登录服务

计算机发展的早期,在很多客户机硬件配置不高无法独立运行程序的情况下,TELNET 协议应运而生。它是一种 C/S(客户/服务器)方式,客户机可以通过 TELNET 登录到高配置的服务器上,在服务器上运行程序。当程序运行时所有的运算与存储都是交给服务器来完成的,当运算结束后服务器才把结果反馈回客户机,这样就可以在客户机配置不够的情况下完成程序的运行工作,而且运行结果较快。由于只有文字界面,需要输入命令交互,且采用明文传输数据,缺乏安全性,所以逐渐被弃用了。

远程桌面是 Windows 提供的一种远程控制功能,它是从 TELNET 发展而来的,通俗地讲它就是图形化的 TELNET,也属于 C/S 模式,所以在建立连接前也需要配置好连接的服务器端和客户端。这里的服务器端是指接受远程桌面连接的计算机一方,也称为被控端,而客户端是指发起远程桌面连接的计算机一方,也称为主控端。通过远程桌面连接用户能够连接远程计算机,访问它的所有应用程序、文件和网络资源,并实现实时操作,例如在上面安装软件、运行程序、排查故障等。不论实际距离有多远,用户就像坐在那台计算机前面一样。

值得注意的是远程桌面连接只适合 Windows 平台间相互连接,不兼容 MAC 和 Linux 平台。此外,从外网使用远程桌面连接时,需要在路由器上启用端口转发或使用 VPN 进行连接,这些需要网络管理员才能完成设置或需要内网提供 VPN 服务。因此,我们通常可以借助其他第三方软件实现远程控制,例如《向日葵远程控制软件》和 QQ 的远程协助功能都是常用的远程控制软件。

向日葵软件主要可以实现的功能是远程访问,文件传输,在线会议,无人值守访问。当用户需要远程连接的时候,只需要在网络连接良好的情况下打开向日葵软件,将本机识别码以及本机验证码告知对方,对方通过在伙伴识别码和验证码输入相应信息,单击"远程协助"按钮,就可以顺利连接了。向日葵远程控制软件与 QQ 的远程协助功能相比,其操作更为顺畅,用户体验更好,还可以跨平台、跨设备进行远程控制。

5.4.4　文件传输服务

主机与服务器之间的文件传输服务主要包括文件的上传和下载。文件上传是指用户通过浏览器向服务器提交文件,并由服务器保存。文件下载即用户通过浏览器从服务器上得到一些文件数据,并在浏览器端保存。

早期的计算机网络以服务器为中心,文件传输通常是满足主机与服务器之间的文件上传下载需求,此时主要使用 FTP 服务实现文件传输功能,为了访问和管理 FTP 站点可以安装 CuteFtp、FlashFXP 等 FTP 客户端下载软件。由于 FTP 存在数据传输模式不合理、工作方式设计不合理、与防火墙工作不协调、FTP 协议效率低下等问题,逐渐淡出了人们的视野。

BT 是作为一种互联网上传统的 P2P 传输协议,克服了普通下载方式的局限性,具有下载的人越多,文件下载速度就越快的特点,吸引着众多的网民使用,成为目前互联网最热门的应用之一。常用的 BT 客户端软件有迅雷、BitComet、BitTorrent 等。

云盘,是云存储系统下的一项应用。而云存储本身,又是云计算技术发展而来的一项应用。作为一种互联网存储工具,它通过互联网为企业和个人提供信息的储存、读取、下载等服务,具有安全稳定、海量存储的特点。云盘相对于传统的实体磁盘来说,更方便,用户不需要把储存重要资料的实体磁盘带在身上,却一样可以通过互联网,轻松从云端读取自己所存储的信息。比较知名而且好用的云盘服务商有百度云盘、腾讯微云、115 网盘、苹果 iCloud 等。

5.4.5　网络信息检索

使用 Internet 就是为了方便搜索需要的信息,Internet 提供了海量信息,为了寻找需要的信息,就需要借助搜索工具进行搜索。所谓搜索引擎(Search Engines),就是软件开发商制作的供 Internet 用户进行信息分类检索的一个索引表,它包括信息搜集、信息整理和用户查询三部分。搜索引擎的出现,为日常生活、教育、科研等提供了巨大便利。

1.常用的搜索引擎

全球最大的搜索引擎公司是谷歌。目前国内常用的全文搜索引擎包括百度、360 搜索、sogou 搜索等。此外,新浪、搜狐、网易等大型网站也都提供了自己的分类搜索引擎。如果从事科研工作,国内的中国知网和国外的 IEEE 数据库是我们经常检索文献的站点。

中国知网,是国家知识基础设施(National Knowledge Infrastructure,NKI)的概念,由世界银行于 1998 年提出。CNKI 工程是以实现全社会知识资源传播共享与增值利用为目标的信息化建设项目,由清华大学、清华同方发起,始建于 1999 年 6 月。目前已成为世界上全文信息量规模最大的"CNKI 数字图书馆",并正式启动建设《中国知识资源总库》及 CNKI 网格资源共享平台,通过产业化运作,为全社会知识资源的高效共享提供了最丰富的知识资源信息库,同时也是知识传播与数字化学习的大型平台。

2.搜索引擎的使用技巧

每个搜索引擎都有自己的查询方法,只有熟练地掌握才能将搜索运用自如。不同的搜索引擎提供的查询方法不完全相同,要想具体了解,可以到各个网站中去查询,但有一些通用的查询方法,各个搜索引擎基本上都具有。

(1)精确匹配搜索

给要查询的关键词加上英文输入法状态下的双引号(""),可以实现精确查询,搜索引擎会将查询的关键词作为一个整体进行搜索,要求查询结果精确匹配。

例如,在搜索引擎的文本框中输入"""中国著名画家"""(不包括外层双引号),那么得到的网页中包括"中国著名画家"这个关键词的网址,而不会返回诸如"中国画家""著名画家""中国著名书画家"之类的网页,如图 5-35 所示。

图 5-35　使用双引号功能查询

(2)搜索指定网站

在查询的关键词后添加:空格 site:网站域名,可以使搜索范围限定在指定的网站内。网站域名就是你要查询的资料或信息来源网站,注意不包括网站网址中的 www 部分,这里的冒号为英文冒号。

例如,在搜索引擎的文本框中输入"奖学金 site: hifa. edu. cn"(不包括双引号),那么得到来自湖北美术学院网站内的网页,而不会返回其他网站的相关网页,如图 5-36 所示。

(3)搜索指定格式文件

在查询的关键词词后添加:空格 filetype:xx,xx 为文件格式(例如 doc、xls、ppt 等)。冒号为英文符号。

例如,在搜索引擎的文本框中输入"计算机辅助设计教学大纲 filetype: doc",那么搜索结果只会返回 doc 这种文件格式,如图 5-37 所示。

图 5-36　搜索指定网站

图 5-37　搜索指定格式文件

(4)搜索限定范围的 URL

在查询的关键词后添加：空格 inurl：xx，如果是多个限定词就添加：allinurl：xx xx。这里的 xx 是 URL 所包括的查询词，冒号是英文符号。

例如，在搜索引擎的文本框中输入"落户 inurl：gov"（不包括双引号），那么得到的网页的网址中一定包含 gov 这个词，搜索的结果就是与"落户"有关的政府部门网站内容，如图 5-38 所示。

图 5-38 搜索限定范围的 URL

3. 图片搜索

随着人工智能和图形识别技术的不断进步，许多搜索引擎除了可以使用文字作为查询的关键词之外，还推出了通过上传图片到搜索引擎来搜索相似图片的功能，也就是通常所说的以图搜图。下面介绍几个常见的使用图片搜索相似图片的网站。

百度识图：shitu. baidu. com（百度图片：image. baidu. com 也具有相同的功能）。

搜狗图片：pic. sogou. com。

360 识图：st. so. com。

例如，将一幅花朵图片拖拽或上传到百度识图的搜索栏，搜索可得到相似图片，如图 5-39 所示。

图 5-39 百度识图搜索结果

5.4.6　云计算服务

云计算这一概念是 2006 年 8 月,Google 首席执行官埃里克·施密特在搜索引擎大会上首次提出的。在互联网高速发展的今天,用户所需的计算量和数据存储量日趋变大。在这样的用户需求背景下,利用互联网高速的传输能力,将传统的由 PC 或服务器实现数据存储与处理转变为由互联网上的计算机集群来完成已是大势所趋。云计算就是这类方式的典型应用之一。

所谓云是对网络及互联网的一种比喻。过去在网络结构示意图通常使用云来表示电信网络,随后也用来抽象表示互联网和底层基础设施,如图 5-40 所示。云计算是从刚开始的网络计算、分布式计算、各个集群、网格计算等发展而来的。它是一种通过互联网提供动态可伸缩的虚拟化资源服务的计算模式,并按用户对资源的使用量计费。

图 5-40　云计算示意图

云计算平台连接了大量并发的网络计算和服务,利用虚拟化技术将每台服务器的性能扩展,云计算平台将服务器资源整合,最终可以提供超强的计算和存储能力。因此,云计算甚至可以让用户体验每秒 10 万亿次的运算能力,拥有这么强大的计算能力可以预测气候变化和市场发展趋势。用户通过电脑、笔记本、手机等方式接入云计算服务提供商的数据中心,按自己的需求进行运算。

5.4.7　物联网

物联网(Internet of Things)是一个基于互联网、传统电信网等信息承载体,让所有能够被独立寻址的普通物理对象实现互联互通的网络。简单说来就是"物物相连"的网络。它具有普通对象设备化、自治终端互联化和普适服务智能化三个重要特征。

物联网应用中包含三项关键性技术,分别是传感器技术、RFID 标签和嵌入式系统技术。可以用一个形象的例子来描述传感器、嵌入式系统在物联网中的位置与作用。例如把人体比作物联网,传感器就相当于人的眼睛、鼻子、皮肤等感官能感知外部信息,而网络就像人的神经系统可以传递信息,嵌入式系统则是人的大脑,可对接收到的信息进行分析处理。

如今物联网的应用相当广泛,包括智能家居、智能交通、智能医疗、智能电网、智能物流、智能农业、智能安防、智慧城市、智能建筑、智能汽车、环境监测、照明管控、食品溯源等多个领域。

其中,智能家居已经成为各国物联网企业全力抢占的制高点。智能家居是利用先进的计算机技术、物联网技术和通信技术,将与家居生活的各种子系统有机地结合起来,通过统筹管理,实现网络远程控制、遥控器控制、触摸开关控制、自动报警和自动定时等功能,使得家居生活更舒适、方便和安全。智能家居系统如图 5-41 所示。

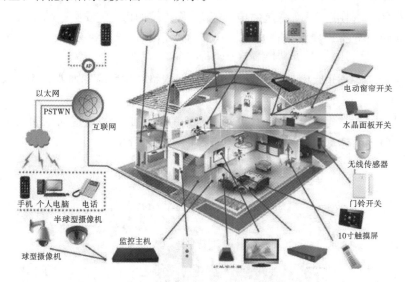

图 5-41 智能家居系统示意图

5.5 信息安全与知识产权

5.5.1 计算机病毒

计算机病毒的定义有很多种,目前采用的是 1994 年发布的《中华人民共和国计算机信息系统安全保护条例》第 28 条的定义:计算机病毒是指编制或者在计算机程序中插入的破坏计算机功能或者毁坏数据,影响计算机使用,并能够自我复制的一组计算机指令或者程序代码。

1.计算机病毒的特性

计算机病毒能在计算机系统中驻留、执行、繁殖和传播,它具有与生物学中病毒类似的传染性、寄生性、潜伏性、隐蔽性、破坏性、可触发性、针对性和不可预见性等特征。

(1)传染性,即计算机病毒能够将自身代码主动复制到其他文件或存储区域中,这个过程不需要人为干预。

(2)寄生性,即计算机病毒不是单独完整的程序,它往往是一段程序代码,附着在其他程序中,就像生物界的寄生现象,被寄生的程序叫宿主或病毒载体。

(3)潜伏性,计算机病毒为了让影响最大化,往往不会传染后立即发作,而是潜伏一定的时间,在这段时间内,计算机病毒只完成复制传染,而计算机用户可能并不知道已经传染了病毒。潜伏期越长的病毒传播的范围越广,也意味着可能造成破坏的范围越大。

(4)隐蔽性,即计算机病毒代码会采用一些技术手段来防止被发现、被删除,具有很强的隐蔽性。有的可以通过病毒软件检查出来,有的根本就查不出来,有的时隐时现、变化无常,这类病毒处理起来通常很困难。

(5)破坏性,这是计算机病毒的一个基本特性,计算机病毒代码往往会设置一个发作机制,或特定时间,或是使用者的某个操作行为。当病毒发作的时候,或是删除文件,或是影响正常使用,或是毁坏主板上的 BIOS,或是窃取私密信息,也有恶作剧式病毒,仅仅播放一首歌曲来宣告自己的存在。

(6)可触发性,病毒因某个事件或数值的出现,实施感染或进行攻击的特征。

(7)针对性,一种计算机病毒并不感染所有的计算机系统和计算机程序。有的病毒感染 Windows 操作系统,但不感染 Linux 操作系统;有的病毒感染扩展名为 com 或 exe 的可执行文件;有的感染非可执行文件。

(8)不可预见性,不同种类的病毒,他们的代码千差万别,目前的软件种类极其丰富,有的正常程序也使用了类似病毒的操作,甚至借鉴了某些病毒的技术。

2. 计算机病毒的危害

计算机病毒的危害主要包括以下几个方面:

(1)破坏计算机系统或用户数据,其方法有:改写引导区、目录区数据甚至 CMOS 数据,使计算机无法正常工作;删除或改写用户文件,格式化磁盘,损毁系统和用户数据,造成无法估量的间接损失。

(2)抢占系统资源,其方法有:占用计算机内存空间,使计算机因为没有足够的内存而导致运行速度减慢;产生大量垃圾文件占用磁盘存储空间;占用 CPU 资源,让计算机不断运行病毒代码,使计算机无法正常工作或速度减慢;占用计算机中断资源,使计算机无法正常运行;占用网络带宽,阻塞网络,使网络系统瘫痪。

(3)让计算机外设工作失常,例如改变键盘扫描码,让键盘失效;改变显示器或打印机输出,使用户无法正常使用。

计算机病毒的危害根据病毒不同、攻击的对象不同、感染方式不同、发作机制不同,造成的影响也不一样。例如 1988 年暴发的蠕虫病毒,造成整个美国地区网络瘫痪,直接经济损失达 9600 万美元;1996 年暴发的宏病毒,专门感染 Office 文档;1999 年 4 月暴发的 CIH 病毒,是第一个计算机硬件病毒,直接攻击主板上的 BIOS ROM 芯片,导致主板 BIOS 损坏,使计算机无法启动,造成巨大损失;2006 年 12 月在我国爆发的熊猫烧香病毒,除了让被感染的文件图标变成熊猫图案以外,还阻止杀毒软件的运行,甚至还有盗取用户信息功能,被感染的用户数达百万。

3.计算机病毒的分类

根据人们多年对计算机病毒的研究,按照不同的体系可对计算机病毒的作如下分类:

(1)按感染区域分类

引导型病毒,即在计算机主板上的 BIOS 启动后立即运行的病毒。它改写引导原有操作系统的指令,转而先执行病毒指令,然后再引导执行操作系统指令。这种病毒隐藏在磁盘的引导扇区,会造成计算机运行不正常或无法启动。

操作系统病毒,这种病毒用自己的代码替换掉操作系统的部分代码,当计算机启动操作系统时,也执行了病毒代码。会造成系统运行不正常或系统瘫痪。

文件型病毒,感染特定类型的文件,例如 com、exe 等可执行文件,一旦执行带毒的文件,病毒就驻留在内存中。由于操作系统中有很多此类文件,大多数文件型病毒在系统启动时就驻留内存,一方面占用内存,减慢系统运行速度,另一方面对发现的所有同类型文件进行感染。

混合型病毒,指同时具有以上几种病毒寄生感染方式的病毒,其感染能力和危害性更大。

（2）按被感染的操作系统分类

DOS病毒，早期DOS操作系统上传播的病毒，出现时间早，传播时间长，种类繁多。

Windows病毒，在Windows操作系统上传播的病毒，因为Windows操作系统的广泛使用，所以当前大部分病毒都是此类病毒。

Linux病毒/Unix病毒，在Linux或Unix操作系统上传播的病毒，因为这两种系统使用较少，所以病毒也较少，随着使用范围的扩大，病毒种类和数量也在急剧增加。

（3）按计算机病毒的危害性分类

恶性病毒，在计算机病毒发作时对计算机系统进行的破坏非常严重，例如系统不能正常运行或无法启动，文件毁坏或数据被篡改，磁盘被格式化，甚至毁坏计算机。造成的损失无法估量。

恶作剧式病毒，在发作时只是宣告它的存在，并不对计算机软硬件设备和数据资料进行损毁。但是即便是恶作剧式病毒，它也会驻留和占用内存、占用磁盘存储空间、占用CPU资源，造成系统资源减少，影响系统运行。

（4）按病毒的传播方式分类

单机型，不具有网络传播能力，只通过各种存储介质，例如光盘、U盘和磁盘来传播病毒。

网络型，具有网络传播能力，能通过网络自动传播。由于现在计算机网络的广泛使用，使不具备网络能力的单机病毒也具有了"网络传播"能力，而这种传播实际上是使用者在网络上随意上传和下载非法软件和不明文档造成的。

（5）按病毒的发作机制分类

随机型，计算机病毒的发作时间被定为随机发作，或者当计算机用户执行某个特殊的操作时激活计算机病毒，计算机病毒开始执行破坏性代码，对计算机造成危害。

定时型，计算机病毒设定了统一的发作时间，到某个时候染毒的计算机一起发病，例如黑色星期五病毒，只在日期是13日且当天为星期五的时候激发病毒的破坏性代码，对计算机造成危害。

（6）按病毒的链接方式分类

源码型，计算机病毒代码由高级语言编写，当程序编写者编译自己的程序时，将病毒源代码插入到准备编译的源程序中，使编译后的可执行文件带毒。

嵌入型，将病毒代码嵌入到程序中，成为程序的一部分。

外壳型，将病毒代码插入到文件的头部或尾部，不影响文件本身的代码，执行该文件的时候也执行了计算机病毒。

随着计算机技术的不断发展，计算机病毒技术也在逐步提高，新的复合型病毒不断涌现，例如脚本病毒、多态病毒、手机病毒等。

计算机病毒的命名按其形态及特征命名。按照病毒发作时的显示形态命名，例如蠕虫病毒，发作时在屏幕上出现一条由字符组成的毛毛虫图像，一行一行地爬过并吃掉屏幕上的字符，吃完后死机。熊猫烧香病毒，发作时很多文件的图标变成熊猫的图案。有按隐藏和损坏的区域命名，例如引导区病毒隐藏在磁盘引导区。分配表病毒，发作时损坏文件分配表的内容，使计算机无法正常工作。也有按发作的特定时间命名，例如黑色星期五病毒，只在日期是13日恰好又是星期五时发作。圣诞节病毒，只在圣诞节发作。按病毒代码的特征字符串命名，例如CIH病毒。按照病毒代码的字节长度命名，例如1024病毒。也有按照病毒的发源地命名，例如合肥2号。

4. 计算机病毒的预防措施

计算机病毒及反病毒程序是两种以软件编程技术为基础的技术，它们的发展是交替进行的。因此，对计算机病毒以预防为主，防止病毒的入侵要比病毒入侵后再去发现和排除要重要得多。

(1) 安装最新的杀毒软件，每天升级杀毒软件病毒库，定时对计算机进行病毒查杀，上网时要开启杀毒软件的全部监控。培养良好的上网习惯，例如对不明邮件及附件慎重打开，不要浏览带有病毒的网站，尽可能使用较为复杂的密码，猜测简单密码是许多网络病毒攻击系统的一种新方式。常用的杀毒软件有《腾讯电脑管家》、《360 安全卫士》、《瑞星》、《金山新毒霸》等。

(2) 安装防火墙，防火墙是指设置在不同网络(例如可信任的企业内部网，或不可信任的公共网络，或网络安全区域)之间的一系列组建的组合。它可通过监测、限制、更改跨越防火墙的数据流，尽可能地对外部屏蔽内部网络的信息、结构和运行状况，以此来实现网络的安全防护。

在逻辑上防火墙是一个分离器，也是一个限制器和分析器，它有效地监控了内部网和 Internet 之间的任何活动，保证了内部网络的安全。内部、外部网络之间的所有网络数据流都必须经过防火墙，只有符合安全策略的数据流才能通过防火墙。防火墙自身具有非常强的抗攻击能力，常用的防火墙有 Windows 防火墙、天网防火墙和卡巴斯基防火墙等。

(3) 不要执行从网络下载后未经杀毒处理的软件，不要随便浏览或登录陌生的网站，加强自我保护。现在有很多非法网站被潜入恶意的代码，一旦被用户浏览，即会被植入木马或其他病毒。

(4) 培养自觉的信息安全意识，在使用移动存储设备时，尽可能不要共享这些设备，因为移动存储也是计算机病毒进行传播的主要途径和攻击的主要目标，在对信息安全要求比较高的场所，应将电脑上面的 USB 接口封闭，同时，有条件的情况下应该做到专机专用。

(5) 用 Windows Update 功能更新系统补丁，同时将应用软件升级到最新版本，避免病毒以网页木马的方式入侵到系统中或者通过其他应用软件漏洞来进行病毒的传播。将受到病毒侵害的计算机进行尽快隔离，在使用计算机的过程，若发现电脑上存在有病毒或者是计算机异常时，应该及时中断网络。当发现计算机网络一直中断或者网络异常时，立即中断网络，以免病毒在网络中传播。

5.5.2　网络安全

网络安全是指网络系统的硬件、软件及其系统中的数据受到保护，不因偶然的或者恶意的原因而遭受到破坏、更改、泄露，系统连续可靠正常地运行，网络服务不中断。

1. 网络安全的主要隐患

(1) Internet 是一个开放的、无控制机构的网络，黑客(Hacker)经常会侵入网络中的计算机系统，或窃取机密数据，或破坏重要数据，或使系统功能得不到充分发挥直至瘫痪。

(2) Internet 的数据传输是基于 TCP/IP 通信协议进行的，这些协议缺乏使传输过程中的信息不被窃取的安全措施。

(3) Internet 上的通信业务多数使用 Unix 操作系统来支持，Unix 操作系统中存在的安全问题会直接影响网络安全服务。

(4) 电子邮件存在着被拆看、误投和伪造的可能性。使用电子邮件来传输重要机密信息会存在着很大的危险。

(5) 计算机病毒通过 Internet 的传播给网络用户带来极大的危害，病毒可以使计算机和计算机网络系统瘫痪、数据崩溃和文件丢失。网络上的病毒可以通过公共匿名 FTP 文件传送、也可以通过邮件和邮件的附加文件传播。

2.解决方案

(1)入侵检测系统部署

入侵检测能力是衡量一个防御体系是否完整有效的重要因素,强大完整的入侵检测体系可以弥补防火墙防御的不足。对来自外部网和内部网的各种行为进行实时检测,及时发现各种可能的攻击企图,并采取相应的措施。具体来讲,就是将入侵检测引擎接入中心交换机上。入侵检测系统集入侵检测、网络管理和网络监视功能于一身,能实时捕获内外网之间传输的所有数据,利用内置的攻击特征库,使用模式匹配和智能分析的方法,检测网络上发生的入侵行为和异常现象,并在数据库中记录有关事件,作为网络管理员事后分析的依据。如果情况严重,系统可以发出实时报警,使得学校管理员能够及时采取应对措施。

(2)漏洞扫描系统

采用先进的漏洞扫描系统定期对工作站、服务器、交换机等设备进行安全检查,并根据检查结果向系统管理员提供详细可靠的安全性分析报告,为提高网络安全整体水平提供重要依据。

(3)网络版防毒产品部署

网络防病毒方案中,我们最终要达到一个目的:要在整个局域网内杜绝病毒的感染、传播和发作,为了实现这一点,我们应该在整个网络内可能感染和传播病毒的地方采取相应的防病毒手段。同时为了有效、快捷地实施和管理整个网络的防病毒体系,应能实现远程安装、智能升级、远程报警、集中管理、分布查杀等多种功能。

5.5.3　知识产权保护

1.知识产权的定义和特点

知识产权是指人们就其智力劳动成果所依法享有的专有权利,通常是国家赋予创造者对其智力成果在一定时期内享有的专有权或独占权。

知识产权具有如下特点:

(1)知识产权是一种无形财产,在某些方面类似于物权中的所有权。例如对客体为直接支配的权利,可以使用、收益、处分以及为他种支配(但不发生占有问题);具有排他性;具有移转性(包括继承)等。

(2)知识产权具备专有性的特点,即独占性或垄断性。除权利人同意或法律规定外,权利人以外的任何人不得享有或使用该项权利。这表明权利人独占或垄断的专有权利受严格保护,不受他人侵犯。只有通过强制许可、征用等法律程序,才能变更权利人的专有权。知识产权的客体是人的智力成果,既不是人身或人格,也不是外界的有体物或无体物,所以既不能属于人格权也不属于财产权。另一方面,知识产权是一个完整的权利,只是作为权利内容的利益兼具经济性与非经济性,因此也不能把知识产权说成是两类权利的结合。知识产权是一种内容较为复杂(多种权能),具经济的和非经济的两方面性质的权利。因而,知识产权应该与人格权、财产权并立而自成一类。

(3)知识产权具备时间性的特点,即只在规定期限保护。即法律对各项权利的保护,都规定有一定的有效期,各国法律对保护期限的长短可能一致,也可能不完全相同,只有参加国际协定或进行国际申请时,才对某项权利有统一的保护期限。

(4)知识产权具备地域性的特点,即只在所确认和保护的地域内有效;即除签有国际公约或双边互惠协定外,经一国法律所保护的某项权利只在该国范围内发生法律效力。所以知识产权既具有地域性,在一定条件下又具有国际性。

(5)大部分知识产权的获得需要法定的程序,例如商标权的获得需要经过登记注册。

知识产权虽然是私权,虽然法律也承认其具有排他的独占性,但因人的智力成果具有高度的公共性,与社会文化和产业的发展有密切关系,不宜为任何人长期独占,所以法律对知识产权规定了很多限制。

2. 知识产权保护的作用

随着社会发展,创新型社会的提出,新技术不断地涌现,对知识产权的保护愈发重要。为了保障智力投资的成果,提高智力投资的积极性,知识产权保护起到很大的作用,它的重要性越来越突出。

(1)为智力成果完成人的权益提供了法律保障,调动了人们从事科学技术研究和文学艺术作品创作的积极性和创造性。

(2)为智力成果的推广应用和传播提供了法律机制,为智力成果转化为生产力,运用到生产建设上去,产生了巨大的社会效益和经济效益。

(3)为国际经济技术贸易和文化艺术的交流提供了法律准则,促进人类文明进步和经济发展。

(4)知识产权法律制度作为现代民商法的重要组成部分,对完善中国法律体系,建设法治国家具有重大意义。

1893 年,据《保护工业产权巴黎公约》成立的国际局与据《保护文学艺术作品伯尔尼公约》成立的国际局联合起来,组成了国际知识产权保护联合局。1967 年在斯德哥尔摩成立了世界知识产权组织,1974 年成为联合国专门机构之一。它的宗旨是通过国际合作与其他国际组织进行协作,以促进在全世界范围内保护知识产权,以及保证各知识产权同盟间的行政合作。中国已在 1980 年 3 月 3 日参加了世界知识产权组织,同年 6 月 3 日成为该组织的正式成员国。

5.5.4　信息系统国家法规与网络道德

1. 信息系统国家法规

自 1994 年我国颁布第一部有关信息安全的行政法规《中华人民共和国计算机信息系统安全保护条例》以来,伴随信息技术特别是互联网技术的飞速发展,我国在信息安全领域的法制建设工作取得了令人瞩目的成绩,涉及信息安全的法律法规体系已经基本形成。我国信息网络安全立法体系框架分为法律、行政法规、各部门与地方性法规、规范性文件四个层面。

2. 网络道德

在信息技术日新月异发展的今天,人们无时无刻不在享受着信息技术给人们带来的便利与好处。然而随着信息技术的深入发展和广泛应用,网络中已出现许多不容回避的道德与法律的问题。面对计算机网络发展迅猛,相关的法律法规还没有形成系统,有很多法律法规范围以外的空间。因此,在我们充分利用网络提供的历史机遇的同时,自觉抵御其负面效应,大力进行网络道德建设已刻不容缓。网络道德问题主要体现在以下几个方面:

(1)滥用网络,未经核实的或不正确的信息在网络上传播给其他用户带来错误信息,造成误解,影响学习、工作效率,严重的造成社会恐慌。

(2)网络充斥不健康信息,人们会受到不良思想影响,特别是青少年,判别能力相对较弱,容易误入歧途。

(3)网络犯罪,利用网络非法地获取利益。

(4)网络病毒,任意制造和传播病毒,给社会带来危害。

(5)信息垃圾,为了个人和小团体利益,制造垃圾信息广泛传播,例如各类广告和虚假信息。

网络道德缺失的危害性主要表现在,利用网络的虚拟性、隐蔽性和无约束性,使犯罪者存在侥幸心理和放纵心理。这也是计算机犯罪愈演愈烈的主要原因。实际上,网络道德缺失已经不是一种简单的错误行为,而是道德意识畸形发展的具体反映,这种行为从某种程度上反映出了人们心理上的诸多问题,极具危害性。例如网络诈骗,利用虚拟环境制造虚假身份进行诈骗,很多网友没有认识到虚假身份的危害性,只是好奇和幻想,最后受到损失甚至受到伤害。

面对网络道德缺失的网络环境可以通过以下两个方面解决:

(1)完善网络管理技术,从技术层面杜绝网络道德缺失的行为。

(2)完善法律法规建设和网络道德规范体系,让道德缺失的行为受到全社会的监管和法律的严惩,让道德缺失的行为有所顾忌。

计算机网络道德规范大致可以包括以下内容:

(1)不应该用计算机去伤害他人。

(2)不应干扰别人的计算机工作。

(3)不应窥探别人的文件。

(4)不应用计算机进行偷窃。

(5)不应用计算机作伪证。

(6)不应使用或拷贝非法获取的软件。

(7)不应未经许可而使用别人的计算机资源。

(8)不应盗用别人的智力成果。

(9)应该考虑你所编的程序的社会后果。

(10)应该以深思熟虑和慎重的方式来使用计算机。

(11)为社会和人类做出贡献。

(12)避免伤害他人。

(13)要诚实可靠。

(14)要公正并且不采取歧视性行为。

(15)尊重包括版权和专利在内的著作权。

(16)尊重知识产权。

(17)尊重他人的隐私。

(18)保守他人秘密。

在当前网络虚拟空间里,还没有建立起标准的道德规范和行为准则,也没有系统的相关法律法规,相应的监管也很缺乏,只有认清网络虚拟社会的事实,才能保持清醒的头脑,趋利避害,正确使用网络,让网络为我所用。

习题 5

一、单选题

1.计算机网络最突出的优点是(   )。

A.计算精度高   B.运算速度快   C.存储容量大   D.共享资源

2. 下列选项中正确的 IP 地址是(　　　)。

A. 202.18.21　　　　　　　　　　　　B. www.hifa.edu.cn

C. 202.266.18.21　　　　　　　　　　D. 202.201.18.21

3. 计算机病毒是一种(　　　)。

A. 生物病毒　　　　　　　　　　　　B. 计算机部件

C. 游戏软件　　　　　　　　　　　　D. 特殊的有破坏性的计算机程序

4. 电子邮件地址由两个部分组成,即:用户名@(　　　),例如 lym@sina.com。

A. 文件名　　　　B. 域名　　　　C. 匿名　　　　D. 设备名

5. 主机域名 www.hifa.edu.cn 由四个子域组成,其中(　　　)子域是最高层次域。

A. www　　　　B. hifa　　　　C. edu　　　　D. cn

6. (　　　)主要作用是将数据包从一个网段转发到另外一个网段。

A. 交换机　　　　B. 网卡　　　　C. 网关　　　　D. 中继器

7. Internet 上的基础协议是(　　　)协议。

A. IPX　　　　B. WINS　　　　C. TCP/IP　　　　D. DNS

8. (　　　)协议,可以使网络环境中的主机动态的获得 IP 地址、网关地址、DNS 服务器地址等信息。

A. SMTP　　　　B. POP3　　　　C. DHCP　　　　D. HTTP

9. 计算机病毒的特征不包括(　　　)。

A. 潜伏性　　　　B. 传染性　　　　C. 破坏性　　　　D. 免疫性

10. FTP 是(　　　)。

A. 超文本标识语言　　B. 超文本文件　　C. 文件传输协议　　D. 超文本传输协议

11. 在浏览器地址栏中输入网址,最前面出现的 HTTP 是(　　　)。

A. 文件传输协议　　B. 超文本传输协议　　C. 超文本标记语言　　D. 超文本

12. 如果想搜索来自湖北美术学院网站内包括"奖学金"的网页,可以在搜索引擎的文本框中输入(　　　)。

A. 奖学金 url:hifa.edu.cn　　　　　　B. 奖学金 site:hifa.edu.cn

C. 奖学金 http:hifa.edu.cn　　　　　　D. 奖学金 filetype:hifa.edu.cn

二、填空题

1. 计算机网络包括资源子网和＿＿＿＿子网。

2. IP 地址由网络地址和＿＿＿＿两部分组成。

3. 局域网常见拓扑结构有:总线型结构、环形结构、＿＿＿＿结构和树形结构。

4. 网络按照地理覆盖范围可以分成＿＿＿＿、城域网和广域网。

5. ＿＿＿＿是只能在局域网内部使用的 IP 地址,无法在 Internet 上使用。

6. 使用＿＿＿＿可以为整个 Internet 范围内的每个文档给定一个唯一识别的标识。

三、简答题

1. 什么是计算机网络? 按照覆盖范围划分,实验室机房构建的网络属于哪一种?

2. 什么是云计算? 云计算具有哪些特点?

3. 什么是计算机病毒? 为了防范计算机病毒,我们在日常使用计算机时,应采取哪些措施?

4. 请简述防火墙与杀毒软件的区别。

第6章　计算机辅助设计

随着计算机技术的迅猛发展,计算机辅助设计作为现代设计方法及手段的综合体现被广泛应用于建筑设计、电子和电气、科学研究、机械设计、软件开发、机器人、服装业、出版业、工厂自动化、土木建筑、地质、计算机艺术等领域,并已成为提高产品与工程设计水平、缩短产品开发周期、增强产品市场竞争力、提高劳动生产率的重要手段。

6.1　计算机辅助设计概论

计算机辅助设计(Computer Aided Design,CAD)指利用计算机软件、硬件辅助设计人员对产品或工程进行设计、分析、修改以及交互式显示输出的一种方法及手段,是一项多学科的综合性应用技术。

6.1.1　计算机辅助设计的发展历程

CAD技术的核心和基础是计算机图形处理技术,因此,CAD技术的发展与计算机图形学的发展密切相关,并伴随计算机及其外部设备的发展而发展。计算机图形学(Computer Graphics,CG)是研究通过计算机将数据转换成图形,并在专用设备上显示的原理、方法和技术的学科。计算机图形学是一门独立的学科,具有丰富的技术内涵,其有关图形处理的理论和方法构成了CAD技术的重要理论基础。纵观CAD技术的发展历程,主要经历了下述主要发展阶段。

20世纪50年代,计算机辅助设计在美国诞生第一台计算机绘图系统,开始出现具有简单绘图输出功能的被动式的计算机辅助设计技术。60年代初期出现了CAD的曲面片技术,中期推出商品化的计算机绘图设备。70年代,完整的CAD系统开始形成,后期出现了能产生逼真图形的光栅扫描显示器,推出了手动游标、图形输入板等多种形式的图形输入设备,促进了CAD技术的发展。

80年代,随着超大规模集成电路制成的微处理器和存储器件的出现,工程工作站问世,CAD技术在中小型企业逐步普及。80年代中期以来,CAD技术向标准化、集成化、智能化方向发展。一些标准的图形接口软件和图形功能相继推出,为CAD技术的推广、软件的移植和数据共享起了重要的促进作用;系统构造由过去的单一功能变成综合功能,出现了计算机辅助设计与辅助制造联成一体的计算机集成制造系统;固化技术、网络技术、多处理机和并行处理技术在CAD中的应用,极大地提高了CAD系统的性能;人工智能和专家系统技术引入CAD,出现了智能CAD技术,使CAD系统的问题求解能力大为增强,设计过程更趋自动化。

20世纪90年代以来,CAD的造型技术不断完善,广泛采用了特征造型和基于约束的参数化和变量化造型方法,并向能将线框、表面、实体模型统一表示的非流形形体造型发展。随着信息技术的发展,CAD技术也由过去的单机或局部分布式联网工作方式向基于网络的设计发展,且支持协同工作的概念设计。同时,计算机技术的飞速发展,也为CAD技术的应用提供了强大的硬件支持环境。

6.1.2　计算机辅助设计的发展趋势

随着 CAD 技术的不断发展,未来的 CAD 技术将为新产品的设计提供一个综合性的环境支持系统,它能全面支持异地的、数字化的、采用不同设计原理与方法的设计工作。近年来,先进制造技术的快速发展带动了先进设计技术的发展,使传统的 CAD 技术有了很大的发展,CAD 技术经历着由传统技术向现代技术的转变。为此,清华大学的童秉枢等教授提出了"现代 CAD 技术"这一概念。"现代 CAD 技术"是指在复杂的系统下,支持产品自动化设计的设计理论、设计方法、设计环境和设计工具各相关技术的总称,它们能使设计工作实现集成化、网络化、智能化和标准化,达到提高产品设计质量和缩短设计周期的目的,这也是 CAD 技术未来发展的方向。

6.1.3　计算机辅助设计的特点

CAD 技术具有以下特点:

1. CAD 技术是多学科的综合性应用技术

经过近 50 年的不断发展和完善,CAD 技术已由初期单一的图形交互处理功能转化为综合性的、技术复杂的系统工程,所涉及的学科领域在不断扩大,是多学科相互交融、综合应用的产物,并逐渐向集成化、网络化和智能化发展。CAD 技术主要涉及的学科领域包括计算机科学、计算机图形学、计算数学、工程分析技术、数据管理及数据交换技术、软件工程技术、网络技术、人机工程、人工智能技术、多媒体技术及文档处理技术等。

2. CAD 技术是现代设计方法和手段的综合体现

设计是一项复杂的创造性工作。人们一直在探索各种设计理论,以期利用它们来有效地指导实际的设计工作。基于计算机的先进设计理论与方法集中体现在 CAD 技术。CAD 技术涵盖了现代产品设计的主要设计活动,其中包括传统的几何造型设计、工程分析以及目前广泛研究的支持协同工作的概念设计和基于 Web 的设计等。

3. CAD 技术是人类创造性思维活动同计算机系统的有机融合

随着基于计算机的先进设计理论与方法的不断发展,CAD 系统的智能化程度也会越来越高。但任何智能化的 CAD 系统都只是辅助设计工具,均离不开使用者的创造性思维活动和主导控制,将人的创造性思维能力、综合分析和逻辑判断能力与 CAD 系统强大的数据、图形以及文档处理能力结合起来,才能使 CAD 技术发挥出巨大作用。

6.2　AutoCAD 绘图

AutoCAD(Autodesk Computer Aided Design)是 Autodesk(欧特克)公司于 1982 年开发的自动计算机辅助设计软件,用于二维绘图、设计文档和基本三维设计,现已经成为国际上广为流行的绘图工具。AutoCAD 具有良好的用户界面,通过交互菜单或命令行方式便可以进行各种操作。它的多文档设计环境,让非计算机专业人员也能很快地学会使用。在不断实践的过程中更好地掌握它的各种应用和开发技巧,从而不断提高工作效率。AutoCAD 具有广泛的适应性,它可以在各种操作系统支持的微型计算机和工作站上运行。

6.2.1 AutoCAD 的主要功能

本节内容的讲解以 AutoCAD 2018 版为基础。AutoCAD 2018 版具有以下主要功能：

1. 二维绘图与编辑功能

能够方便地创建出各种基本二维图形对象，例如点、直线、射线、构造线、圆、圆环、圆弧、椭圆、矩形、正多边形、样条曲线、多线、多段线、螺旋线、修订云线等。此外，AutoCAD 2018 还提供了为封闭区域填充图案、创建面域、查询图形信息等功能。

AutoCAD 2018 提供的二维编辑功能有删除、移动、复制、镜像、阵列、延伸、修剪、缩放、旋转、拉伸、倒角与圆角、合并与分解、偏移等。将绘图命令与编辑命令结合使用，可使用户迅速、准确地绘制出各种复杂图形。

2. 文字与表格功能

利用 AutoCAD 2018 可以为图形标注文字，例如技术要求、装配说明等。使用表格功能可以创建不同类型的表格，还可以在其他软件中复制表格，以简化及美观制图操作。AutoCAD 2018 还允许用户设置文字样式，以便使用不同的字体、大小等设置标注文字。

3. 尺寸标注功能

利用 AutoCAD 2018 能够为已有图形对象标注各种形式的尺寸；可以设置尺寸标注样式，以满足不同行业对尺寸标注样式的要求；可以随时更改已有标注值或标注样式；可以实现关联标注，即将标注尺寸与被标注对象建立关联。一旦建立了关联，已有图形对象的大小改变后，所标注尺寸也会发生相应的变化。

4. 块与外部参照功能

利用 AutoCAD 2018 可以在设计产品时将相同或相似的内容以块的形式直接插入，例如机械制图中的标题栏，建筑图中的门窗等。也可以将这些内容转换为外部参照文件进行共享。从而避免重复绘制大量相同或相似的内容，有效地利用本机、本地或整个网络的图纸资源，提高了绘图速度和绘图的准确性，并节省了大量内存空间。

5. 三维绘图与编辑功能

AutoCAD 2018 允许用户创建各种形式的基本曲面模型和实体模型。其中，可创建的曲面模型包括长方体表面、棱锥面、楔体表面、球面、圆锥面、圆环面、旋转曲面、平移曲面、直纹曲面、复杂网格面等。可以创建的基本实体模型有长方体、球体、圆柱体、圆锥体、楔体、圆环体等。还可以通过对二维几何图形进行拉伸、扫掠、放样和旋转来创建曲面和三维实体。

AutoCAD 2018 中提供了四种三维建模类型，即线框、曲面、实体和网格。线框模型方式为一种轮廓模型，它由三维的直线和曲线组成，没有面和体的特征，可用作三维线框，以进行后续的建模或修改；曲面模型用面描述三维对象，它不仅定义了三维对象的边界，而且还定义了表面，即具有面的特征，通过曲面建模，可精确地控制曲面，从而能对其进行精确的操纵和分析；实体模型不仅具有线和面的特征，而且还具有体的特征，各实体对象间可以进行各种布尔运算操作，从而创建复杂的三维实体图形。网格建模提供了自由形式的雕刻、锐化和平滑处理功能，网格模型用多边形来定义三维形状的顶点、边和面。与实体模型不同，网格没有质量特性。但是，与三维实体一样，也可以创建长方体、圆锥体和棱锥体等图元网格形状。

AutoCAD 2018 中的大部分二维编辑命令适用于三维图形的操作。另外，AutoCAD 2018

还提供了专门用于三维编辑的功能,例如三维移动、三维旋转、三维镜像、三维阵列;对实体模型的边、面以及体进行编辑;对三维实体进行布尔操作,以得到复杂实体模型;通过实体模型还能够直接生成二维多视图等。

6. 观察与渲染三维图形

AutoCAD 2018 可以方便地以多种方式放大或缩小所绘的图形。对于三维图形,可以改变观察视点,以便从不同方向显示图形;也可以将绘图区域分成多个视区,从而能够在各个视区中从不同方位显示同一图形。对于曲面模型或实体模型,可以对它们应用视觉样式以消隐、着色或渲染方式显示。还可以设置渲染时的光源、场景、材质、背景等。此外,AutoCAD 2018提供三维动态观察器和导航工具,可以围绕三维模型进行动态观察、回旋、漫游和飞行,为指定视图设置相机以及创建动画以便与其他人共享设计。

7. 绘图实用工具

AutoCAD 2018 可以方便地设置绘图图层、线型、线宽、颜色。可通过各种形式的绘图辅助工具设置绘图方式,以提高绘图效率与准确性。利用特性窗口可以方便地编辑所选择对象的特性。利用标准文件功能,可以对诸如图层、文字样式、线型这样的命名对象定义标准的设置,以保证同一单位、部门、行业以及合作伙伴在所绘图形中对这些命名对象设置的一致性。利用图层转换器能够将当前图形图层的名称和特性转换成已有图形或标准文件,将不符合本部门图层设置要求的图形进行快速转换。AutoCAD 2018 设计中心提供了一个直观、高效且与 Windows 资源管理器相类似的工具。利用此工具,用户能够对图形文件进行浏览、查找以及管理有关设计内容等方面的操作。

8. 数据库管理功能

AutoCAD 2018 可以将图形对象与外部数据库中的数据进行关联,而这些数据库是由独立于 AutoCAD 的其他数据库应用程序(例如 Access、Oracle、SQL Server 等)建立的。

9. Internet 功能

AutoCAD 2018 提供了强大的 Internet 工具,使设计者之间能够共享资源和信息。即使用户不熟悉 HTML 语言,利用 AutoCAD 2018 的帮助向导也可以方便、迅速地创建格式化的Web 网页。利用电子传递功能,能够把 AutoCAD 图形及其相关文件压缩成 ZIP 文件或自解压的可执行文件,然后可以将其以单个数据包的形式传送给客户、工作组成员或其他有关人员。利用超链接功能,能够将 AutoCAD 图形对象与其他对象(例如文档、数据表格、动画、声音等)建立链接。此外,AutoCAD 2018 还提供一种安全、适宜于在 Internet 上发布的文件格式——DWF 格式。利用 Autodesk 公司提供的 WHIP4 插件便可在浏览器上浏览这种格式的图形。

10. 图形的输入、输出功能

AutoCAD 2018 不仅允许将所绘图形以不同样式通过绘图仪或打印机输出,还能够将不同格式的图形导入 AutoCAD 或将 AutoCAD 图形以其他格式输出。AutoCAD 2018不仅支持 AutoCAD 图形发布输出为 PDF 文件,还支持将 PDF 数据输入到 AutoCAD 当前图形中。利用 AutoCAD 2018 的布局功能,可以将同一三维图形设置成不同的打印设置(例如不同的图纸、不同的视图配置、不同打印比例等),以满足用户的不同需求。

11. 允许用户二次开发

作为通用 CAD 绘图软件包,AutoCAD 2018 提供了开放的平台,允许用户对其进行二次开发,以满足专业设计要求。AutoCAD 2018 允许用 Visual LISP、VBA、Object ARX 和 . NET

API 等多种工具对其进行开发。

6.2.2 AutoCAD 应用基础

1. AutoCAD 2018 启动与界面

（1）AutoCAD 2018 的启动

AutoCAD 2018 的启动与其他应用程序一样，有多种途径来实现。用户可以在电脑桌面上双击 AutoCAD 2018 的快捷图标启动 AutoCAD 2018。单击图标后开始运行软件，显示 AutoCAD 2018 软件界面。界面包括了解和创建两大部分。了解面板中提供新增功能视频与快速入门视频给用户观看学习。创建面板中的快速入门中包括新建文件、打开文件、打开图纸集、联机获取更多样板、了解样例图形等选项。最近使用的文档中显示最近使用过的文件，以便快速找到要使用的文件。

（2）界面组成

AutoAutoCAD 2018 软件界面由标题栏、菜单栏、状态栏、绘图区、命令栏等组成。标题栏显示软件名称和当前图形文件名。单击右上侧按钮可将软件窗口最大化、最小化和关闭，如图 6-1 所示。

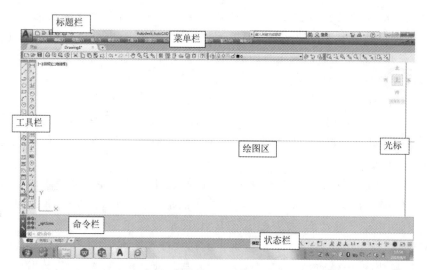

图 6-1　AutoCAD 2018 软件界面

菜单栏：菜单操作是 Windows 操作系统的基本特点之一。AutoCAD 2018 可通过单击软件左上方软件图标右侧的小三角符号显示自定义快速工具栏，单击其中的隐藏菜单栏控制菜单的显示和隐藏。CAD 菜单栏在软件界面上方，鼠标单击其中的某一选项，弹出下拉菜单，显示出各子选项。鼠标指针移动到需要的选项处，单击激活该命令。CAD 菜单栏包括文件、编辑、视图、插入、格式、工具、绘图、标注、修改、参数、窗口、帮助选项，如图 6-2 所示。

工具栏：CAD 工具栏是图标化的命令，将同类的命令整合成不同的命令组。命令组可通过鼠标单击菜单栏下工具栏中的 AutoCAD 命令调出或关闭。CAD 工具栏包括 CAD 标准、修改、绘图、图层等，用户可根据需要调出常用的工具栏放在操作界面上以便使用。

根据用户的使用习惯将不同的命令组放置在软件界面的左侧、右侧或上方，各操作命令用

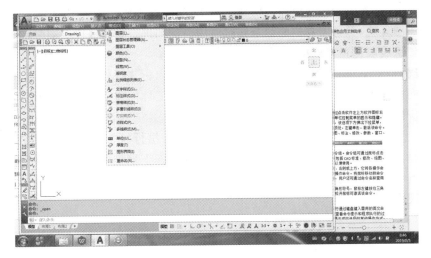

图 6-2　菜单栏

不同的图标表示,用鼠标左键单击需要的图标则激活该操作命令。将鼠标移动到命令图标处稍作停留,图标侧方会显示该命令的名称和功能,用户还可通过命令名称查询详细的信息,如图 6-3 所示。

图 6-3　工具栏

工具栏中的某些命令包含下级命令,在该图标的右下方三角形符号,鼠标左键按住三角符号不动可显示下级命令,鼠标移动到需要的下级命令处,松开鼠标可激活该命令。

命令栏:命令栏处于软件界面的下方,是一个可固定的窗口,在命令栏通过键盘输入需用的英文命令或英文简化命令,使用键盘的 Enter 键激活命令,也可以查看命令提示和程序执行的过程与信息。当命令处于执行过程中,命令栏显示下一步操作提示或可选择的其他操作方式,用户根据命令栏的提示执行命令,直到命令结束,图 6-4 所示。在命令执行过程中如需退出可按键盘 Esc 键。

图 6-4　命令栏

绘图区:AutoCAD 2018 界面上,中间最大的区域为绘图区,也称为视图窗口。用户通过激活各项命令进行命令操作,配合鼠标在绘图区绘制和编辑图形,并在该区域显示操作结果。相对用户的观察和操作来说屏幕绘图区大小固定,相对实际图形所在的绘图区来说绘图区没有边界,可通过无限放大、缩小和平移命令显示图形。

绘图区左下方有 UCS 图标,通过 UCSICON 可以激活 UCS 命令。UCS 坐标有二维坐标和三维坐标。二维坐标显示 X、Y 轴坐标,不显示 Z 轴,即表示在 X、Y 轴的平面上绘制图形。

状态栏:状态栏显示光标位置、绘图工具以及会影响绘图环境的工具。状态栏提供对某些最常用的绘图工具的快速访问,例如栅格、捕捉、正交、极轴追踪等。通过单击状态栏下方的命令图标激活该命令,当图标为灰色时表明命令关闭,当图标为蓝色时表明命令在使用中。状态栏命令改变绘图环境,可与工具栏的命令同时使用。例如进行一组线段绘制时,激活对象捕捉命令可以使该组线段达到首位精确相接的目的。

光标:光标是 CAD 绘图的重要组成部分,光标通过鼠标来操作。AutoCAD 2018 中,光标在界面的不同区呈现不同的形式、执行不同的功能。在工具栏和菜单栏区光标呈箭头形式,可通过单击相应的选项激活命令。在命令栏光标呈文字输入模式,提示命令输入。在绘图区光标呈十字型,十字中心有一小方框,此时软件处于非命令执行状态,小方框区域内是图形对象有效选择区。当执行命令中,光标呈十字型或小方框型。十字型光标提示在绘图区绘制或须指定具体的点,小方框提示选择目标对象进行操作。

2.图形操作

(1)新建

菜单栏:文件→新建

工具栏:标准→新建

系统弹出选择样板对话框,对话框中有各种 CAD 样板供用户选择使用。系统会生成默认文件名,用户也可以编辑新文件名。打开后的小三角下拉菜单中包括"打开""无样板打开—英制"和"无样板打开—公制"三种选项。用户可根据自己的需要选择打开样板。

(2)打开

菜单栏:文件→打开

工具栏:标准→打开

命令栏:OPEN

激活打开命令,显示"选择文件"对话框。单击"查找范围"右侧的小三角选择查找文件的位置。在"名称"窗口选择查找的文件,在"预览"窗口中显示该文件的预览图。"文件名"窗口中显示该文件的文件名,"文件类型"窗口中显示该文件类型。单击右侧打开图标打开图形如图 6-5 所示。

图 6-5 "选择文件"对话框

（3）保存

菜单栏：文件→保存

工具栏：标准→保存

命令栏：QSAVE

激活保存命令后，如果当前图形已经命名，系统会将图形的改变保存到文件中。如果当前图形没有命名，系统会弹出"图形另存为"对话框。用户可以在"文件名"处输入新的文件名，单击"文件类型"选框后方的小三角选择文件保存类型和版本。

在"保存于"的框中显示文件将要保存的位置，用户可以通过单击右侧小三角下拉菜单另外指定文件保存的地址，如图 6-6 所示。

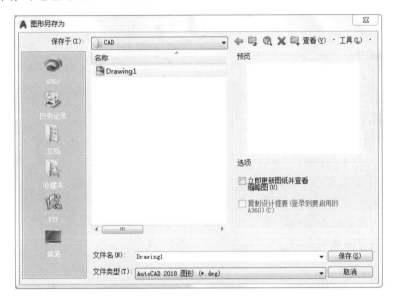

图 6-6　"图形另存为"对话框

（4）保存为

菜单栏：文件→另存为

命令栏：SAVEAS

激活另存为命令后，显示图形另存为对话框。用户在"文件名"处输入一个区别于当前文件的新文件名，单击"文件类型"右侧小三角选择文件保存的类型和版本。在"保存于"的框中显示文件将要保存的位置，用户可以通过单击右侧小三角下拉菜单另外指定文件保存的地址。

（5）关闭

菜单：文件→退出

命令：CLOSE

激活关闭命令，CAD 将关闭当前图形。如文件已经保存，该文件会直接关闭，如该文件修改过而没有保存，系统会显示 AutoCAD 命令面板，提示是否将改动保存到该文件，用户可通过选择"是""否"与"取消"操作命令。单击"是"将出现图形另存为对话框，其操作见"保存"的命令详解。选择"否"将不保存修改直接关闭文件，选择取消则取消执行该命令。

（6）帮助

菜单：帮助→帮助

命令：HELP

激活帮助命令,调出 AutoCAD 2018 帮助面板。CAD 中提供在线帮助功能,用户可随时调用 CAD 的帮助文件来查询相关信息,用户在面板的窗口中输入查询的关键词查询相关信息。

(7)退出

菜单栏:文件→退出

命令栏:QUIT

单击标题栏右侧的退出图标。退出 AutoCAD 绘图软件。

6.2.3　AutoCAD 辅助功能

1.图形界限

【命令执行】

命令栏:LIMITS

下拉菜单:格式→图形界限

【操作步骤】

LIMITS,ENTER。

重新设置模型空间界限:

LIMITS 指定左下角点或［开(ON)关(OFF)］＜0,0＞:0,0,ENTER。

LIMITS 指定右上角点＜42000,29700＞:42000,29700,ENTER。

【命令解说】

开:打开绘图界限检查功能。

关:关闭绘图界限检查功能。

2.图形单位

【命令执行】

命令栏:UNITS

下拉菜单:格式→单位

图形单位对话框如图 6-7 所示。

图 6-7　"图形单位"对话框

【命令解说】

(1)长度

类型：设置测量单位的当前格式，选择"小数"。

精度：设置线性测量值显示的小数位数或分数大小，选择"0"。

（2）角度

类型：设置当前角度格式，选择十进制度数。

精度：设置当前角度显示的精度，选择"0"。

顺时针：以顺时针方向计算正的角度值。

（3）插入时的缩放单位

用于缩放插入内容的单位：控制插入到当前图形中的块和图形的测量单位，选择"毫米"。

3．图层

【命令执行】

命令栏：LAYER

下拉菜单：格式→图层

工具栏：LAYER

图层特性管理器如图 6-8 所示：

图 6-8　图层特性管理器

【命令解说】

新建图层：创建新图层。

在所有视口中都被冻结的新图层视口：创建新图层，然后在所有现有布局视口中将其冻结。

删除图层：删除选定图层。

置为当前：将选定图层设定为当前图层。

状态：显示图层状态，打钩图层表示该图层为当前图层。

名称：全局更改整个图形中的图层名，单击图层名可以更改图层名称。

开：打开或关闭整个图形中的图层，单击图标可控制打开或关闭图层。

冻结：冻结或解冻整个图形中的图层，单击图标可控制冻结或解冻图层。

锁定：全局锁定或解锁整个图形中的图层，单击图标可控制锁定或解锁图层。

颜色：更改整个图形中的颜色，单击图标显示选择颜色管理器。

线型：更改整个图形中的线型，单击图标显示选择线型管理器。

线宽：更改整个图形中的线宽，单击图标显示线宽管理器。

透明度：更改整个图形的透明度，显示图层透明度管理器。

打印样式：更改整个图形的打印样式。

打印：确定整个图形中的图层是否均可打印，单击图标可控制可打印或不可打印图层。

新视口冻结:视口冻结新创建视口中的图层,单击图标可控制冻结或不冻结视口中的图层。

说明:更改整个图形中的说明。

单击"颜色",显示"选择颜色"管理器,如图6-9所示。

颜色:指定颜色名称,BYLAYER和BYBLOCK的颜色,或一个1~255之间的AutoCAD颜色索引编号。

单击"线宽",显示"线宽"管理器,如图6-10所示。

线宽:显示要应用的可用线宽,可用线宽由图形中常用的固定值组成。

单击"线型",显示"选择线型"管理器,如图6-11所示。

已加载的线型:包括线型、外观和说明。面板中显示当前图形中已加载的线型列表。

加载:显示加载或重载对话框。从中可以将选中的线型加载到图形中并将其添加到线列表,如图6-12所示。

单击"透明度",显示"图层透明度"管理器。

透明度值在0~90之间。

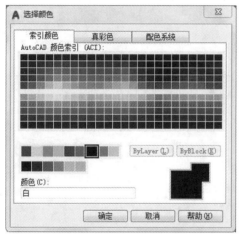
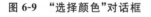

图6-9　"选择颜色"对话框　　　　　　图6-10　"线宽"对话框

图6-11　"选择线型"对话框　　　　　图6-12　"加载或重载线型"对话框

4. 栅格

【命令执行】

命令栏:GRID

单击栅格图标打开或关闭栅格。

右键单击栅格图标,显示图形栅格编辑器,如图6-13所示。

图 6-13　栅格选项

【命令解说】

(1)"捕捉和栅格"选项卡

启用栅格:通过在复选框中打钩和不打钩控制打开或关闭栅格功能。

(2)栅格间距

栅格 X 轴间距:指定 X 方向的栅格间距,默认 10。

栅格 Y 轴间距:指定 Y 方向的栅格间距,默认 10。

每条主线之间的栅格数:指定主栅格线相对于次栅格线的频率,默认 5。

5.栅格捕捉

【命令执行】

命令栏:SNAPMODE

单击栅格捕捉图标打开或关闭栅格捕捉。右键单击栅格图标,显示草图设置编辑器,如图 6-14所示。

图 6-14　"捕捉和栅格"选项卡

【命令解说】

单击"捕捉和栅格"选项卡。

(1)"捕捉和栅格"选项卡

启用捕捉:通过在复选框中打钩和不打钩控制打开或关闭栅格捕捉功能。

(2)捕捉间距

捕捉 X 轴间距:指定 X 方向的捕捉间距,间距值为正数。

捕捉 Y 轴间距:指定 Y 方向的捕捉间距,间距值为正数。

X 轴间距和 Y 轴间距相等:为捕捉间距和栅格间距强制使用同一 X 和 Y 间距值。捕间距可以与栅格间距不同。在复选框中打钩控制使用同一间距值或不同间距值。

(3)极轴间距

极轴距离:选定"捕捉类型和样式"下的"POLARSNAP"时,设定捕捉增量距离。

(4)捕捉类型

栅格捕捉:设定栅格捕捉类型。

矩形捕捉:设定矩形捕捉模式。

等轴测捕捉:设定等轴测捕捉模式。

POLARSNAP:设定"POLARSNAP"模式。启用"捕捉"模式并在极轴追踪打开的情况下指定点,光标将沿着"极轴追踪"选项卡上相对极轴追踪起点设置的极轴对齐角度进行捕捉。

6.对象捕捉

【命令执行】

命令栏:OSNAP

单击对象捕捉图标打开或关闭对象捕捉。右键单击栅格图标,显示草图设置编辑器,如图6-15所示。

图 6-15 "对象捕捉"选项卡

【命令解说】

单击"对象捕捉"选项卡。

启用对象捕捉:打开或关闭执行对象捕捉,通过复选框中打钩进行控制。

　　启用对象捕捉追踪：打开或关闭对象捕捉追踪。

　　端点：捕捉到对象（例如圆弧、直线、多线、多段线线段、样条曲线、面域或三维对象）的最近端点或角。

　　中点：捕捉到对象（例如圆弧、椭圆、直线、多段线线段、面域、样条曲线、构造线或三维对象的边）的中点。

　　圆心：捕捉到圆弧、圆、椭圆或椭圆弧的中心点。

　　几何中心：捕捉到多段线、二维多段线和二维样条曲线的几何中心点。

　　节点：捕捉到点对象、标注定义点或标注文字原点。

　　象限点：捕捉到圆弧、圆、椭圆或椭圆弧的象限点。

　　交点：捕捉到对象（例如圆弧、圆、椭圆、直线、多段线、射线、面域、样条曲线或构造线）的交点。

　　延长线：当光标经过对象的端点时，显示临时延长线或圆弧，以便用户在延长线或圆弧上指定点。

　　插入点：捕捉到对象（例如属性、块或文字）的插入点。

　　垂足：捕捉到对象（例如圆弧、圆、椭圆、椭圆弧、直线、多线、多段线、射线、面域、三维实体、样条曲线或构造线）的垂足。

　　切点：捕捉到圆弧、圆、椭圆、椭圆弧和样条曲线的切点。

　　最近点：捕捉到对象（例如圆弧、圆、椭圆、椭圆弧、直线、点、多段线、射线、样条曲线或构造线）的最近点。

　　外观交点：捕捉在三维空间中不相交但在当前视图中看起来可能相交的两个对象的视觉交点。

　　平行线：将直线段、多段线线段、射线或构造线限制为与其他线性对象平行。

　　7. 正交

　　【命令执行】

　　命令行：ORTHOMODE

　　单击图 6-16 中的"█"按钮，打开正交绘图模式，约束光标在水平方向或垂直方向上移动。

图 6-16　绘图辅助工具栏

6.2.4　AutoCAD 绘图命令

　　1. 直线

　　直线（LINE）是 AutoCAD 中最基础的命令。LINE 命令用于绘制二维直线段，通过确定直线的起点和端点形成直线。直线可以通过鼠标确定点的位置或通过键盘输入线端点的坐标来确定直线。

　　【命令执行】

　　命令栏：LINE

　　下拉菜单：绘图→直线

　　工具栏：LINE

　　【操作步骤】

命令:L ,回车键。

指定第一点:用鼠标在绘图区点取或键盘输入点坐标确定线段起点。

指定下一点或[放弃(U)]:用鼠标在绘图区点取,或键盘输入点坐标确定线段端点。

指定下一点或[放弃(U)]:用鼠标在绘图区点取,或键盘输入点坐标确定下一线段端点。

指定下一点或[闭合(C)/放弃(U)]:用鼠标在绘图区点取,或键盘输入点坐标确定下一线段端点,或键盘输入 C,闭合图形,回车键结束命令。

【选项说明】

放弃:放弃有线段。

闭合:闭合图形。

案例 1 如图 6-17 所示。

LINE,回车键。

键盘输入:绘图区键入一点(点 2)。

键盘输入:300,0(点 3)。

键盘输入:0,200(点 4)。

键盘输入:-300,0(点 1)。

键盘输入:0,-200,回车键。

案例 2 如图 6-18 所示。

LINE,回车键。

键盘输入:绘图区输入一点(点 1)。

键盘输入:0,-100(点 2)。

键盘输入:300,0(点 3)。

键盘输入:0,200(点 4)。

键盘输入:-250,0(点 5)。

键盘输入:C。

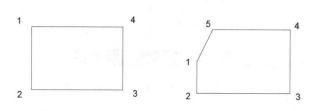

图 6-17　绘制矩形　　　　6-18　绘制闭合多线段图形

2.矩形

矩形命令通过确定矩形对角线上的两个点来绘制,该命令可以绘制常规矩形,还可以绘制倒角和圆角矩形。

【命令执行】

命令栏:RECTANG

下拉菜单:绘图→矩形

工具栏:RECTANG

【操作步骤】

RECTANG,回车键。

RECTANG 指定第一个角点或［倒角（C）标高（E）圆角（F）厚度（T）宽度（W）］:指定第一个角点。

RECTANG 指定另一个角点或［面积（A）尺寸（D）旋转（R）］:指定另一个角点。

【选项说明】

倒角:指定矩形的倒角距离,第一个和第二个。

标高:指定矩形的标高。

圆角:指定矩形的圆角半径。

厚度:指定矩形的厚度。

宽度:指定矩形的线宽。

面积:根据输入的矩形面积和长度（或者宽度）绘制矩形。

尺寸:根据输入的长度和宽度绘制矩形。

旋转:指定矩形的旋转角度。

案例 1 如图 6-19 所示。

RECTANG,回车键。

RECTANG 指定第一个角点或［倒角（C）标高（E）圆角（F）厚度（T）宽度（W）］:F,回车键。

RECTANG 指定矩形的圆角半径＜0＞:50。

RECTANG 指定第一个角点或［倒角（C）标高（E）圆角（F）厚度（T）宽度（W）］:选取第一角点。

RECTANG 指定另一个角点或［面积（A）尺寸（D）旋转（R）］:指定另一个角点。

案例 2 如图 6-20 所示。

RECTANG,回车键。

RECTANG 指定第一个角点或［倒角（C）标高（E）圆角（F）厚度（T）宽度（W）］:W,回车键。

RECTANG 指定矩形的线宽＜0＞:10。

RECTANG 指定第一个角点或［倒角（C）标高（E）圆角（F）厚度（T）宽度（W）］:C,回车键。

RECTANG 指定第一个倒角距离＜50＞:回车键。

RECTANG 指定第二个倒角距离＜50＞:100,回车键。

RECTANG 指定第一个角点或［倒角（C）标高（E）圆角（F）厚度（T）宽度（W）］:选取第一角点。

RECTANG 指定另一个角点或［面积（A）尺寸（D）旋转（R）］:指定另一个角点。

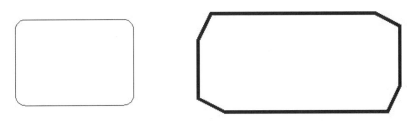

图 6-19　绘制圆角矩形　　　　　　图 6-20　绘制倒角矩形

3.圆

圆是 CAD 中的基础命令之一,圆可由圆心、半径、直径、切点来确定。用户可以根据不同的已知条件,选择合适的已知条件绘制所需的图形。

【命令执行】

命令栏：CIRCLE

下拉菜单：绘图→圆

工具栏：CIRCLE

【操作步骤】

命令：CIRCLE，回车键。

CIRCLE 指定圆的圆心或[三点(3P)两点(2P)切点、切点、半径(T)]：指定圆心坐标。

CIRCLE 指定圆的半径或[直径(D)]：指定半径。

【选项说明】

圆心、半径(R)：指定圆心，指定半径，绘制圆。

圆心、直径(D)：指定圆心，指定直径，绘制圆。

三点(3P)：用指定的三点绘制圆，三点为圆周上的三点。

两点(2P)：用指定的两点绘制圆，两点为圆直径的两个端点。

切点、切点、半径(T)：切点为其他两个相切对象上的切点，半径为本圆的半径，三点确定圆。

相切、相切、相切：切点为其他三个相切对象上的切点，三点确定圆。

案例 1 如图 6-21 所示。

CIRCLE，回车键。

CIRCLE 指定圆的圆心或[三点(3P)两点(2P)切点、切点、半径(T)]：绘图区点取一点。

CIRCLE 指定圆的半径或[直径(D)]：100，回车键。

案例 2 如图 6-22 所示。

CIRCLE，回车键。

CIRCLE 指定圆的圆心或[三点(3P)两点(2P)切点、切点、半径(T)]：T。

CIRCLE 指定对象与圆的第一个切点：绘图区选取第一个相切图形的切点 1。

CIRCLE 指定对象与圆的第二个切点：绘图区选取第二个相切图形的切点 2。

CIRCLE 指定圆的半径<100>：80，回车键。

案例 3 如图 6-23 所示。

CIRCLE，回车键。

CIRCLE 指定圆的圆心或[三点(3P)两点(2P)切点、切点、半径(T)]：T。

CIRCLE 指定对象与圆的第一个切点：指定对象与圆的第一个切点 3。

CIRCLE 指定对象与圆的第二个切点：指定对象与圆的第一个切点 4。

CIRCLE 指定圆的半径<100>：180，回车键。

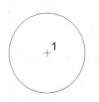　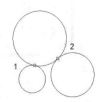　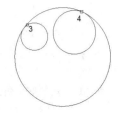

图 6-21　绘制圆　　　　图 6-22　绘制相切圆 1　　　　图 6-23　绘制相切圆 2

4.圆弧

　　圆弧是工程图中常用图形,圆弧是圆的一部分,也可以通过圆弧命令直接绘制。圆弧命令可通过圆心、起点、端点、长度、方向、半径等参数绘制圆弧。AutoCAD 2018 提供多种绘制圆弧的方式,根据工程图的不同条件选择合适的参数绘制圆弧。

【命令执行】

命令栏:ARC

　下拉菜单:绘图→圆弧

　工具栏:ARC

【操作步骤】

命令:ARC,回车键。

ARC 指定圆弧的起点或[圆心(C)]:指定圆弧起点坐标。

ARC 指定圆弧的第二点或[圆心(C)端点(E)]:指定圆弧第二点坐标。

ARC 指定圆弧的端点:指定圆弧的端点。

【选项说明】

三点(P):指定圆弧的起点、终点与圆弧上任意点绘制圆弧。

起点:指定圆弧起点。

圆心:指定圆弧圆心。

长度:指定圆弧长度。

角度:指定圆弧角度。

方向:指定圆弧起点相切的方向绘制圆弧。

半径:指定圆弧半径。

案例如图 6-24 所示。

ARC,回车键。

ARC 指定圆弧的起点或[圆心(C)]:指定圆弧起点 1。

ARC 指定圆弧的第二个点或[圆心(C)端点(E)]:指定点 2。

ARC 指定圆弧的端点:拾取点 3。

案例 2 如图 6-25 所示。

ARC,回车键。

ARC 指定圆弧的起点或[圆心(C)]:指定圆弧起点 1。

ARC 指定圆弧的第二个点或[圆心(C)端点(E)]:C,回车键。

ARC 指定圆弧的圆心:指定圆弧圆心点 2。

ARC 指定圆弧的端点(按住 Ctrl 键以切换方向)或[角度(A)弧长(L)]:点取端点 3。

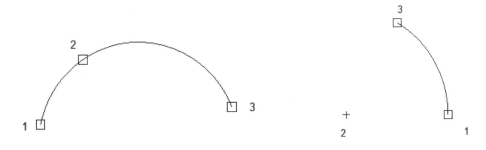

图 6-24　绘制圆弧 1　　　　　　　　　　　図 6-25　绘制圆弧 2

5.椭圆

椭圆是圆的变形,椭圆有长轴和短轴。通过指定椭圆的圆心、长短轴绘制椭圆。椭圆弧是椭圆的一部分。

【命令执行】

命令栏:ELLIPSE

下拉菜单:绘图→椭圆

工具栏:ELLIPSE

【操作步骤】

ELLIPSE,回车键。

ELLIPSE 指定椭圆的轴端点或[圆弧(A)中心点(C)]:指定轴第一个端点。

ELLIPSE 指定轴的另一个端点:指定轴的第二个端点。

ELLIPSE 指定另一条半轴长度或[旋转(R)]:指定另一个轴的半径长度,完成绘制。

【选项说明】

圆弧:创建椭圆弧。

中心点:指定椭圆的中心点。

旋转:通过绕长轴旋转的角度绘制椭圆。

参数:指定端点的参数。

角度:指定端点的角度。

案例 1 如图 6-26 所示。

ELLIPSE,回车键。

ELLIPSE 指定椭圆的轴端点或[圆弧(A)中心点(C)]:指定点 1。

ELLIPSE 指定轴的另一个端点:键入 600,指定点 2。

ELLIPSE 指定另一条半轴长度为[旋转(R)]:键入 150,指定点 3,回车键。

案例 2 如图 6-27 所示。

ELLIPSE,回车键。

ELLIPSE 指定椭圆的轴端点或[圆弧(A)中心点(C)]:C,回车键。

ELLIPSE 指定椭圆的中心点:指定椭圆的中心点 1。

ELLIPSE 指定轴的端点:键入 300,指定点 2。

ELLIPSE 指定另一条半轴长度或[旋转(R)]:键入 100,指定点 3。

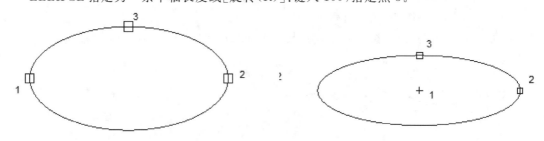

图 6-26　绘制椭圆 1　　　　　　　　　　　　　　　图 6-27　绘制椭圆 2

6.多边形

多边形命令可以创建等边闭合多段线,输入需要的边数,指定内切或外切捕捉圆的边。

【命令执行】

命令栏：POLYGON

下拉菜单：绘图→多边形

工具栏：POLYGON

【操作步骤】

POLYGON，回车键。

POLYGON 输入侧面数<4>：回车键。

POLYGON 指定正多边形的中心点或[边(E)]：在绘图区指定中心点。

POLYGON 输入选项[内接于圆(I)外接于圆(C)]<I>：回车键。

POLYGON 指定圆的半径：在绘图区指定一点。

【选项说明】

边：指定多边形的一条边，系统按逆时针方向创建正多边形。

案例 1 如图 6-28 所示。

POLYGON 输入侧面数<4>：5，回车键。

POLYGON 指定正多边形的中心点或[边(E)]：在绘图区指定中心点 1。

POLYGON 输入选项[内接于圆(I)外切于圆(C)]<I>：回车键。

指定圆的半径：输入 150，指定点 2。

案例 2 如图 6-29 所示。

POLYGON 输入侧面数<4>：8，回车键。

POLYGON 指定正多边形的中心点或[边(E)]：在绘图区指定中心点 1。

POLYGON 输入选项[内接于圆(I)外切于圆(C)]<I>：C，回车键。

指定圆的半径：输入 150，指定点 3。

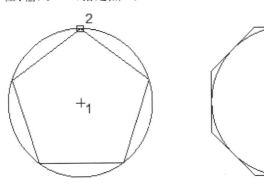

图 6-28　绘制内接多边形　　　　图 6-29　绘制外切多边形

7.多段线

多段线是为单个平面对象创建的相互连接的线段序列。可以连接直线段、圆弧线段或者两者的结合线段。多段线有直线、曲线、宽度、长度等多种类型。

【命令执行】

命令栏：PLINE

下拉菜单：绘图→多段线

工具栏：PLINE

【操作步骤】

PLINE,回车键。

PLINE 指定起点:指定起点。

PLINE 指定下一个点或[圆弧(A)半宽(H)长度(L)放弃(U)宽度(W)]:指定一个点。

PLINE 指定下一个点或[圆弧(A)闭合(C)半宽(H)长度(L)放弃(U)宽度(W)]:指定一个点。

PLINE 指定下一个点或[圆弧(A)闭合(C)半宽(H)长度(L)放弃(U)宽度(W)]:A,回车键。

PLINE[角度(A)圆心(CE)闭合(CL)方向(D)半宽(H)直线(L)半径(R)第二个点(S)放弃(U)宽度(W)]:指定圆弧的端点:指定圆弧端点。

PLINE[角度(A)圆心(CE)闭合(CL)方向(D)半宽(H)直线(L)半径(R)第二个点(S)放弃(U)宽度(W)]:指定圆弧的端点:指定圆弧端点。

PLINE[角度(A)圆心(CE)闭合(CL)方向(D)半宽(H)直线(L)半径(R)第二个点(S)放弃(U)宽度(W)]:L,回车键

PLINE 指定下一个点或[圆弧(A)闭合(C)半宽(H)长度(L)放弃(U)宽度(W)]:指定一个点。

PLINE 指定下一个点或[圆弧(A)闭合(C)半宽(H)长度(L)放弃(U)宽度(W)]:C,回车键。

【选项说明】

圆弧:指定圆弧的端点。

闭合:闭合图形。

半宽:指定线的半宽,包括起点半宽和端点半宽。

长度:指定直线的长度。

放弃:返回上一步。

宽度:指定线的宽度,包括起点宽度和端点宽度。

角度:指定圆弧的夹角。

圆心:指定圆弧的圆心。

方向:指定圆弧的起点切向。

直线:指定直线的下一个点。

半径:指定圆弧的半径。

第二个点:指定圆弧上的第二个点。

案例1图6-30所示。

PLINE,回车键。

PLINE 指定起点:指定点1。

PLINE 指定下一个点或[圆弧(A)半宽(H)长度(L)放弃(U)宽度(W)]:W,回车键。

PLINE 指定起点宽度<0>:50,回车键。

PLINE 指定端点宽度<50>:回车键。

PLINE 指定下一个点或[圆弧(A)半宽(H)长度(L)放弃(U)宽度(W)]:键入200,指定点2,回车键。

PLINE 指定下一个点或[圆弧(A)闭合(C)半宽(H)长度(L)放弃(U)宽度(W)]:W,回车键。

PLINE 指定起点宽度<50>:100,回车键。

PLINE 指定端点宽度<50>:0,回车键。

PLINE 指定下一个点或[圆弧(A)闭合(C)半宽(H)长度(L)放弃(U)宽度(W)]:键入 200,指定点 3,回车键。

案例 2 如图 6-31 所示。

PLINE,回车键。

PLINE 指定起点:指定点 1。

PLINE 指定下一个点或[圆弧(A)半宽(H)长度(L)放弃(U)宽度(W)]:W,回车键。

PLINE 指定起点宽度<0>:0。

PLINE 指定端点宽度<50>:0。

PLINE 指定下一个点或[圆弧(A)半宽(H)长度(L)放弃(U)宽度(W)]:键入 300,指定点 2,回车键。

PLINE 指定下一个点或[圆弧(A)闭合(C)半宽(H)长度(L)放弃(U)宽度(W)]:键入 500,指定点 3,回车键。

PLINE 指定下一个点或[圆弧(A)闭合(C)半宽(H)长度(L)放弃(U)宽度(W)]:A,回车键。

PLINE 指[角度(A)圆心(CE)闭合(C)方向(D)半宽(H)直线(L)半径(R)第二个点(S)放弃(U)宽度(W)]:键入 200,指定点 4,回车键。

PLINE 指[角度(A)圆心(CE)闭合(C)方向(D)半宽(H)直线(L)半径(R)第二个点(S)放弃(U)宽度(W)]:键入 400,指定点 5,回车键。

PLINE 指[角度(A)圆心(CE)闭合(C)方向(D)半宽(H)直线(L)半径(R)第二个点(S)放弃(U)宽度(W)]:L,回车键。

PLINE 指定下一个点或[圆弧(A)闭合(C)半宽(H)长度(L)放弃(U)宽度(W)]:键入 500,指定点 6,回车键。

PLINE 指定下一个点或[圆弧(A)闭合(C)半宽(H)长度(L)放弃(U)宽度(W)]:C,回车键。

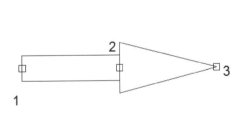

图 6-30　多段线绘制图形 1

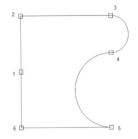

6-31　多段线绘制图形 2

8.样条曲线

样条曲线是通过或接近指定点的平滑曲线。样条曲线通过拟合点或控制点进行定义,单击线条,拖动线条上的夹点可以进行曲线的修改。样条曲线可以用来绘制特殊的曲线对象,是 CAD 中的一项重要的绘制命令。

【命令执行】

命令栏:SPLINE

下拉菜单:绘图→样条曲线

工具栏:SPLINE

【操作步骤】

SPLINE,回车键。

SPLINE 指定第一个点或[方式(M)节点(K)对象(O)]:指定第一个点。

SPLINE 输入下一个点或[起点切向(T)公差(L)]:指定一个点。

SPLINE 输入下一个点或[端点相切(T)公差(L)放弃(U)]:指定一个点。

SPLINE 输入下一个点或[端点相切(T)公差(L)放弃(U)闭合(C)]:C,回车键。

【选项说明】

起点切向:指定起点切向。

端点切向:指定端点切向。

方式:样条曲线创建方式。

案例如图 6-32 所示。

SPLINE,回车键。

SPLINE 指定第一个点或[方式(M)节点(K)对象(O)]:指定点 1 和点 2。

SPLINE 输入下一个点或[起点切向(T)公差(L)]:指定 3 点。

SPLINE 输入下一个点或[端点相切(T)公差(L)放弃(U)]:指定 4 点。

SPLINE 输入下一个点或[端点相切(T)公差(L)放弃(U)闭合(C)]:指定 5 点。

SPLINE 输入下一个点或[端点相切(T)公差(L)放弃(U)闭合(C)]:指定 6 点,回车键。

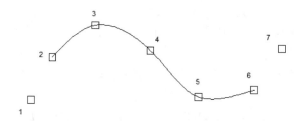

图 6-32　样条曲线

9. 点

【命令执行】

命令栏:POINT

下拉菜单:绘图→点

工具栏:POINT

【操作步骤】

POINT 指定点:指定点。

POINT 指定点:指定点。

POINT 指定点:指定点。

……

POINT 指定点:ESC 结束命令,如图 6-34 所示。

【选项说明】

定数等分:选择要定数等分的对象。

线段数目:输入线段的数目。

块:输入要插入的块。

菜单:"格式"→"点样式"。

显示"点样式"对话框,如图 6-33 所示。

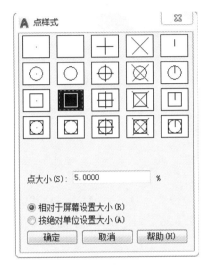

图 6-33　点样式对话框

【命令解说】

点样式:点样式面板中列出当前 CAD 中提供的点样式,用户可以根据需要选择样式。

点大小:可以根据百分比调整点样式的大小。

相对于屏幕设置大小:点的大小根据屏幕的大小调整。

按绝对单位设置大小:点的大小不随屏幕大小的变化而变化。

案例如图 6-35 所示。

DIVIDE,回车键。

DIVIDE 选择要定数等分的对象:点取弧线 1。

DIVIDE 输入线段数目或[块(B)]:5,回车键。

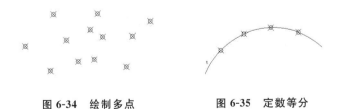

图 6-34　绘制多点　　　　　图 6-35　定数等分

6.2.5　AutoCAD 修改命令

1. 删除

删除对象。

【命令执行】

命令栏:ERASE

下拉菜单:修改→删除

工具栏:ERASE

【操作步骤】

ERASE 选择对象:选择对象,回车键。

2. 复制

指定基点,创建一个或多个复制对象。

【命令执行】

命令栏:COPY

下拉菜单:修改→复制

工具栏:COPY

【操作步骤】

COPY,回车键。

COPY 选择对象:制定对象,回车键。

COPY 指定基点或[位移 (D)模式 (0)多个(M)]＜位移＞:指定基点。

COPY 指定第二个点或[阵列(A)]＜使用第一个点作为位移＞:指定第二个点。

【选项说明】

模式:复制单个或多个。

位移:参照原对象位置位移。

多个:多个复制对象。

阵列:输入要进行阵列的项目数。

布满:指定阵列的最远点。

退出:结束命令。

放弃:放弃上一步命令。

案例如图 6-36、6-37 所示。

COPY 选择对象:选择矩形 1,回车键(图 6-36)。

COPY 指定基点或[位移(D)模式(O)多个(M)]＜位移＞:M,回车键。

COPY 指定基点或[位移(D)模式(O)多个(M)]＜位移＞:指定基点。

COPY 指定第二个点或[阵列(A)]＜使用第一个点作为位移＞:指定点 2。

COPY 指定第二个点或[阵列(A)退出(E)放弃(U)]＜退出＞:指定点 3。

COPY 指定第二个点或[阵列(A)退出(E)放弃(U)]＜退出＞:指定点 4。

COPY 指定第二个点或[阵列(A)退出(E)放弃(U)]＜退出＞:指定点 5。

COPY 指定第二个点或[阵列(A)退出(E)放弃(U)]＜退出＞:指定点 6,回车键(图 6-37)。

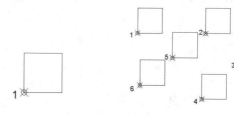

　　　　图 6-36　待复制对象　　　　　　图 6-37　多个复制对象

3.镜像

通过参考线创建对象镜像副本。

【命令执行】

命令栏:MIRROR

下拉菜单:修改→镜像

工具栏:MIRROR

【操作步骤】

MIRROR,回车键。

MIRROR 选择对象:选择对象,回车键。

MIRROR 指定镜像线的第一点:指定镜像第一点。

MIRROR 指定镜像线的第二点:指定镜像第二点。

MIRROR 要删除源对象吗?[是(Y)否(N)]<否 >:回车键。

【选项说明】

是:删除原镜像对象。

否:不删除原镜像对象。

案例 1 如图 6-38 所示。

MIRROR,回车键。

MIRROR 选择对象:选取图形 A,回车键。

MIRROR 指定镜像线的第一点:指定点 1。

MIRROR 指定镜像线的第二点:指定点 2。

MIRROR 要删除源对象吗?[是(Y)否(N)]<否>:回车键。

案例 2 如图 6-39 所示。

MIRROR,回车键。

MIRROR 选择对象:选取图形 A、B,回车键。

MIRROR 指定镜像线的第一点:指定点 1。

MIRROR 指定镜像线的第二点:指定点 2。

MIRROR 要删除源对象吗?[是(Y)否(N)]<否>:N,回车键。

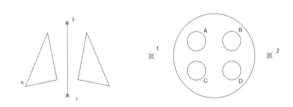

图 6-38　镜像图形 1　　　　图 6-39　镜像图形 2

4.偏移

创建同心圆,平行线或等距曲线。

【命令执行】

命令栏:OFFSET

下拉菜单:修改→偏移

工具栏:OFFSET

【操作步骤】

OFFSET,回车键。

OFFSET 指定偏移距离或[通过(T)删除(E)图层(L)]<1>:回车键。

OFFSET 选择要偏移的对象,或[退出(E)放弃(U)]<退出>:选择要偏移的对象。

OFFSET 指定要偏移的那一侧上的点,或[退出(E)多个(M)放弃(U)]<退出>:在要偏移的一侧单击以偏移对象。

【选项说明】

通过:选择要偏移的对象。

图层:输入偏移对象的图层选项。

多个:多次偏移对象。

案例如图 6-40 所示。

OFFSET,回车。

OFFSET 指定偏移距离或[通过(T)删除(E)图层(L)]<1>:30,回车键。

OFFSET 选择要偏移的对象,或[退出(E)放弃(U)]<退出>:选择图形 A。

OFFSET 指定要偏移的那一侧上的点,或[退出(E)多个(M)放弃(U)]<退出>:M,回车键。

OFFSET 指定要偏移的那一侧上的点,或[退出(E)多个(M)放弃(U)]<下一个对象>:单击要偏移的一侧。

OFFSET 指定要偏移的那一侧上的点,或[退出(E)多个(M)放弃(U)]<下一个对象>:单击要偏移的一侧。

OFFSET 指定要偏移的那一侧上的点,或[退出(E)多个(M)放弃(U)]<下一个对象>:单击要偏移的一侧。

OFFSET 指定要偏移的那一侧上的点,或[退出(E)多个(M)放弃(U)]<下一个对象>:回车键。

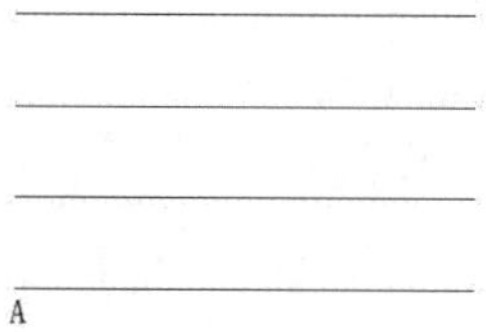

图 6-40　偏移图形

5.矩形阵列

按行、列、间距等信息阵列对象。

【命令执行】

命令栏:ARRAYRECT

下拉菜单:修改→阵列→矩形阵列

工具栏:ARRAYRECT

【操作步骤】

ARRAYRECT,回车键。

ARRAYRECT 选择对象:在屏幕上选择对象,回车键。

ARRAYRECT 选择夹点以编辑阵列或[关联(AS)基点(B)记数(COU)间距(S)列数

(COL)行数(R)层数(L)退出(X)]＜退出＞:回车键。

【选项说明】

关联:创建关联阵列。

基点:指定基点。

记数:输入列数,输入行数。

间距:指定列之间的间距,指定行之间的间距。

列数:输入列数数,输入列数之间的间距。

行数:输入行数数,输入行数之间的间距。

层数:输入层数,输入层之间的间距。

退出:退出阵列命令。

案例如图 6-41 所示。

ARRAYRECT,回车键。

ARRAYRECT 选择对象:选择图形 A,回车键。

选择夹点以编辑阵列或[关联(AS)基点(B)记数(COU)间距(S)列数(COL)行数(R)层数(L)退出(X)]:COL,回车键。

ARRAYRECT 输入列数数或[表达式(E)]＜4＞:5,回车键。

ARRAYRECT 指定列数之间的距离或[总计(T)表达式(E)]＜300＞:回车键。

ARRAYRECT 选择夹点以编辑阵列或[关联(AS)基点(B)记数(COU)间距(S)列数(COL)行数(R)层数(L)退出(X)]:R,回车键。

ARRAYRECT 指定列数之间的距离或[总计(T)表达式(E)]＜450＞:回车键。

ARRAYRECT 指定行数之间的标高增量或[表达式(E)]＜0＞:回车键。

ARRAYRECT 选择夹点以编辑阵列或[关联(AS)基点(B)记数(COU)间距(S)列数(COL)行(R)层数(L)退出(X)]:回车键。

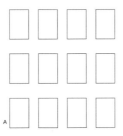

图 6-41　矩阵阵列

6.环形阵列

按圆心、角度和项目等条件阵列对象。

【命令执行】

命令栏:ARRAYPOLAR

下拉菜单:修改→阵列→环形阵列

工具栏:ARRAYPOLAR

【操作步骤】

ARRAYPOLAR,回车键。

ARRAYPOLAR 选择对象:在屏幕绘图区选择对象,回车键。

ARRAYPOLAR 指定阵列的中心点或[基点(B)旋转轴(A)]:在屏幕绘图区指定中心点。

ARRAYPOLAR 选择夹点以编辑阵列或[关联(AS)基点(B)项目(I)项目间角度(A)填充角度(F)行(ROW)层(L)旋转项目(ROT)退出(X)]:回车键。

【选项说明】

关联:创建关联阵列。

基点:指定基点。

项目:输入阵列的项目数,默认为 6。

ARRAYPOLAR 指定项目间的角度,默认为 60。

填充角度:指定填充角度,默认为 360。

行数:输入行数数,指定行数之间的距离,指定行数之间的标高增量。

层数:输入层数,指定层之间的距离。

旋转项目:是否旋转阵列项目。

退出:退出环形阵列命令。

案例如图 6-42 所示。

ARRAYPOLAR,回车键。

ARRAYPOLAR 选择对象:选择图形 A,回车键。

ARRAYPOLAR 指定阵列的中心点或[基点(B)旋转轴(A)]:指定点 1。

ARRAYPOLAR 选择夹点以编辑阵列或[关联(AS)基点(B)项目(I)项目间角度(A)填充角度(F)行(ROW)层(L)旋转项目(ROT)退出(X)]<退出>:I,回车键。

ARRAYPOLAR 输入阵列中的项目数[表达式(E)]<6>:回车键。

ARRAYPOLAR 选择夹点以编辑阵列或[关联(AS)基点(B)项目(I)项目间角度(A)填充角度(F)行(ROW)层(L)旋转项目(ROT)退出(X)]<退出>:回车键。

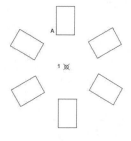

图 6-42　环形阵列

7. 移动

选择对象移动到目标位置。

【命令执行】

命令栏:MOVE

下拉菜单:修改→移动

工具栏:MOVE

【操作步骤】

MOVE,回车键。

MOVE 选择对象:选择对象,回车键。

MOVE 指定基点或[位移(D)]<位移>:指定基点。

MOVE 指定第二个点或＜使用第一个点作为位移＞:指定第二个点。

【选项说明】

位移:以原点为位移基点。

案例如图 6-43 所示。

MOVE,回车键。

MOVE 选择对象:选取图形 A,回车键。

MOVE 指定基点或[位移(D)]＜使用第一个点作为位移＞:指定点 1。

MOVE 指定第二个点或＜使用第一个点做为位移＞:指定点 2。

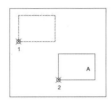

图 6-43 移动图形

8.旋转

绕基点旋转对象。

【命令执行】

命令栏:ROTATE

下拉菜单:修改→旋转

工具栏:ROTATE

【操作步骤】

ROTATE,回车键。

ROTATE 选择对象:选取对象,回车键。

ROTATE 指定基点:选取基点。

ROTATE 指定旋转角度,或[复制(C)参照(R)]:指定旋转角度。

【选项说明】

复制:旋转一组选定对象。

参照:指定参照角。

案例 1 如图 6-44 所示。

ROTATE,回车键。

ROTATE 选择对象:选取图形 A,回车键。

ROTATE 指定基点:指定点 1。

ROTATE 指定旋转角度,或[复制(C)参照(R)]:60,回车键。

案例 2 如图 6-45 所示。

ROTATE,回车键。

ROTATE 选择对象:选取图形 A,回车键。

ROTATE 指定基点:指定点 1。

ROTATE 指定旋转角度,或[复制(C)参照(R)]:C,回车键。

ROTATE 指定旋转角度,或[复制(C)参照(R)]:90,回车键,得到图形 B。

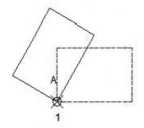

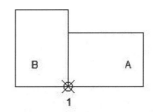

图 6-44 旋转图形　　　　图 6-45 旋转复制图形

9.缩放

缩小或放大对象,修改后保持对象的比例不变。

【命令执行】

命令栏:SCALE

下拉菜单:修改→缩放

工具栏:SCALE

【操作步骤】

SCALE 选择对象:选定对象,回车键。

SCALE 指定基点:指定基点。

SCALE:1.5。

【选项说明】

复制:缩放一组选定对象。

参照:指定参照长度。

案例 1 如图 6-46 所示。

SCALE,回车键。

SCALE 选择对象:选择图形 A,回车键。

SCALE 指定基点:指定点 1。

SCALE 指定比例因子或[复制(C)参照(R)]:1.5,回车键。

案例 2 如图 6-47 所示。

SCALE,回车键。

SCALE 选择对象:选择图形 A,回车键。

SCALE 指定基点:指定点 1。

SCALE 指定比例因子或[复制(C)参照(R)]:C,回车键。

SCALE 指定比例因子或[复制(C)参照(R)]:0.5,回车键,得到图形 B。

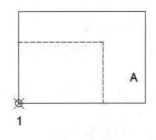

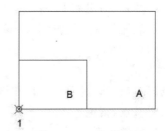

图 6-46 缩放图形　　　　图 6-47 缩放复制图形

10.修剪

修剪对象以适合其他对象的边。

【命令执行】

命令栏:TRIM

下拉菜单:修改→修剪

工具栏:TRIM

【操作步骤】

TRIM 选择对象或<全部选择>:选择删除参照对象,回车键。

TRIM[栏选(F)窗交(C)投影(P)边(E)删除(R)放弃(U)]:选取删除对象,回车键。

【选项说明】

栏选:指定栏选点。

窗交:指定角点。

边:输入隐含边延伸模式,延伸或不延伸。

删除:选择要删除的对象。

放弃:放弃命令。

案例 1 如图 6-48 所示。

TRIM 选择对象或<全部选择>:选择图形 B,回车。

TRIM [栏选(F)窗交(C)投影(P)边(E)删除(U)放弃(U)]:点取线 A 在图形 B 内的线段部分,回车键。

案例 2 如图 6-49 所示。

TRIM 选择对象或<全部选择>:选择图形 B,回车键。

TRIM [栏选(F)窗交(C)投影(P)边(E)删除(U)放弃(U)]:E,回车键。

TRIM 输入隐含边延伸模式[延伸(E)不延伸(N)]<延伸>:E,回车键。

TRIM [栏选(F)窗交(C)投影(P)边(E)删除(U)放弃(U)]:点取线 A 在图形 B 内的线段左侧外部分,回车键。

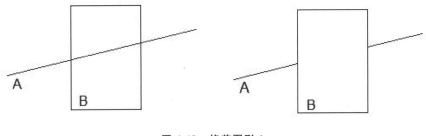

图 6-48　修剪图形 1

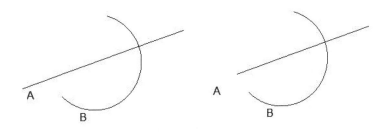

图 6-49　修剪图形 2

11.延伸

延伸对象以适合其他对象的边。

【命令执行】

命令栏：EXTEND

下拉菜单：修改→延伸

工具栏：EXTEND

【操作步骤】

EXTEND选择对象或＜全部选择＞：选择延伸参照对象，回车键。

EXTEND［栏选(F)窗交(C)投影(P)边(E)删除(R)放弃(U)］：选取延伸对象，回车键。

【选项说明】

栏选：指定栏选点。

窗交：指定角点。

边：输入隐含边延伸模式，延伸或不延伸。

删除：选择要删除的对象。

放弃：放弃命令。

案例1如图6-50所示。

EXTEND选择对象或［全部选择］：选择图形B，回车键。

EXTEND选择对象：回车键。

EXTEND［栏选(F)窗交(C)投影(P)边(E)放弃(U)］：选择图形A右侧部分。

EXTEND［栏选(F)窗交(C)投影(P)边(E)放弃(U)］：回车键。

案例2如图6-51所示。

EXTEND选择对象或［全部选择］：选择图形B，回车键。

EXTEND选择对象：选择图形A，回车键。

EXTEND［栏选(F)窗交(C)投影(P)边(E)放弃(U)］：E，回车键。

EXTEND输入隐含边延伸模式［延伸(E)不延伸(N)］：E，回车键。

EXTEND［栏选(F)窗交(C)投影(P)边(E)放弃(U)］：选择B图像下部。

EXTEND［栏选(F)窗交(C)投影(P)边(E)放弃(U)］：选择A图像右部。

EXTEND［栏选(F)窗交(C)投影(P)边(E)放弃(U)］：回车键。

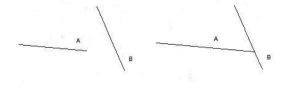

图6-50　延伸对象1

图6-51　延伸对象2

12.拉伸

通过窗选或多边形窗选拉伸对象。

【命令执行】

命令栏：STRETCH

下拉菜单：修改→拉伸

工具栏：STRETCH

【操作步骤】

STRETCH 选择对象：选择对象，回车键。

STRETCH 指定基点或[位移(D)]＜位移＞：指定基点。

STRETCH 指定第二个点或＜使用第一个点作为位移＞：指定第二个点。

【选项说明】

位移：相对原点坐标指定位移。

案例如图 6-52 所示。

STRETCH，回车键。

STRETCH 选择对象：窗选图形 A 的 2、3 点(注意不能直接点选整个矩形)，回车键。

STRETCH 选择对象：回车键。

STRETCH 指定基点或[位移(D)]＜位移＞：指定点 5。

STRETCH 指定第二个点或＜使用第一个点作为位移＞：指定点 6。

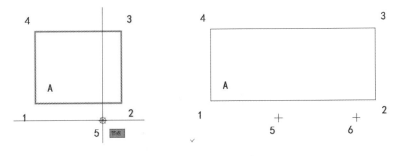

图 6-52   拉伸对象

13.圆角

给对象加圆角。

【命令执行】

命令栏：FILLET

下拉菜单：修改→圆角

工具栏：FILLET

当前设置：模式＝修剪 ，半径＝0

【操作步骤】

FILLET 选择第一个对象或[放弃(U)多段线(P)半径(R)修剪(T)多个(M)]：R,回车键。

FILLET 指定圆角半径＜0＞：20,回车键。

FILLET 选择第一个对象或[放弃(U)多段线(P)半径(R)修剪(T)多个(M)]：选择第一

个对象。

FILLET 选择第二个对象,或按住 Shift 键选择对象以应用角点或[半径(R)]:选择第二个对象。

【选项说明】

放弃:命令放弃。

多段线:选择二维多段线。

半径:指定圆角半径。

修剪:输入修剪模式,修剪或不修剪。

多个:选择修剪对象。

案例如图 6-53 所示。

FILLET,回车键。

FILLET 选择第一个对象或[放弃(U)多段线(P)半径(R)修剪(T)多个(M)]:R,回车键。

FILLET 指定圆角半径<0>:200,回车键。

FILLET 选择第一个对象或[放弃(U)多段线(P)半径(R)修剪(T)多个(M)]:选择线 B。

FILLET 选择第二个对象,或按住 SHIFT 键选择对象以应用角点或[半径(R)]:选择线 A。

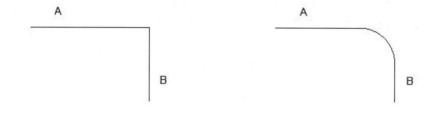

图 6-53　圆角

14.倒角

给对象加倒角。

【命令执行】

命令栏:CHAMFER

下拉菜单:修改→倒角

工具栏:CHAMFER

修剪模式:当前倒角距离 1=0,距离 2=0

【操作步骤】

CHAMFER 选择第一条直线或[放弃(U)多段线(P)距离(D)角度(A)修剪(T)方式(E)多个(M)]:D,回车键。

CHAMFER 指定第一个倒角距离<0>:20,回车键。

CHAMFER 指定第二个倒角距离<0>:20,回车键。

CHAMFER 选择第一条直线或[放弃(U)多段线(P)距离(D)角度(A)修剪(T)方式(E)多个(M)]:选择第一条直线。

CHAMFER 选择第二条直线,或按 Shift 键选择直线以应用角点或[距离(D)角度(A)方法(M)]:选择第二条直线。

【选项说明】

放弃:命令放弃。

多段线:选择二维多段线。

距离:指定倒角距离,第一个和第二个。

角度:指定第一条直线的倒角长度,指定第一条直线的倒角角度。

修剪:输入修剪模式选项,修剪或不修剪。

方式:输入修剪方法。

多个:选择修剪对象。

案例如图 6-54 所示。

CHAMFER,回车键。

CHAMFER 选择第一条直线或[放弃(U)多段线(P)距离(D)角度(A)修剪(T)方式(E)多个(M)]:D,回车键。

CHAMFER 指定第一个倒角距离<0>:100,回车键。

CHAMFER 指定第二个倒角距离<0>:200,回车键。

CHAMFER 选择第一条直线或[放弃(U)多段线(P)距离(D)角度(A)修剪(T)方式(E)多个(M)]:选择线段 B。

CHAMFER 选择第二条直线或按住 Shift 键选择直线以应用角点或[距离(D)角度(A)方法(M)]:选择线段 A。

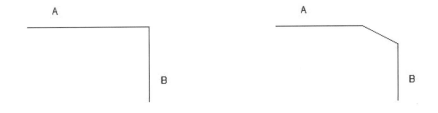

图 6-54 倒角

15.打断

在两点之间打断选定的对象。可打断直线、弧线、多段线等。

【命令执行】

命令栏:BREAK

下拉菜单:修改→打断

工具栏:BREAK

【操作步骤】

BREAK 选择对象。

BREAK 指定第二个打断点或[第一点(F)]:F,回车键。

BREAK 指定第一个打断点:指定第一个打断点。

BREAK 指定第二个打断点:指定第二个打断点。

案例如图 6-55 所示。

BREAK,回车。

BREAK 选择对象:选取线。

BREAK 指定第二个打断点或[第一点(F)]:F,回车键。

BREAK 指定第一个打断点:指定点 1。

BREAK 指定第二个打断点:指定点 2。

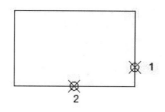 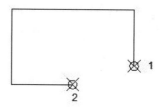

图 6-55 打断

16.分解

将复合对象分解为其部分对象。

【命令执行】

命令栏:EXPLODE

下拉菜单:修改→分解

工具栏:EXPLODE

【操作步骤】

EXPLODE,回车键。

EXPLODE,选择对象:选择对象,回车键,如图 6-56 所示。

【选项说明】

EXPLODE,回车键。

EXPLODE 选择对象:选择图形 A,回车键。

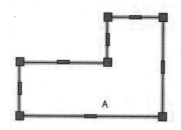 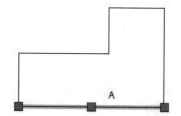

图 6-56 分解

6.2.6 AutoCAD 文字、标注和打印输出

1.文字

(1)文字样式

【命令执行】

命令栏:STYLE

下拉菜单:格式→文字样式

"文字样式"对话框如图 6-57 所示。

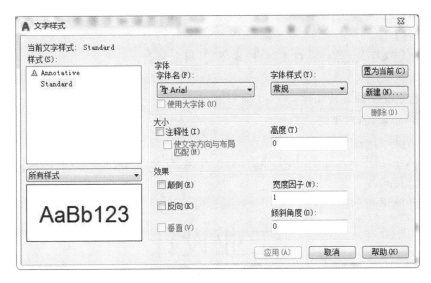

图 6-57　"文字样式"对话框

【选项说明】

当前文字样式:STANDARD。

样式:显示图形中的样式列表。

所有样式:下拉列表指定所有样式还是仅使用中的样式显示在样式列表中。

字体名:列出 Fonts 文件夹中所有注册的 TRUE TYPE 字体和所有编译的形字体的字体族名。

字体样式:指定字体格式,例如斜体、粗体或者常规字体。选定"使用大字体"后,该选项变为"大字体",用于选择大字体文件。

注释性:指定文字为注释性。

使文字方向与布局匹配:指定图纸空间视口中的文字方向与布局方向匹配。如果未选择"注释性"选项,则该选项不可用。

高度:根据输入的值设置文字高度。

颠倒:颠倒显示字符。

反向:反向显示字符。

垂直:垂直对齐字符。

宽度因子:设置字符间距。

倾斜角度:设置文字的倾斜角。

置为当前:将在"样式"下选定的样式设定为当前。

新建:显示"新建文字样式"对话框并自动为当前设置提供名称"样式"。可采用默认值或在该框中输入名称。

删除:删除未使用的文字样式。

(2)单行文字

单行文字可确定其位置、高度、旋转角度。单行文字书写方便,可灵活修改文字内容的放置的位置。

【命令执行】

命令栏:TEXT

下拉菜单:绘图→单行文字

【操作步骤】

TEXT 指定文字的起点或[对正(J)样式(S)]:指定起点。

TEXT 指定高度<2.5>:回车键。

TEXT 指定文字的旋转角度<0>:回车键。

TEXT:产品设计,回车键。

【选项说明】

对正:输入左、居中、右、对齐、中间、布满、左上、中上、右上、左中、正中、右中、左下、中下、右下。

样式:输入样式名。

案例如图 6-58 所示。

工业设计

图 6-58　单行文字

TEXT,回车键。

指定文字的起点:选择一点。

TEXT 指定高度选项说明<0.2>:300,回车键。

TEXT 指定文字的旋转角度<0>:回车键。

TEXT:工业设计,回车键。

(3)多行文字

多行文字支持较多的文字信息书写,可调整文字组的宽度,形成多行文字效果。多行文字方便修改,有文字内容修改、字体修改、文字大小、倾斜、旋转等多项功能调整。

【命令执行】

命令栏 MTEXT

下拉菜单:绘图→多行文字

工具栏:MTEXT

当前文字样式:"STANDARD",文字高度:2.5,注释性:否。

【操作步骤】

MTEXT 指定第一角点:指定角点。

MTEXT 指定对角点或[高度(H)对正(J)行距(L)旋转(R)样式(S)宽度(W)栏(C)]指定对角点。

MTEXT:产品设计。

MTEXT:确定。

【选项说明】

高度:指定文字高度。

对正:输入左上、中上、右上、左中、正中、右中、左下、中下、右下。

行距:输入行距类型。

旋转:指定旋转角度。

样式:输入样式名。

宽度:指定宽度。

栏:输入栏类型,动态、静态、不分栏。

案例如图 6-59 所示。

图 6-59　多行文字

MTEXT,回车键。

MTEXT 指定第一角点:在绘图区上指定一点。

MTEXT 指定对角点或[高度(H)对正(J)行距(L)旋转(R)样式(S)宽度(W)栏(C)]:在绘图区指定对角点。

在文字输入区输入:工业设计。

文字高度:250。

倾斜角度:30。

下划线:单击下划线按钮。

单击"确定"按钮。

2.标注

(1)标注样式

【命令执行】

命令栏:DIMSTYLE

下拉菜单:格式→标注样式

工具栏:DIMSTYLE

"标注样式管理器"对话框如图 6-60 所示。

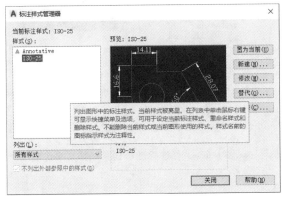

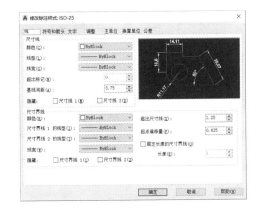

图 6-60　"标注样式管理器"对话框　　　　图 6-61　"修改标注样式"下的"线"选项卡

【选项说明】

样式:列出图形中的标注样式,系统默认格式为 ISO-25。

预览:ISO-25,在预览框中预览 ISO-25 标注样式。

置为当前:将在"样式"下选定的标注样式设为当前的标注样式,当前样式将应用于所创建的标注。

新建：显示"创建新样式"对话框，从中定义新的标注样式。

修改：显示"修改标注样式"对话框，修改标注样式。对话框的选项与"新建标注样式"对话框中的选项相同。

替代：显示"替代当前样式"对话框。设置标注样式的临时替代值。

比较：显示"比较标注样式"对话框，从中比较两个标注样式或列出一个标注样式的所有特性。

①线选项卡，如图 6-61 所示。

尺寸线

颜色：显示并设定尺寸线的颜色，选择 Bylayer。

线型：设定尺寸线的线型，选择 Bylayer。

线宽：设定尺寸线的线宽，选择 Bylayer。

基线间距：设定基线标注的尺寸线之间的距离。

隐藏：不显示尺寸线，默认尺寸线 1 和 2 不隐藏。

颜色：设定尺寸界线的颜色，选择 Bylayer。

尺寸界线

尺寸界线 1 的线型：设定第一条尺寸界线的线型，选择 Bylayer。

尺寸界线 2 的线型：设定第二条尺寸界线的线型，选择 Bylayer。

线宽：设定尺寸界线的线宽。

超出尺寸线：指定尺寸界线超出尺寸线的距离，选择默认值 1.25。

起点偏移量：设定自图形中定义标注的点到尺寸界线的偏移距离，选择默认值 0.625。

固定长度的尺寸界线：启用固定长度的尺寸界线，默认不选择。

长度：设定尺寸界线的总长度。

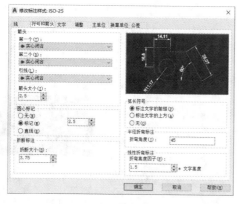

图 6-62　"修改标注样式"下的"符号和箭头"选项卡

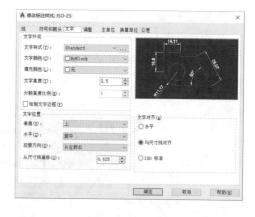

图 6-63　"修改标注样式"下的"文字选项卡"

②符号和箭头选项卡，如图 6-62 所示。

箭头

第一个、第二个：选择实心闭合。

引线：选择实心闭合。

圆心标记

箭头大小：选择默认值。

无：不创建

圆心标记或中心线。

标记：创建圆心标记。

直线：创建中心线。

显示和设定圆心标记或中心线的大小，默认值 2.5。

折断标注

折断大小：显示和设定用于折断标注的间隙大小。保持默认值。

弧长符号

标注文字的前缀：将弧长符号放置在标注文字之前，默认选择。

标注文字的上方：将弧长符号放置在标注文字上方。

无：不显示弧长符号。

半径折断标注：折弯角度，确定折弯半径标注中，尺寸线的横向线段的角度。保持默认值。

线性折弯标注：折弯高度因子，通过形成折弯的角度的两个顶点之间的距离确定折弯高度。保持默认值。

③文字选项卡，如图 6-63 所示。

文字外观

文字样式：选择可使用的文字样式，或打开文字样式对话框，从中创建或修改文字样式。

文字颜色：设置标注文字的颜色，选择 ByLayer。

填充颜色：设定标注中文字背景的颜色。单击选择颜色显示选择颜色对话框，可输入颜色名或颜色号。

文字高度：设定当前标注文字样式的高度，保持默认值。

绘制文字边框：在标注文字周围设置一个边框，选择默认不勾选。

文字位置

垂直：控制标注文字相对尺寸线的垂直位置，默认选择上。

水平：控制标注文字在尺寸线上相对于尺寸界线的水平位置，默认选择居中。

观察方向：控制标注文字的观察方向，默认选择从左到右。

从尺寸线偏移：设定当前文字间距，保持默认值。

文字对齐

水平：水平放置文字。

与尺寸线对齐：文字与尺寸线对齐，默认选择。

ISO 标准：当文字在尺寸界线内时，文字与尺寸线对齐。当文字在尺寸界线外时，文字水平排列。

④调整选项卡，如图 6-64 所示。

调整选项

文字或箭头：按照最佳效果将文字或箭头移动到尺寸界线外，默认选择。

箭头：先将箭头移动到尺寸界线外，然后移动文字。

文字：先将文字移动到尺寸界线外，然后移动箭头。

文字和箭头：当尺寸界线间距不足以放下文字和箭头时，文字和箭头都移到尺寸界线外。

文字始终保持在尺寸界线之间：始终将文字放在尺寸界线之间。

若箭头不能放在尺寸界线内，则将其消：如果尺寸界线内没有足够的空间，则不显示箭头，默认不勾选。

文字位置

尺寸线旁边：移动标注文字尺寸线就会随之移动，默认选择。

尺寸线上方，带引线：移动文字时尺寸线不会移动，如果将文字从尺寸线上移开，将创建一条连接文字和尺寸线的引线。当文字非常靠近尺寸线时，将省略引线。

尺寸线上方，不带引线：移动文字时尺寸线不会移动，远离尺寸线的文字不与带引线的尺寸线相连。

标注特性比例

注释性：指定标注为注释性。

将标注缩放到布局：根据当前模型空间视口和图纸空间之间的比例确定比例因子。

使用全局比例：为所有标注样式设置设定一个比例，这些设置指定了大小、距离或间距，包括文字和箭头大小。该缩放比例并不更改标注的测量值。默认值为 1。

优化

手动放置文字：忽略所有水平对正设置并把文字放在"尺寸线位置"提示下指定的位置。

在尺寸界线之间绘制尺寸线：即使箭头放在测量点之外，也在测量点之间绘制尺寸线。

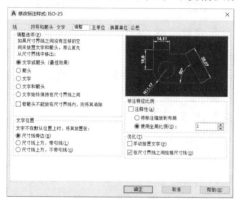

图 6-64　"修改标注样式"下的"调整"选项卡

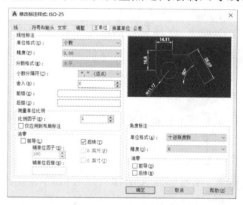

6-65　"修改标注样式"下的"主单位"选项卡

⑤主单位选项卡，如图 6-65 所示。

线性标注

单位格式：设定除角度之外的所有标注类型的当前单位格式，默认值为小数。

精度：显示和设定标注文字中的小数位数，默认值为 0。

分数格式：设定分数格式。

小数分隔符：设定用于十进制格式的分隔符。

舍入：为除"角度"之外的所有标注类型设置标注测量值的舍入规则。

前缀：在标注文字中包含前缀。

后缀：在标注文字中包含后缀。

测量单位比例

比例因子：设置线性标注测量值的比例因子，默认值为 1.

仅应用到布局标注：仅将测量比例因子应用在布局视口中创建的标注。

消零

前导：不输出所有十进制标注中的前导零。

后续：不输出所有十进制标注中的后续零，保持默认值。

角度标注

单位格式:设定角度单位格式,默认十进制度数。

精度:设定角度标注的小数位数,默认值为 0。

消零

前导:禁止输出角度十进制标注中的前导零,默认不勾选。

后续:禁止输出角度十进制标注中的后续零,默认不勾选。

⑥"修改标注样式"对话框下的"换算单位"选项卡,如图 6-66 所示。

显示换算单位:默认不勾选。

换算单位

单位格式:设定换算单位的单位格式。

精度:设定换算单位中的小数位数。

换算单位倍数:指定一个乘数,作为主单位和换算单位之间的转换因子使用。

舍入精度:设定除角度之外的所有标注类型的换算单位的舍入规则。

前缀:在换算标注文之中包含前缀。

后缀:在换算标注文之中包含后缀。

消零

前导:不输出所有十进制标注中的前导零,默认不勾选。

后续:不输出所有十进制标注中的后续零,默认不勾选。

位置

主值后:将换算单位放在标注文字中的主单位之后。

主值下:将换算单位放在标注文字中的主单位下面。

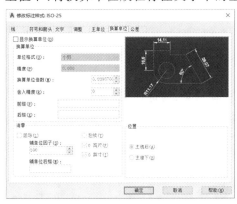

图 6-66 **"修改标注样式"下的"换算单位"选项卡**

⑦公差选项卡,如图 6-67 所示。

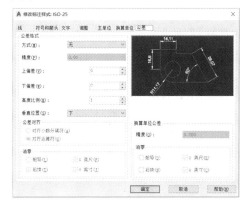

图 6-67 **"修改标注样式"下的"公差"选项卡**

公差格式

方式:设定计算公差的方法。

精度:设定小数位数。

上偏差:设定最大公差或上偏差。

下偏差:设定最小公差或下偏差。

高度比例:设定相对于标注文字的分数比例。

垂直位置:控制对称公差和极限公差的文字对正。

公差对齐

对齐小数分隔符:通过值的小数分割符堆叠值。

对齐运算符:通过值的运算符堆叠值。

消零

前导:不输出所有十进制标注中的前导零,默认不勾选。

后续:不输出所有十进制标注中的后续零,默认不勾选。

(2)线性标注

使用水平、垂直或旋转的尺寸线创建线性标注。

【命令执行】

命令栏:DIMLINEAR

下拉菜单:标注→线性

工具栏:DIMLINEAR

【操作步骤】

DIMLINEAR 指定第一个尺寸界线原点或<选择对象>:指定第一个尺寸界线原点。

DIMLINEAR 指定第二条尺寸界线原点:指定第二条尺寸界线原点。

DIMLINEAR[多行文字(M)文字(T)角度(A)水平(H)垂直(V)旋转(R)]:指定尺寸线位置。

【选项说明】

多行文字:指定多行文字。

文字:指定标注文字。

角度:指定标注文字的角度。

水平:水平标注尺寸。

垂直:垂直标注尺寸。

旋转:旋转标注尺寸,输入尺寸线旋转的角度。

案例如图 6-68 所示。

DIMLINEAR,回车键。

DIMLINEAR 指定第一个尺寸界线原点或<选择对象>:选择点 1。

DIMLINEAR 指定第二个尺寸界线原点:选择点 2。

DIMLINEAR 指定尺寸线位置或[多行文字(M)文字(T)角度(A)水平(H)垂直(V)旋转(R)]:选取点 3。

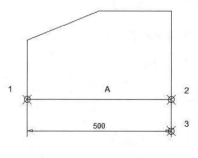

图 6-68　线性标注

(3)对齐标注

创建与尺寸界线原点对齐的线性标注。

【命令执行】

命令栏：DIMALIGNED

下拉菜单：标注→对齐

工具栏：DIMALIGNED

【操作步骤】

DIMALIGNED 指定第一个尺寸界线原点或<选择对象>：指定第一个尺寸界线原点。

DIMALIGNED 指定第二条尺寸界线原点：指定第二条尺寸界线原点。

DIMALIGNED［多行文字(M)文字(T)角度(A)］：指定尺寸线位置。

【选项说明】

多行文字：编辑多行文字，利用文字编辑器。

文字：编辑标注文字，利用命令区。

角度：指定标注文字的角度。

案例如图 6-69 所示。

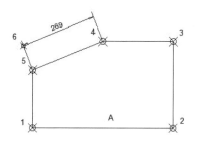

图 6-69　对齐标注

DIMALIGNED，回车键。

DIMALIGNED 指定第一个尺寸界线原点或<选择对象>：选择点 5。

DIMALIGNED 指定第一个尺寸界线原点或<选择对象>：选择点 4。

DIMALIGNED［多行文字(M)文字(T)角度(A)］：选择点 6。

(4)半径标注

创建圆弧或圆的半径标注。

【命令执行】

命令栏：DIMRADIUS

下拉菜单：标注→半径

工具栏：DIMRADIUS

【操作步骤】

DIMRADIUS 选择圆或圆弧：选择圆弧或圆。

DIMRADIUS 指定尺寸线位置或［多行文字(M)文字(T)角度(A)］：指定标注线的位置。

【选项说明】

多行文字：编辑多行文字，利用文字编辑器。

文字：输入标注文字，利用命令区。

角度：指定标注文字的角度。

案例如图 6-70 所示

DIMRADIUS,回车键。

DIMRADIUS 选择圆弧或圆:选择圆 B。

DIMRADIUS 指定尺寸位置或[多行文字(M)文字(T)角度(A)]:选取圆内任一点。

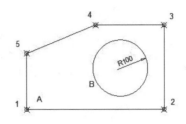

图 6-70　半径标注

(5)直径标注

创建圆弧或圆的直径标注。

【命令执行】

命令栏:DIMDIAMETER

下拉菜单:标注→直径

工具栏：DIMDIAMETER

【操作步骤】

DIMDIAMETER 选择圆弧或圆:选择圆弧或圆。

DIMDIAMETER 指定尺寸线位置或[多行文字(M)文字(T)角度(A)]:指定尺寸标注线的位置。

【选项说明】

多行文字:编辑多行文字,利用文字编辑器。

文字:输入标注文字,利用命令区。

角度:指定标注文字的角度。

案例如图 6-71 所示。

DIMDIAMETER,回车键。

DIMDIAMETER 选择圆弧或圆:选择圆 B。

DIMDIAMETER 指定尺寸位置或[多行文字(M)文字(T)角度(A)]:选取圆内任一点。

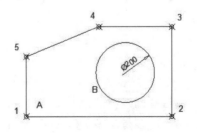

图 6-71　直径标注

(6)角度标注

创建角度标注,测量选定的对象或三个点之间的角度,可选择的对象包括圆,圆弧或直线等。

【命令执行】

命令栏：DIMANGULAR

下拉菜单：标注→角度

工具栏：DIMANGULAR

【操作步骤】

DIMANGULAR,回车键。

DIMANGULAR 选择圆弧、圆、直线或＜指定顶点＞：选择第一条直线。

DIMANGULAR 选择第二条直线：选择第二条直线。

DIMANGULAR 指定标注弧线位置或［多行文字（M）文字（T）角度（A）象限点（Q）］：指定尺寸线的标注位置。

【选项说明】

多行文字：编辑多行文字,利用文字编辑器。

文字：输入标注文字,利用命令区。

角度：指定标注文字的角度。

象限点：指定象限点。

案例如图 6-72 所示。

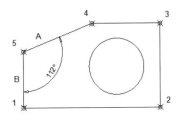

图 6-72　角度标注

DIMANGULAR,回车键。

DIMANGULAR 选择圆弧、圆、直线或［指定顶点］：选取直线 A。

DIMANGULAR 选择第二条直线：选取直线 B。

DIMANGULAR 指定标注弧线位置或［多行文字（M）文字（T）角度（A）象限点（Q）］：在图形内部任一点。

（7）连续标注

创建从上一次创建标注的延伸线处开始的标注。

【命令执行】

命令栏：DIMCONTINUE

下拉菜单：标注→连续

工具栏：DIMCONTINUE

【操作步骤】

进行一次任意的尺寸标注。

DIMCONTINUE 指定第二个尺寸界线原点或［选择（S）放弃（U）］＜选择＞：指定第二个尺寸原点。

DIMCONTINUE 指定第二个尺寸界线原点或［选择（S）放弃（U）］＜选择＞：回车键。

【选项说明】

选择:选择基准标注。

放弃:放弃上一步命令。

案例如图 6-73 所示。

DIMCONTINUE,回车键。

DIMCONTINUE 选择连续标注:选取尺寸线 A。

DIMCONTINUE 指定第二个尺寸界线原点或[选择(S)放弃(U)]<选择>:选择点 5。

DIMCONTINUE 指定第二个尺寸界线原点或[选择(S)放弃(U)]<选择>:回车键,如图 6-74 所示。

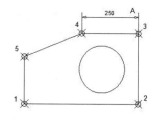

图 6-73　选择连续标注对象　　　图 6-74　连续标注

(8)基线标注

从上一个或选定标注的基线做连续的线性、角度、或坐标标注。

【命令执行】

命令栏:DIMBASELINE

下拉菜单:标注→基线

工具栏:DIMBASELINE

【操作步骤】

DIMBASELINE 选择基准标注:选择基准标准线。

DIMBASELINE 指定第二个尺寸界线原点或[选择(S)放弃(U)]<选择>:选择尺寸界线原点,回车键。

【选项说明】

选择:选择基准标注。

放弃:放弃上一步命令。

案例如图 6-75 所示。

DIMBASELINE,回车键。

DIMBASELINE 选择基准标注:选择尺寸线 A。

DIMBASELINE 指定第二个尺寸界线原点或[选择(S)放弃(U)]:选择点 5。

DIMBASELINE 指定第二个尺寸界线原点或[选择(S)放弃(U)]:回车键,如图 6-76 所示。

(9)引线标注

【命令执行】

命令栏:MLEADER

下拉菜单:标注→多重引线

工具栏:MLEADER

【操作步骤】

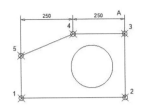 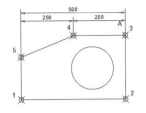

图 6-75　选择基线标注对象　　　图 6-76　基线标注

MLEADER ,回车键。

MLEADER 指定引线箭头的位置或[引线基线优先(L)内容优先(C)选项(O)]＜选项＞:指定引线箭头的位置。

MLEADER 指定引线基线的位置:指定引线基线的位置,输入引线上的标注文字,回车键。

【选项说明】

引线基线优先:指定引线基线的位置。

内容优先:指定位置的角点,包括第一个角点和对角点。

选项:包括引线类型、引线基线、内容类型、最大节点数、第一个角度、第二个角度和退出选项。

案例如图 6-77 所示。

MLEADER,回车键。

MLEADER 指定引线箭头的位置或[引线基线优先(L)内容优先(C)选项(O)]＜引线基线优先＞:选取点 1。

MLEADER 指定引线基线的位置:选取点 2。

MLEADER 输入文字:01。

选择输入的文字,在工具栏"文字编辑器"下的"样式"组中调整文字高度:30。

在文本框外单击鼠标结束文字输入。

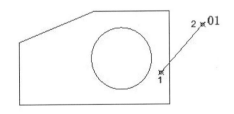

图 6-77　引线标注

(10)倾斜标注:

【命令执行】

命令栏:DIMEDIT

下拉菜单:标注→倾斜

【操作步骤】

DIMEDIT,回车键。

DIMEDIT 输入标注编辑类型[默认(H)新建(N)旋转(R)倾斜(O)]＜默认＞:-O

DIMEDIT 选择对象:选择尺寸对象,回车键。

DIMEDIT 输入倾斜角度(按 Enter 表示无):30,回车键。

案例如图 6-78 所示。

DIMEDIT,回车键。

DIMEDIT 输入标注编辑类型[默认(H)新建(N)旋转(R)倾斜(O)]<默认>

DIMEDIT 选择对象:选择尺寸线 A,回车键。

DIMEDIT 输入倾斜角度[按 Enter 表示无]:60,回车键,如图 6-79 所示。

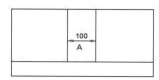 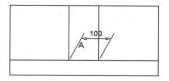

图 6-78　引线倾斜标注对象　　　　图 6-79　倾斜标注

3.打印输出

【命令执行】

命令栏:PLOT

下拉菜单:文件→打印

工具栏:PLOT

激活 PLOT 命令,显示打印-模型对话框,如图 6-80 所示。

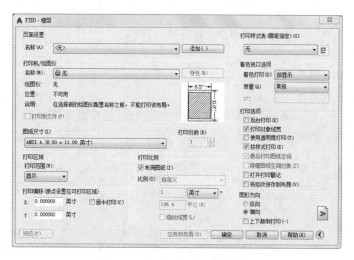

图 6-80　"打印-模型"对话框

【选项说明】

页面设置

名称:显示当前页面设置的名称。

添加按钮:显示"添加页面设置"对话框,从中可以将"打印"对话框中的当前设置保存到命名页面设置。

打印机/绘图仪

名称:列出可用的 PC3 文件或系统打印机,可以从中进行选择,以打印当前布局。

单击侧方的"特性"按钮,显示绘图仪配置编辑器,从中可以查看或修改当前绘图仪的配置、端口、设备和介质等,如图 6-81 所示。

图 6-81　绘图仪配置编辑器

　　图纸尺寸:在窗口中显示所选打印设备可用的标准图纸尺寸,图纸尺寸设置面板如图6-82所示。

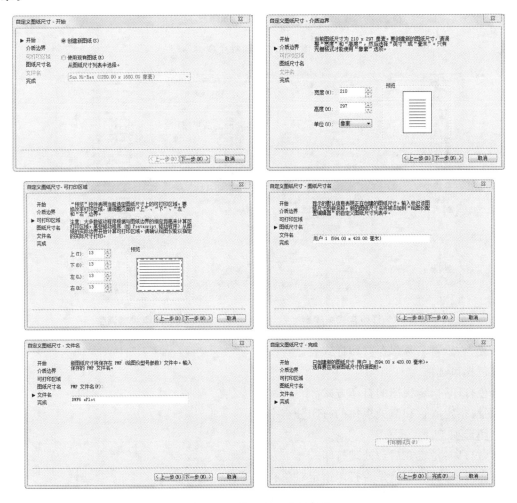

图 6-82　图纸尺寸设置面板

打印区域

打印范围:指定要打印的图形部分。

窗口:打印指定的图形部分。

打印偏移

X:相对于"打印偏移定义"选项中的设置指定 X 方向上的打印原点。

Y:相对于"打印偏移定义"选项中的设置指定 Y 方向上的打印原点。

居中打印:自动计算 X 偏移和 Y 偏移值,在图纸上居中打印。

打印样式表如图 6-83 所示。

显示指定当前"模型"选项卡或布局选项卡的打印样式表,并提供当前可用的打印样式表的列表。单击打印样式表窗口中的 monochrome.ctb 后方按钮,弹出"打印样式表编辑器",在"表格视图"选项面板中指定打印样式,如图 6-84 所示。在特性中指定打印颜色、抖动、灰度、笔号、虚拟笔号、浅显、线性、自适应、线宽、连接、填充等。

编辑线宽:修改现有线宽的宽度值,如图 6-85 所示。

图 6-83 打印样式表

图 6-84 打印样式编辑器

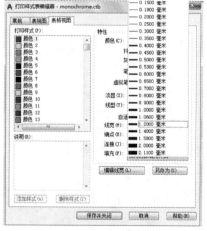

图 6-85 打印线宽调整

另存为:以新名称保存打印样式表。

着色视口选项

着色打印:指定视图的打印方式。

质量:指定着色和渲染视口的打印分辨率。

打印选项

后台打印:指定在后台处理打印。

打印对象线宽:指定是否打印指定对象和图层的线宽。

使用透明打印:指定是否打印对象透明度。

按样式打印：指定是否打印应用于对象和图层的打印样式。

最后打印图纸空间：指定最后打印图纸空间。

隐藏图纸空间对象：指定隐藏图纸空间对象。

图形方向

纵向：放置并打印图形，使图纸的短边位于图形页面的顶部。

横向：放置并打印图形，使图纸的长边位于图形页面的顶部。

预览：按照启动 PREVIEW 命令打印时显示方式显示图形。

应用到布局：将当前"打印"对话框设置保存到当前布局。

确定：确定打印。

取消：取消打印。

6.2.7　综合案例——零件绘制

文件绘制须按照一定的步骤进行，保证绘图完整性和准确性。图形绘制按照新建文件、设置文件基础条件、绘制、修改、标注等程序进行，笔者前述章节内容安排也是按同样的顺序进行讲解的，绘制与修改命令需穿插进行，完成整个文件的绘制。在本节中主要针对"绘制"和"修改"进行零件绘制。

1. 创建文件

(1) 双击电脑桌面上的 AutoCAD 2018 应用程序图标。

(2) 文件→新建。

(3) 显示"选择样板"对话框。

在"查找范围"右侧窗口选择文件的储存路径。在"文件名"右侧窗口为新文件命名"零件01"，在"文件类型"右侧窗口选择"图形"。鼠标单击"打开"右侧小三角不动显示子窗口，选择"无样板打开-公制"。完成文件新建，如图 6-86 所示。

图 6-86　"选择样板"对话框

2. 文件环境设置

(1) 设置文件单位。

依次单击"格式"→"单位"显示图形单位对话窗。单击"类型"右侧窗口中的小三角，选择"小数"。单击"精度"右侧窗口中的小三角，选择"0"。单击"用于缩放插入内容的单位"右侧窗口中的小三角选择"毫米"。其他选项保持默认选项内容，单击"确定"按钮，如图 6-87所示。

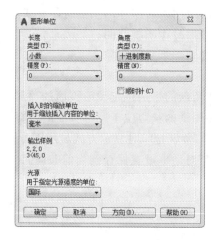

图 6-87 图形单位设置

（2）设置文件图层

依次单击"格式"→"图层"显示图层特性对话窗。单击对话窗左上角"新建" 新建三个图层。单击"名称"下方的各图层的名称进行新名称修改。单击"颜色"下方对应区进行图层颜色修改，依次单击"线性"下方的对应区进行图层线性修改，关闭对话窗，如图 6-88 所示。

图 6-88 "图层设置"对话框

尺寸线：3 号色，实线。

轮廓线：6 号色，实线。

轴线：9 号色，ACAD_ISOW100。

（3）设置文件标注样式

依次单击"格式"→"标注样式"，显示标注样式管理器，选择在样式下方窗口中选择"ISO-25"为当前标注样式。单击修改按钮进入"修改标注样式：ISO-25"对话窗，在"线"选项卡中将尺寸线和尺寸界线的颜色、线型、线宽都选为 ByLayer，在"符号与箭头"选项卡中，将箭头设为实心闭合。"文字"选项卡中，样式为标准，文字颜色为 ByLayer，文字高度为 3。"调整"选项卡中标注特征比例中使用全局比例为 1。

3.零件绘制

（1）单击"图层特性管理器"，选择轴线为当前图层。单击绘图工具栏的 LINE（线）命令，在绘图区适当位置绘制一条长度为长度为 100 的水平轴线，作为整个图形的中心线，如图 6-89 所示。

（2）单击"图层特性管理器"，选择"轮廓线"图层为当前图层。

（3）单击绘图工具栏 LINE 命令，在轴线的左侧绘制一条长度为 50 的垂线。

（4）单击修改工具栏中的 OFFSET（偏移）命令，将轴线向上偏移三次，分别为 5、10、19 个单位。

　　(5)选中偏移的三条线,单击"图层编辑器"窗口右侧的小三角,单击"轮廓线"图层,回到当前绘图窗口,按"Esc"键退出三条线的选择状态,将线转到轮廓线图层,如图 6-90 所示。

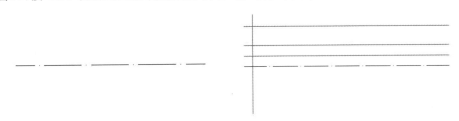

　　图 6-89　绘制水平轴线　　　　　　　图 6-90　绘制水平轮廓线

　　(6)单击修改工具栏中的 OFFSET(偏移)命令,将左侧垂直轮廓线向右侧分别偏移 10、25、56 个单位,如图 6-91 所示。

　　(7)单击 CIRCLE(圆)命令,以点 1、2 为圆心,分别绘制两个半径为 5 个单位的圆。以点 3 为圆心,绘制直径为 23、38 的同心圆,如图 6-92 所示。

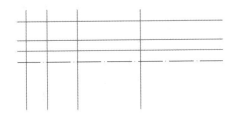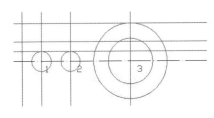

　　图 6-91　绘制垂直轮廓线　　　　　　　图 6-92　绘制圆

　　(8)单击 TRIM(修剪)命令,依据轮廓线交点 1～6,拾取包含这些交点的 4 条垂直轮廓线以及直径 38 的圆,回车键,依次点取三条水平轮廓线须剪裁的部分。剪切掉三条水平轮廓线两端多余部分,如图 6-93 所示。

　　(9)单击 TRIM(修剪)命令,单击轮廓线 1、2,回车,分别点取两个圆位于轮廓线 1、2 之间的部分,减掉两个圆的位于轮廓线 1、2 之间的部分,如图 6-94 所示。

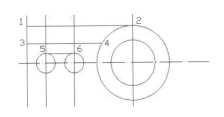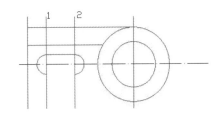

　　图 6-93　修剪水平轮廓线　　　　　　　图 6-94　修剪圆

　　(10)单击 MIRROR(镜像)命令,选中水平轴线上方的三条水平轮廓线 1、2、3,以水平轴线为镜像参考线,拾取轴线的两侧端点,将轮廓线镜像到轴线下方,选择不删除原镜像对象,如图 6-95 所示。

　　(11)选取右侧三条垂直轮廓线,单击图层编辑器窗口的小三角,单击轴线层,回到绘图界面后,按键盘的"Esc"键,退出选取状态,将其转换到轴线图层。

　　(12)对这几条轴线进行适当剪切。规范确定圆形包括两条水平与垂直对称轴,轴线超出圆形 3 个单位。利用 OFFSET(偏移)命令,偏移 3 个单位的圆及圆弧,单击 TRIM(修剪),单击轴线要剪切掉的部分,单击 ERASE 命令删除掉偏移的剪切参考线,如图 6-96 所示。

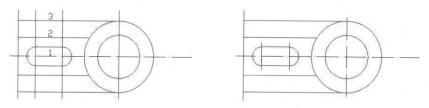

图 6-95　镜像水平轮廓线　　　　　　图 6-96　编辑轴线

(13)单击 ERASE 命令,拾取下两条水平轮廓线,回车键,分别单击左侧垂直轮廓线的上下须剪切掉部分,删除左侧垂直轮廓线上下多余部分,如图 6-97 所示。

(14)在图层编辑器中,选取尺寸线图层。单击 DIMLINEAR 命令,进行线性尺寸标注。线性尺寸标注标注轮廓线的长度,圆及圆弧的圆心位置,如图 6-98 所示。

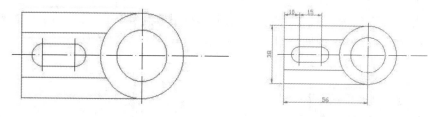

图 6-97　修剪轮廓线　　　　　　图 6-98　线性标注

(15)单击 DIMRADIUS 命令,标注半径为 5 的半圆,两个半径为 5 的圆,只用标注其中一个即可。单击 DIMDIAMETER 命令,选择合适的位置,注意标注线不与轮廓线、轴线重合,标记直径为 23、38 的圆,如图 6-99 所示。

(16)单击"打印",将打印比例设置为 1∶1,选择相应的打印机,选择合适的图纸尺寸,居中打印,将这几个图层的笔号设置为虚拟笔号 7 号黑色,轮廓线宽度设为 0.5,尺寸线宽度 0.15,轴线打印样式表设定为 monochrome,宽度为 0.05。单击"确定"即可输出国家标准规定的不同宽度图线的图形,如图 6-100 所示。

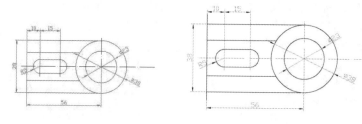

图 6-99　半径与直径标注　　　　　　图 6-100　图形打印效果

练习 6

一、单选题

1.不能改变直线长度的操作是(　　)。

　A.拉伸　　　　　B.延长　　　　　C.缩放　　　　　D.偏移

2.多边形可设定的最大边数是(　　)。

　A.12　　　　　　B.360　　　　　　C.1024　　　　　D.无数

3. 偏移命令不能操作的对象是(　　)。

A. 直线偏移　　　　　　　　　　B. 圆偏移

C. 多段线偏移　　　　　　　　　D. 转换为图块的圆偏移

4. 缩放命令中放大图形对象应选的数值是(　　)。

A. 0.5　　　　　B. 1　　　　　C. 1.2　　　　　D. 0.8

5. 拉伸命令不能拉伸的对象是(　　)。

A. 正方形拉伸为长方形　　　　　B. 圆拉伸为椭圆

C. 长度为 30 的线拉伸为 60　　　D. 等边三角形拉伸为不等边三角形

二、填空题

1. AutoCAD 用户图形文件默认的文件名后缀是_____。

2. 直线与弧线结合的综合体绘制命令是_____。

3. 一组同心圆的绘制可以一个圆为基础,可采用命令_____来实现。

4. 改变图形大小而不改变其比例,可采用命令_____来实现。

5. 一个完整的尺寸线由_____、尺寸界线、文本、箭头组成。

三、绘图题

1. 运用所需的知识,使用 AutoCAD 2108 软件绘制如图 6-101 所示的零件图。

说明:本练习主要考查学生对线、倒角、标注命令的运用,难点在于有角度的线的绘制。

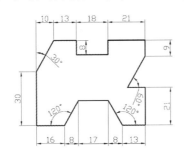

图 6-101　零件图

2. 运用所需的知识,使用 AutoCAD 2108 软件绘制如图 6-102 所示的零件图。

说明:本练习主要考查学生对线、圆弧与标注命令的运用。难点在于线与圆弧的衔接的修改、倾斜部分图形的绘制。

3. 运用所需的知识,使用 AutoCAD 2108 软件绘制如图 6-103 所示零件图。

说明:本练习主要考查学生对线、圆弧与标注命令的运用。难点在于线与圆弧的衔接以及圆弧与圆弧的衔接。

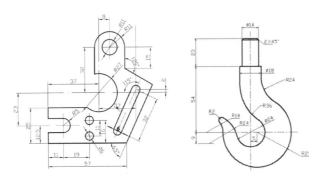

图 6-102　零件图　　　　　　　　图 6-103　零件图

参考文献

[1]赵锋,王诚.大学计算机基础与计算思维[M].北京:清华大学出版社,2016.

[2]李凤霞,陈宇峰,史树敏.大学计算机[M].北京:高等教育出版社,2014.

[3]胡金柱,杨婷婷,杨青,等.计算机基础教程[M].武汉:华中师范大学出版社,2015.

[4]姬秀娟,周彦鹏,张晓媛,等.数字媒体基础及应用技术[M].北京:清华大学出版社,2014.

[5]张青,何中林,杨族桥.大学计算机基础教程[M].西安:西安交通大学出版社,2014.

[6]宗绪锋,韩殿元.数字媒体技术基础[M].北京:清华大学出版社,2018.

[7]李涛.Photoshop CS5 中文版案例教程[M].北京:高等教育出版社,2012.

[8]尚峰,尼春雨.Photoshop CS6 商业应用案例实战[M].清华大出版社,2016.

[9]尹小港,周江灏.Premiere Pro CS5 影视编辑标准教程[M].北京:中国电力出版社,2010.

[10]孙丽娟,缪亮.Flash 二维动画设计与制作(第三版)[M].北京:清华大出版社,2019.

[11]赵更生.Flash CC 二维动画设计与制作[M].北京:清华大出版社,2018.

[12]贾晓浒,董秀明.计算机辅助设计[M].北京:中国建筑工业出版社,2016.

[13]孙进平,杨秀芸,贾铭钰.计算机辅助设计与 AutoCAD 2008 应用教程[M].清华大学出版社,2010.

[14]刘继海,郭俊英.计算机辅助设计绘图(AutoCAD 2014 中文版)[M].北京,国防工业出版社,2015.